交通运输建设科技丛书·公路基础设施建设与养护

交通运输建设科技项目经费支持

汶川地震公路震害调查

路 基

主 编 陈乐生

副主编 庄卫林 赵河清 万振江

内 容 提 要

本书依托西部交通建设科技项目“汶川地震公路震害评估、机理分析及设防标准评价”，对汶川地震公路路基震害进行了详细记录、分析与研究，为提高公路抗震减灾能力的研究提供基础资料。本书共分九章，内容包括：公路路基震害概况、汶川地震公路震害统计、G213都江堰至映秀段路基震害、G213映秀至汶川段路基震害、G213汶川至茂县段路基震害、S303映秀至卧龙段路基震害、Ⅸ~Ⅺ度区公路路基震害、Ⅶ~Ⅷ度区公路路基震害、Ⅵ度区线路路基震害。

本书作为珍贵的历史资料与研究材料，为相关研究者和关注者提供借鉴。

图书在版编目（CIP）数据

汶川地震公路震害调查．路基 / 陈乐生主编．—北京：人民交通出版社，2012.3

（交通运输建设科技丛书．公路基础设施建设与养护）

ISBN 978-7-114-09524-5

Ⅰ．①汶…　Ⅱ．①陈…　Ⅲ．①公路路基—地震灾害—调查研究—汶川县—2008　Ⅳ．① P316.271.4

中国版本图书馆 CIP 数据核字（2012）第 036248 号

交通运输建设科技丛书・公路基础设施建设与养护

书　　名： 汶川地震公路震害调查　路基
著 作 者： 陈乐生
责任编辑： 沈鸿雁　曲　乐　丁润铎
出版发行： 人民交通出版社
地　　址：（100011）北京市朝阳区安定门外外馆斜街 3 号
网　　址： http://www.ccpress.com.cn
销售电话：（010）59757969，59757973
总 经 销： 人民交通出版社发行部
经　　销： 各地新华书店
印　　刷： 北京盛通印刷股份有限公司
开　　本： 787 × 1092　1/16
印　　张： 17.5
字　　数： 350 千
版　　次： 2012 年 3 月　第 1 版
印　　次： 2012 年 3 月　第 1 次印刷
书　　号： ISBN 978-7-114-09524-5
定　　价： 62.00 元

交通运输建设科技丛书编审委员会

《汶川地震公路震害调查》编写委员会

《汶川地震公路震害调查》编写单位

四川省交通运输厅公路规划勘察设计研究院
甘肃省公路管理局
陕西省公路局
西南交通大学
成都理工大学
交通运输部公路科学研究院
重庆交通科研设计院
同济大学

总序

“十一五”以来，交通运输行业深入贯彻落实科学发展观，加快转变发展方式，大力推进交通运输事业又好又快发展。到2010年年底，全国公路通车总里程突破400万公里，从改革开放之初的世界第七位跃居第二位，其中高速公路通车里程达到7.4万公里，居世界第二位；公路货运量从世界第六位跃居第一位；内河通航里程、港口货物和集装箱吞吐量均居世界第一。交通运输事业的快速发展不仅在应对国际金融危机、保持经济平稳较快发展等方面发挥了重要作用，而且为改善民生、促进社会和谐作出了积极贡献。

长期以来，部党组始终把科技创新作为推进交通运输发展的重要动力，坚持科技工作面向交通运输发展主战场，加大科技投入，强化科技管理，推进产学研相结合，开展重大科技研发和创新能力建设，取得了显著成效。通过广大科技工作者的不懈努力，在多年冻土、沙漠等特殊地质地区公路建设技术，特大跨径桥梁建设技术，特长隧道建设技术和深水航道整治技术等方面取得重大突破和创新，获得了一系列具有国际领先水平的重大科技成果，显著提升了行业自主创新能力，有力支撑了重大工程建设，培养和造就了一批高素质的科技人才，为发展现代交通运输业奠定了坚实基础。同时，部积极探索科技成果推广的新途径，通过实施科技示范工程，开展材料节约与循环利用专项行动计划，发布科技成果推广目录等多种方式，推动了科技成果更多更快地向现实生产力转化，营造了交通运输发展主动依靠科技创新，科技创新更加贴近交通运输发展的良好氛围。

组织出版《交通运输建设科技丛书》，是深入实施科技强交战略，加大科技成果推广应用的又一重要举措。该丛书共分为公路基础设施建设与养护、水运基础设施建设与养护、安全与应急保障、运输服务和绿色交通等领域，将汇集交通运输建设科技项目研究形成的具有较高学术和应用价值的优秀专著。丛书的逐年出版和不断丰富，将有助于集中展示交通运输建设重大科技成果，传承科技创新文化，体现交通运输行业科技人员的智慧，促进高层次的技术交流、学术传播和专业人才培养，并逐渐成为科技成果转化的重要载体。

“十二五”期是加快转变发展方式、发展现代交通运输业的关键时期。深入实施科技强交战略，是一项关系全局的基础性、引领性工程。希望广大交通运输科技工作者进一步增强做好交通运输科技工作的责任感和紧迫感，团结一致，协力攻坚，努力开创交通运输科技工作新局面，为交通运输全面、协调和可持续发展作出新的更大贡献！

2011年12月6日

前　言

2008年5月12日14时28分，四川省汶川县发生了里氏8.0级特大地震，这是新中国成立以来破坏性最强、波及范围最广、救灾难度最大的一次特大自然灾害。公路基础设施在此次地震中受到严重的破坏，路基被掩埋和淹没、桥梁垮塌、隧道受损，通往灾区的公路一度完全中断，给抢险救灾带来极大的困难。

地震震害调查是人们认识地震、研究工程抗震技术最直接的方法，是恢复重建的必需工作，也是为防震减灾工作提供宝贵基础资料的有效手段。"5·12"汶川地震发生后，交通运输部各级领导亲赴灾区，在指导公路抗震救灾和公路抢通工作的同时，要求将公路震害详细、客观地记录下来作为史料保存并加以深入研究。

为此，交通运输部科技司及西部交通建设科技项目管理中心相继启动公路抗震救灾系列科研项目，形成"汶川地震灾后重建公路抗震减灾关键技术研究"重大专项。通过近三年的研究，西部交通建设科技项目"汶川地震公路震害评估、机理分析及设防标准评价"于2011年5月通过交通部西部交通建设科技项目管理中心组织的鉴定验收。该项目研究针对"5·12"汶川地震灾区公路震害开展系统调查，以文字、图片及数据库方式完整保存公路震害史料，建立基于地理信息系统、可供查询的公路震害数据库，并在大量震害统计分析基础上借助振动台模型试验、数值模拟、理论分析等方法进行典型震害机理分析，并结合公路震损特点评价设防标准适宜性，提出抗震设防对策及建议。

汶川地震公路震害调查范围覆盖了四川、甘肃、陕西三省重灾区、极重灾区内的所有高速公路和国省干线，以及部分具有典型震害特征的县乡道路，共47条，总长约7 074km。调查工作量：937个公路沿线地质灾害点，600余条实测地质剖面，1 488个路基震害点，2 207座桥梁，56座隧道，拍摄收集公路震害照片50 000余张等。

在公路震害调查中，四川省交通运输厅公路规划勘察设计研究院牵头负责四川省境内，甘肃省公路管理局牵头负责甘肃省境内，陕西省公路局牵头负责陕西省境内，最后由四川省交通运输厅公路规划勘察设计研究院牵头汇总所有调查资料。

为了给公路抗震减灾能力的研究提供基础资料，并为相关研究者和关注者提供借鉴，项目组分阶段整理研究成果，于2009年5月出版《汶川地震公路震害图集》，现又将公路震害调查和机理分析的主要成果整理形成《汶川地震公路震害调查》（共四册）和《汶川地震公路震害分析》（共两册）。

本书力求全面、客观展示汶川地震灾区公路震害。为了便于研究，书中对能收集到的原设计情况进行了描述。

《汶川地震公路震害调查》按专业分为地质灾害、路基、桥梁、隧道四册。

第二册为路基，共九章。第一章主要概述了路基震害及其现场调查方法。第二章对公路路基震害进行统计分析，揭示了震害分布规律。第三章至第六章介绍了汶川地震中震害较为严重的几条国省干线公路的路基震害，并开展了统计分析及其他定性分析。第七章至第九章主要是按不同烈度区对路基震害工点进行展示，体现出路基震害在高烈度区与低烈度区破坏程度和震害现象上的差别。

该册主要由马洪生、张建经、廖燚、吴祥海、舒森执笔编写。另外，向波、吉随旺、陈强、王道雄、曲宏略、张斌、李勇、贯为易、徐兵、刘强、司长亮、李勇、赵岑、侯家庆、罗乐、杨碧峰、潘恩杰、何博渊、赵俊琪、陈文、李家春、万振江、刘连昌、朱钰、高振鑫、吕琼、王蒙、李欣、李浩然、张红梅、涂静、田伟平、赵华、郭庆利、张新社、冯军科、郭利平、余金良、齐洪亮、韩敏、冯建雪等人员也参与部分编写工作。

该册由马洪生、张建经统稿。陈乐生、唐永建、向波、庄卫林、李玉文、吉随旺、赵河清、万振江等同志对该册进行了审阅。

本书的编写得到了交通运输部、交通部西部交通建设科技项目管理中心、四川省交通运输厅、甘肃省交通运输厅、陕西省交通运输厅等单位的各级领导的关心、帮助和指导，人民交通出版社为本书的出版给予热忱关怀，谨此致谢！

限于编者水平，加之时间紧迫，书中不足之处在所难免，恳请广大读者批评指正。

编　者

2011年10月

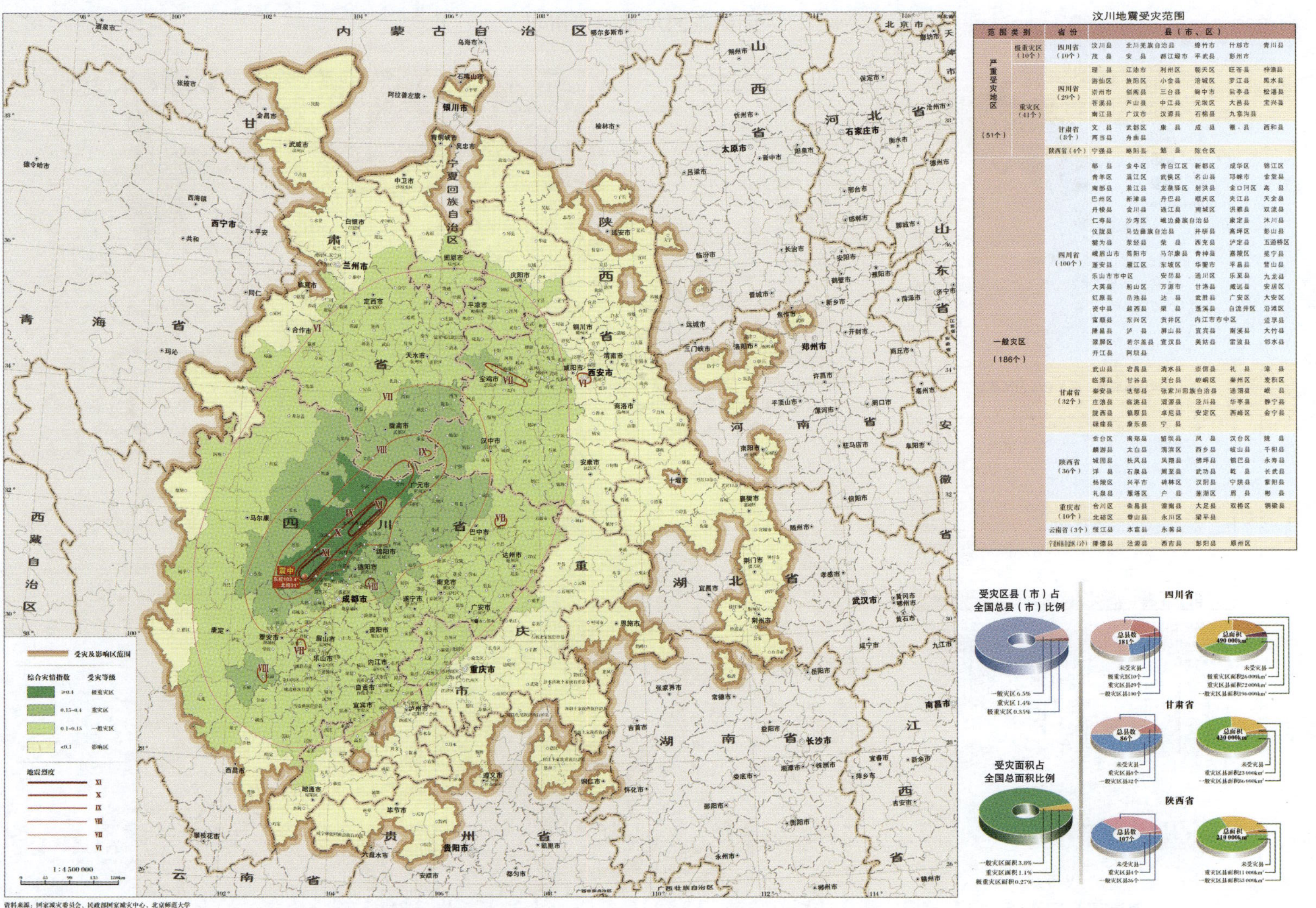

汶川地震受灾范围

范围类别		省份	县（市、区）
严重受灾地区（51个）	极重灾区（10个）	四川省（10个）	汶川县 北川羌族自治县 绵竹市 什邡市 青川县 茂县 安县 都江堰市 平武县 彭州市
	重灾区（41个）	四川省（29个）	理县 江油市 利州区 朝天区 旺苍县 梓潼县 游仙区 旌阳区 小金县 涪城区 罗江县 黑水县 崇州市 剑阁县 三台县 阆中市 盐亭县 松潘县 苍溪县 芦山县 中江县 元坝区 大邑县 宝兴县 南江县 广汉市 汉源县 石棉县 九寨沟县
		甘肃省（8个）	文县 武都区 康县 成县 徽县 西和县 两当县 舟曲县
		陕西省（4个）	宁强县 略阳县 勉县 陈仓区
一般灾区（186个）		四川省（100个）	郫县 金牛区 青白江区 新都区 成华区 锦江区 青羊区 温江区 武侯区 名山县 邛崃市 金堂县 南部县 蒲江县 龙泉驿区 射洪县 金口河区 高县 巴州区 新津县 丹巴县 顺庆区 夹江县 天全县 丹棱县 金川县 通江县 雨城区 洪雅县 双流县 仁寿县 沙湾区 峨边彝族自治县 康定县 沐川县 仪陇县 马边彝族自治县 井研县 高坪区 彭山县 犍为县 荥经县 荣县 西充县 泸定县 五通桥区 峨眉山市 简阳市 马尔康县 青神县 嘉陵区 冕宁县 蓬安县 雁江区 东坡区 华蓥市 平昌县 营山县 乐山市市中区 安岳县 通川区 乐至县 九龙县 大英县 船山区 万源市 甘洛县 威远县 安居区 红原县 岳池县 达县 武胜县 广安区 大安区 资中县 越西县 渠县 蓬溪县 自流井区 沿滩区 富顺县 东兴区 贡井区 内江市市中区 道孚县 隆昌县 泸县 屏山县 宜宾县 南溪县 大竹县 翠屏区 若尔盖县 宣汉县 美姑县 雷波县 邻水县 开江县 阿坝县
		甘肃省（32个）	武山县 宕昌县 清水县 崇信县 礼县 漳县 临潭县 甘谷县 灵台县 崆峒区 秦州区 麦积区 秦安县 迭部县 张家川回族自治县 通渭县 岷县 庄浪县 临洮县 渭源县 泾川县 华亭县 静宁县 陇西县 镇原县 卓尼县 安定区 西峰区 会宁县 碌曲县 康乐县 宁县
		陕西省（36个）	金台区 南郑县 留坝县 凤县 汉台区 陇县 麟游县 太白县 渭滨区 西乡县 岐山县 千阳县 城固县 扶风县 凤翔县 佛坪县 镇巴县 永寿县 洋县 石泉县 周至县 武功县 乾县 长武县 杨陵区 兴平市 碑林区 汉阴县 宁陕县 紫阳县 礼泉县 雁塔区 户县 灞桥区 眉县 彬县
		重庆市（10个）	合川区 荣昌县 潼南县 大足县 双桥区 铜梁县 北碚区 璧山县 永川区 梁平县
		云南省（3个）	绥江县 水富县 永善县
		宁夏回族自治区（5个）	隆德县 泾源县 西吉县 彭阳县 原州区

资料来源：国家减灾委员会、民政部国家减灾中心、北京师范大学

汶川地震受灾范围与程度（资料引自《汶川地震灾害地图集》）

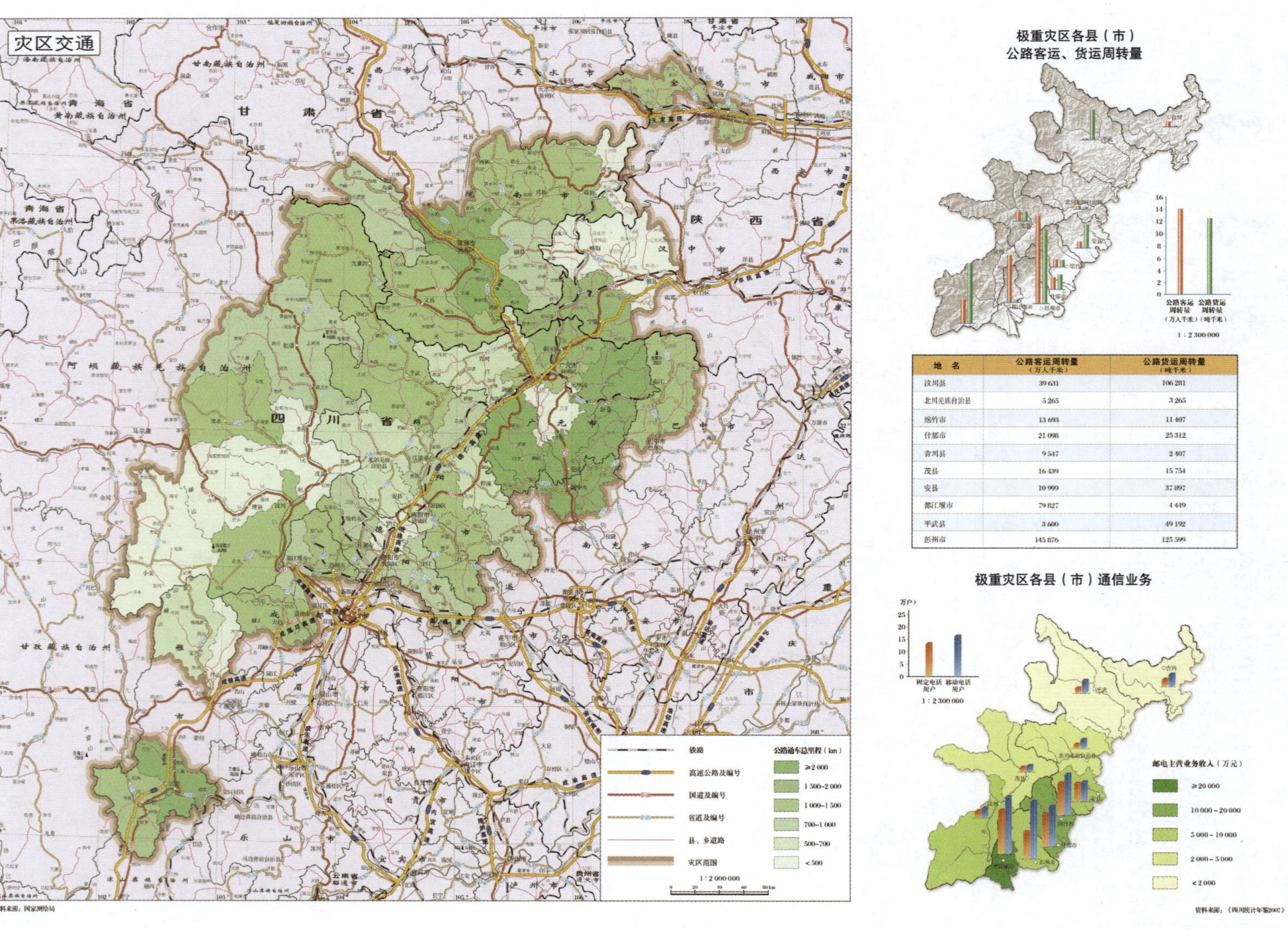

地　名	公路客运周转量（万人千米）	公路货运周转量（吨千米）
汶川县	39 631	106 281
北川羌族自治县	5 265	3 265
绵竹市	13 693	11 407
什邡市	21 098	25 312
青川县	9 547	2 407
茂县	16 439	15 754
安县	10 999	37 897
都江堰市	79 827	4 449
平武县	3 600	49 192
彭州市	145 876	125 599

汶川地震重灾区交通图

目　录

Contents

第 1 章 公路路基震害概况
Chapter 1 General outline of seismic hazard on highway subgrade

1.1 汶川地震概况 General outline of the Wenchuan earthquake

2008 年 5 月 12 日 14 时 28 分，四川省汶川县发生 8.0 级特大地震。这是新中国成立以来破坏性最强、波及范围最广、救灾难度最大的一次地震。重灾区的范围超过 10 万 km^2，其震动的强度、烈度均超过了唐山大地震，死亡人数超过 8 万人。根据民政部、发改委、财政部、国土资源部、地震局五部委颁发的《汶川地震灾害范围评估结果》，在此次地震中确定全国极重灾区为 10 个县（市），包括汶川县、北川县、绵竹市、什邡市、青川县、茂县、安县、都江堰市、平武县、彭州市；重灾区为 41 个县（市、区）；一般灾区为 186 个县（市、区）。除四川外，较为严重的还有甘肃、陕西的部分地区，其他省如重庆、云南等地也受到不同程度的影响。

地震是地壳中累积的构造应力集中引起地壳岩石突然破裂的结果。印度板块以每年约 50mm 的速度向亚洲俯冲，造成青藏高原快速隆升。同时，高原物质向东缓慢流动，在高原东缘地区沿龙门山构造产生向东挤压，这种挤压受到四川盆地之下刚性地块的顽强阻挡。经过长期的构造应力能量的累积，最终在龙门山地区发生突然释放，破裂构造沿龙门山中央断裂带迅速扩展，产生了地震破裂带。

“5·12”汶川地震引起地表破裂，从震中汶川县映秀镇（北纬 31°，东经 103.4°）开始破裂，沿映秀—北川—青川断裂带（即龙门山中央断裂）向北东 30° 方向展布，主震范围长约 330km，宽 30~40km。根据四川省地震局调查资料，沿北川—映秀断裂地表破裂长度约 240km，沿灌县—江油断裂地表破裂约 72km。发震断层的运动方式为右旋—逆断层作用，断层北西盘相对上升。

“5·12”汶川地震受损公路总里程 31 412km，直接经济损失 612 亿元。四川、甘肃、陕西公路交通主要灾损情况如下。

四川省：汶川地震灾害使 9 条在建和已建的高速公路不同程度受损，其中通往震中映秀的都汶高速公路震害尤为严重；其次，成都至绵阳、绵阳至广元、广元至棋盘关、广元至巴中、雅安至泸沽、成都至邛崃、成都至都江堰、成都至彭州 8 条高速公路也存在部分路基沉降、路面开裂、桥梁损坏、隧道初期支护及二次衬砌破坏、洞内渗漏水等震害。汶川地震导致四川省地震灾区 5 条国道（包括 G108、G212、G213、G317、G318）、11 条省道（包括 S101、S105、S106、S202、S205、S210、S211、S301、S302、S303、S306）不同程度受损，其中位于地震烈度Ⅷ度以上地区的 G213、S302、S303 的部分路段受损尤为严重，震后短期难以抢通。灾区内 8 个市州 39 个县（市、区）农村公路累计损毁约

24 103km，受损公路客运站为 392 个。四川省公路基础设施损失达 562.8 亿元，其中高速公路损失约 26.7 亿元，国省干线公路损失约 244.3 亿元，农村公路损失约 285.7 亿元，客运站损失约 6.1 亿元。

甘肃省：汶川地震导致甘肃省地震灾区 2 条国道（G212、G316）、9 条省道（S205、S206、S208、S219、S306、S307、S313 和省管 X482、X484）不同程度受损。陇南、甘南两个市州 8 个县区农村公路累计损毁约 5 518km，灾区内共计损坏县级客运站 10 个、乡镇级客运站 18 个。据统计，甘肃省国省干线公路损失约 22.8 亿元，农村公路损失约 22.4 亿元。

陕西省：汶川地震致使陕西省地震灾区 1 条国道（G108）和 2 条省道（S210、S309）不同程度受损，灾区 4 县区农村公路累计受损约 1 791km，灾区内共计损坏公路客运站 9 个。据统计，陕西省公路基础设施损失约 3.9 亿元。

1.2 调查统计简介 Brief introduction to statistical results of survey

1.2.1 背景 Background

公路作为生命线工程，是震后紧急救援、恢复重建的关键一环，对减少地震造成的人员伤亡、经济损失起着至关重要的作用。

“5 · 12”汶川大地震给我国造成了巨大的损失。从救灾过程可以看出，地震灾区的生命线——公路工程，暴露出许多抗震抗灾能力不足的问题，因此在震后第一时间内许多公路工程制约了紧急救援工作，特别是在汶川、北川、茂县、青川等极重灾县以及 254 个重灾乡镇的公路交通曾一度中断，导致运送救援人员、救灾物资、药品等的车辆迟迟不能从陆路进入映秀、北川等极重灾区，对灾区救援产生极大的影响。

“5 · 12”汶川大地震造成的公路损坏无疑是巨大的，但是也为总结和提升我国公路工程的抗震技术提供了一次难得的机遇。为了提高公路工程的抗震设计水平，针对汶川地震开展公路震害调查、破坏机理分析、成功实例总结等工作是非常有必要的。地震发生后，四川、甘肃、陕西交通运输厅立即组织技术人员对通往地震重、极重灾区公路进行应急调查和检测，为公路的抢通、保通和恢复重建工作提供了重要的基础资料。为了进一步对汶川地震震害进行研究，在交通运输部西部交通建设科技课题的支持下，课题组在充分收集前期应急调查和检测资料的基础上，于 2009 年 1~3 月对汶川地震灾区公路路基震害开展了系统的补充调查工作，并对收集的数据进行了全面的统计分析。

1.2.2 国内外调查研究现状 The current state of domestic and international field survey and researches

在近期历次大地震后，各国都对路基震害进行了调查与整理。

1960 年，Duke 和 Leeds 对智利 8.5 级地震的震害进行了调查，对大量受损的支挡结构进行了记录，其中海港重力式挡墙的破坏较严重，主要以倾覆为主，并定性分析了挡墙失稳的原因。

1964 年，Hayashi 等人对日本新潟 7.5 级地震进行了调查，对震害的支挡结构类型和破坏长度比进行了统计，并按照结构失效比例的大小划分了支挡结构的破坏等级。同时他们也介绍了桩板墙、片（卵）石混凝土墙和重力式挡墙破坏特征，定性分析了挡墙的破坏原因。

1976 年，意大利的弗留利发生了 6.5 级地震。震害调查报告显示，在莱德拉河沿岸有相当多的挡土墙在主震时发生了破坏，水和沙涌出，这些现象表明已经发生沙土液化现象。另外报告分析认为，乌迪内—卡尔尼亚—塔维西奥公路的破坏主要是由于支挡结构发生变形破坏所致。

1979 年，中国科学院工程力学研究所编写了《海城地震震害》一书。该书将道路路基震害分为路堤、路堑和挡土墙三部分，并对相应的震害进行了分类。其中路堤震害细化为：路堤下沉、塌陷，路堤边坡坍滑、路堤开裂，河滩路堤和桥头路堤滑坍，边沟淤塞。对于路堤破坏工点，该书记录了断面、地基土类型、填料、下沉量和开裂走向、部位、长度、宽度等；由于路堑边坡震害较轻，仅对边坡类型进行了分类说明，主要根据岩石性质、节理发育等因素将边坡分为了岩质边坡、土质边坡 2 个大类和 5 个亚类；在挡土墙部分，对 6 处挡墙所处的烈度、形式、尺寸、填料、材料、地基土类型进行了调查，把挡墙震害分为开裂外鼓、断裂。由于调查样本数量较少，该书没有进行详细的统计分析，亦未提出震害分级标准。

1986 年，刘恢先主编了《唐山大地震震害》一书。该书在铁路工程章节中对路堤和挡土墙震害情况进行了说明；在公路工程章节中对唐山地区路基路面震害和天津市路基路面震害进行了叙述。在铁路路堤震害调查中对路堤高度、填料、地基土等情况进行了记录，但受样本数量的限制没有做进一步统计分析；调查中对路堤下沉量、裂缝长度、开裂方向等震害特征也做了相应的记录，并对部分震害工点进行了列表说明。由于唐山地震震害区内的支挡建筑物较少、震害轻微，该调查仅对挡墙的类型、尺寸、地基土类型、烈度区等内容进行了详细的分类记录；在路基路面震害调查中，对线路的破坏长度比、场地条件及地表破坏情况进行了统计，并对震害原因进行了说明。在对天津市的震害调查中，着重对路基路面的震害类型进行了定性分析，也提及了工点的震害类型及受损程度，但没有对震害程度的分级作出明确说明。

2007 年，日本 Hideki Sugita 等人对能登半岛地震做了路基震害调查，调查报告中说明了线路的类别（高速公路、国道、省道、县道）和各个线路上的震害数量。调查采用了石川县规定的震害分级方法，将震害分为了大规模毁坏（Large-scale disruption）、可估计的震害（Estimated disruption）、路面变形（Road surface deformation）三类。调查内容主要分为实地调查（Field survey）和地基调查（Ground survey）。实地调查分重点调查了路基及路基边坡的含水情况、路面震害情况（下沉、开裂、鼓胀、变形等）和历史修复情况等，并对路堤高度、路基类型、山间水流、有无泉水、有无支挡结构、边坡坡度等因素与震害类型的关系进行了统计分析。地基调查的内容主要有路基压实度、路基内的水位、路基中是否含有坍塌物、破坏与路基填土强度的关系等方面。

总之，在各次强震后各国工程部门都对路基震害或涉及路基的震害进行了现场调查，提出了相应的特征、规律等。针对汶川地震震害调查，我们在吸取已有震害调查经验的基础上，根据汶川地震震害的特点，制订了详细的调查和分析计划，为保证震害调查顺利完成奠定了基础。

1.2.3 现场调查方法 Field survey methods

汶川地震发生后，四川省交通运输厅、甘肃省交通运输厅和陕西省交通运输厅立即组织了应急调查小组进入灾区进行公路震害应急调查；随后在交通运输部的统一协调部署下，四川省交通运输厅组织了四川省交通运输厅公路规划勘察设计研究院、中交第二公路设计院、重庆交通科研设计院等 11 家单位对汶川地震灾区公路进行了检测评估。课题组在充分收集前期应急调查、检测评估等阶段震害资料的基础上，对极重、重灾区路基路面震害进行了系统补充调查（图 1–1）。调查资料包括震害工点的踏勘、震害工点的特征数据测量、震害工点的素描、震害工点的影像资料四个部分。使用的现场调查方法主要是在收集已有设计资料的基础上，把现场补充调查、测量、检测等工作相结合。具体步骤如下。

图 1–1 现场调查照片

Figure 1–1 Photos of field investigation

（1）资料收集：收集极重、重灾区公路的建设年代、线路等级、抗震设防烈度、震害工点的原设计和竣工资料等。

（2）现场调查方法：利用皮尺、钢卷尺、罗盘、照相机、摄像机、GPS 定位仪、激光测距仪、手持水准仪等工具，分不同线路按路线桩号逐步推进调查，填写对应的震害调查表。测量记录的同时，充分利用数码相机、录像机对现场进行拍照和摄影，并进行细致的标识、整理和存储；对部分已被修复的震害工点，尽可能收集曾到达过原始震害现场的人员记录、照片、录像或其他资料。在现场调查过程中，调查人员进一步细化了调查内容，具体如下。

①对一般路基震害进行调查、分类、统计。调查内容包括路面（基）开裂、错台、路

基沉陷、路堤滑移等震害类型的模式、程度及范围。

②对支挡防护结构进行震害调查、分类、统计。调查内容包括重力式挡墙、加筋土挡墙、抗滑桩、框架锚杆（索）等支护结构，挂网喷浆、主（被）动网等防护结构在地震及次生地质灾害作用下的震害特点。

③对路基工程结构物进行现场检测，完善调查资料，如对具有震害的抗滑桩、锚头震害的预应力锚索等结构进行现场调查检测等。

1.2.4　调查线路说明 Introduction to investigated routes

路基震害调查组分别对四川、甘肃、陕西地震灾区国省干道和部分县乡道路（图 1–2）约 7 081km 进行了路基震害详细调查。

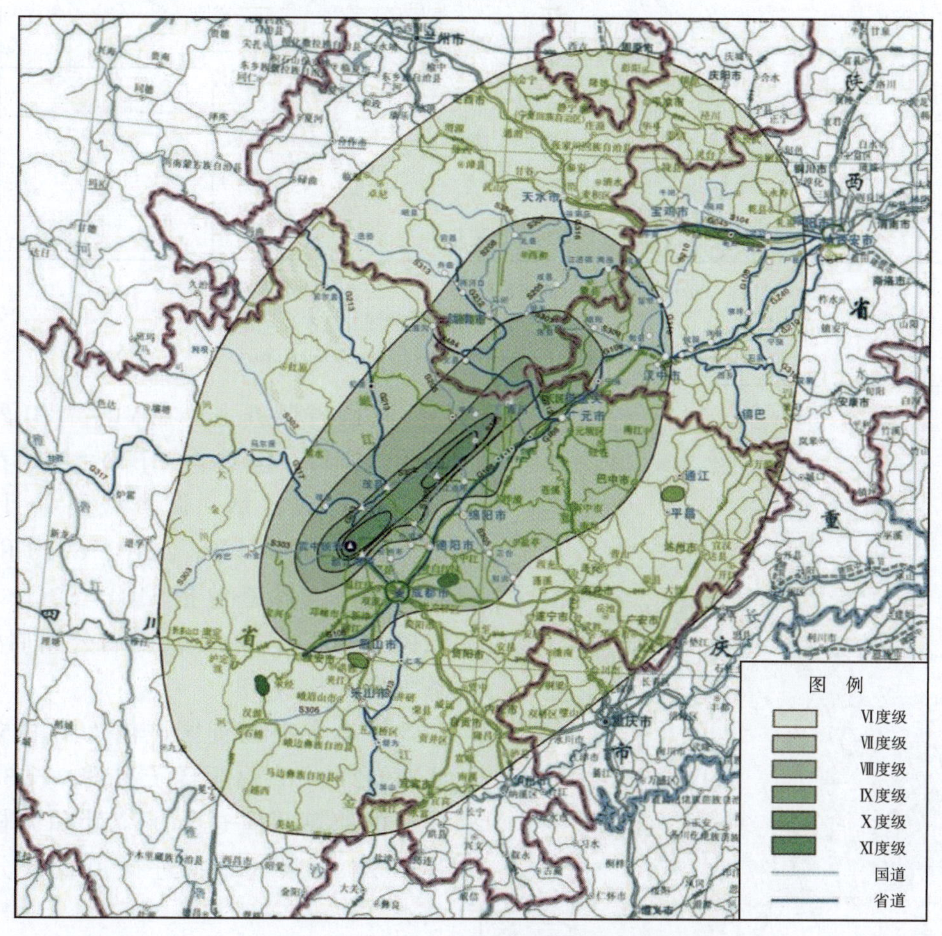

图 1–2　汶川地震灾区图

Figure 1–2　Map of Wenchuan seismic hazard area

四川省震害调查主要在省内Ⅶ ~ Ⅺ烈度区范围内进行，包含了成都市、德阳市、绵阳市、广元市以及甘孜藏族自治州、阿坝藏族羌族自治州等行政区域。调查线路以四川省内国道、省道为主，对部分乡县道路震害情况也进行了调查统计。四川调查线路共计 40

余段约 2 661km。国道涉及 G108、G212、G213 和 G317 4 条线路，省道包括 S105、S106、S205、S210、S301、S302 和 S303 7 条线路（图 1–3）。

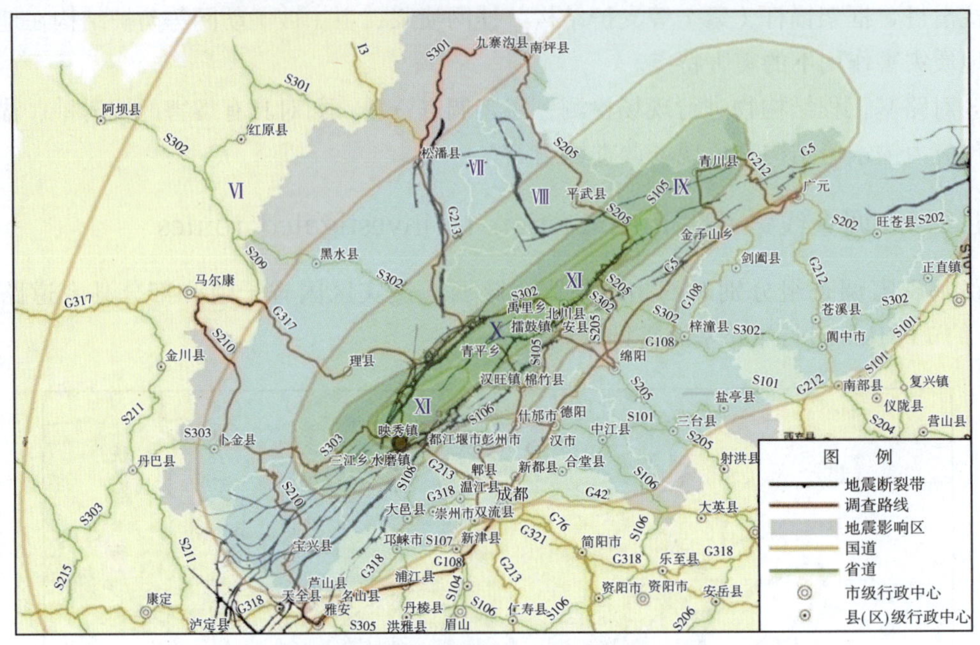

注：图中红色折线是调查的线路，平滑线表示地震烈度区

图 1–3 四川调查路线图

Figure 1–3 Map of investigated routes in the Sichuan province

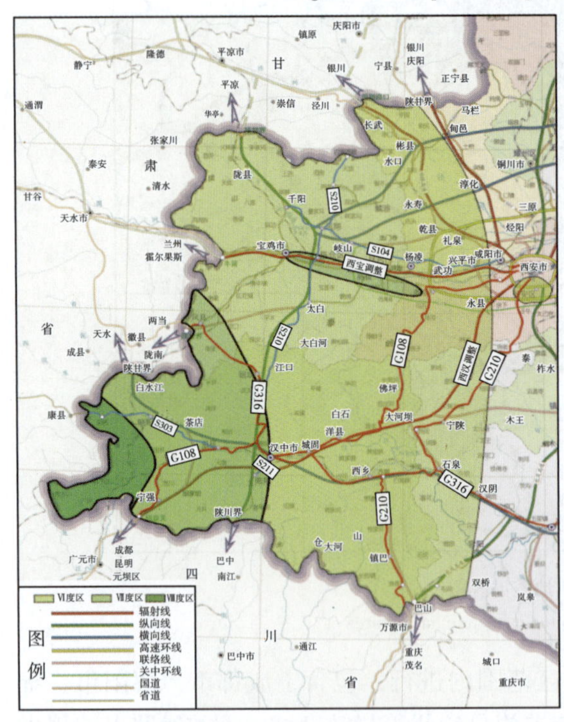

图 1–4 陕西省调查路线图

Figure 1–4 Map of investigated routes in the Shaanxi province

陕西省调查主要在 VI ~ VIII 烈度区范围内进行，包括了汉中市、宝鸡市、咸阳市等行政区域。调查线路共计 10 余段。国道包括 G108、G210、G310 和 G316 4 条线路，省道包括 S104、S211、S212、S210、S306、S309 以及姜眉公路眉太段 7 条线路（图 1–4）。

甘肃省在调查区域内（图 1–5），主要对 G212（宕昌至罐子沟段，长 316km）典型的路基震害进行了统计和分析，对其中 24 处路基震害进行了重点分析和归类。

1.2.5 震害分级说明 Introduction for grading seismic hazards

按结构类型与所在位置将路基震害分为：路基本体震害、路基所在边坡震害、支挡结构震害三大类（图 1-6）。在现场实际调查过程中，调查人员分别对这三类结构进行了调查统计。

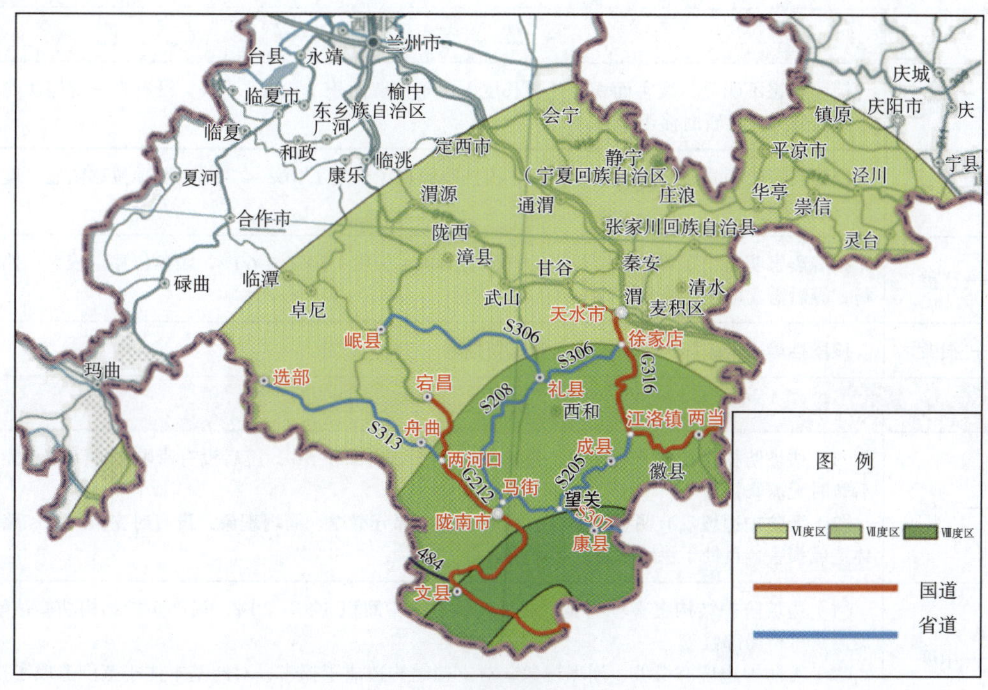

图 1-5　甘肃省调查路线图

Figure 1-5　Map of investigated routes in the Gansu province

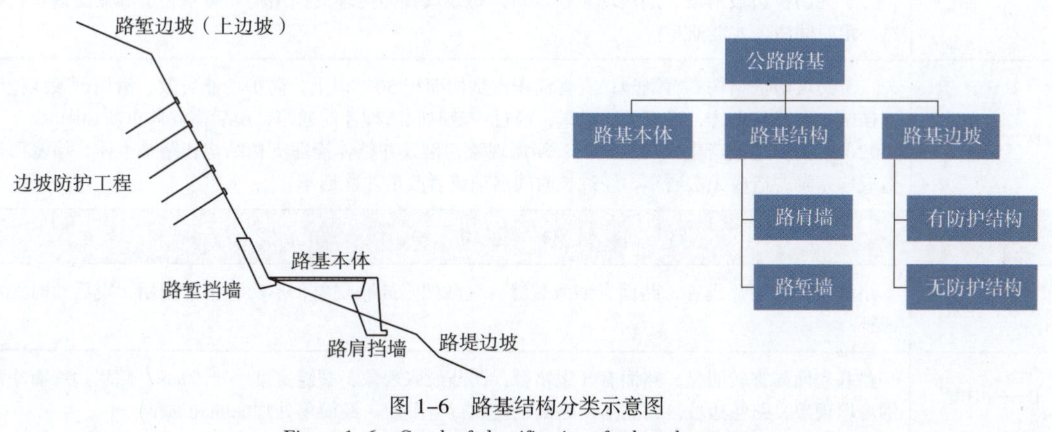

图 1-6　路基结构分类示意图

Figure 1-6　Graph of classification of subgrade structure

在评估了路基震害工点的损伤情况和参考了早期震害分级的基础上，考虑了汶川地震公路路基震害的实际情况，结合震后道路使用功能等因素的综合，项目组提出了路基震害分级的概念，具体分为轻微、中度、严重、损毁四级，代表不同的震害程度，并以 A、B、C、D 表示。三类结构四个震害等级的主要特征描述见表 1-1。

表 1-1 路基震害程度分级特征

Table 1-1 Characteristics of subgrade seismic hazard in each class

支挡结构震害分级	
等级	震害特征
A——轻微	挡墙震害不明显，震害面积（开裂长度）小于挡墙面积（长度）10%，没有丧失支挡功能，震害无需修补，可暂时使用
B——中度	挡墙震害较明显，震害面积（长度）占挡墙面积（长度）10% ~ 30%，墙顶位移明显，震后需进行局部修复
C——严重	挡墙震害明显，震害面积（长度）占挡墙面积（长度）30% ~ 60%，墙顶位移量较大，挡墙失稳，震后需立即进行修复
D——损毁	该段挡墙完全破坏，震后需重新修筑新挡墙
边坡震害分级	
A——轻微	（1）边坡防护结构震害不明显，震害面积小于结构面积 5%，震后没有影响边坡防护功能，震后暂时无需修补 （2）无防护边坡没有明显的滑坡、崩塌，有小部分滑塌、溜坍现象，没有对支挡结构和路基本体造成损害，且处于稳定状态，不影响通车
B——中度	（1）边坡防护结构震害较明显，震害面积占结构面积 5% ~ 20%，局部防护结构功能被削弱，震后需进行局部修复 （2）无防护边坡有滑坡、崩塌现象，对支挡结构造成了损害，对路基本体小范围造成了损伤，经过路面简单处理能顺利通车
C——严重	（1）边坡防护结构震害明显，震害面积占结构面积 20% ~ 50%，防护结构遭到震害，局部功能失效，滑塌体震害支挡结构和路基本体，影响正常通车，震后需立即进行修复 （2）无防护边坡滑坡、崩塌现象较严重，砸毁或整体掩埋支挡结构和路基，造成无法通车，经过一定时间清理才能通车
D——损毁	（1）边坡防护结构震害剧烈，震害面积占结构面积 50% 以上，防护功能失效，滑塌砸毁或掩埋支挡结构和路基本体，造成无法通车，经过一定时间清理才能通车，震后需立即重新加固 （2）无防护边坡产生大规模滑坡、崩塌现象，砸毁并整体掩埋支挡结构和路基本体，堵塞河道造成堰塞湖，造成无法通车，经过长时间清理或者改道才能通车
路基本体震害分级	
A——轻微	路基表面无明显震害，路面有细微裂缝、轻微凹陷鼓胀现象，不影响正常使用，震后暂时无需修补
B——中度	路基表面震害较明显，路面有开裂错台，凹凸鼓胀现象，裂缝宽度小于 10cm，路堤边缘有小范围垮塌现象，路堑边坡落石剥落至路面，造成行车不便，经简单处理能顺利通车
C——严重	路基表面震害明显，路面开裂明显，路面错台严重，裂缝宽度大于 10cm，路面凹凸鼓胀导致路面损坏，路堤边缘部分垮塌，边坡崩塌落石砸落至路面，边坡滑坡掩埋路面，行车空间狭小或无法通行，能步行通过，经过一定时间清理才能恢复通车
D——损毁	路基表面震害剧烈，开裂、错台，凹凸鼓胀导致路基彻底失效，路基大部分垮塌、侧移，边坡崩塌落石砸落堆积路面，砸坏路基并堵塞道路，边坡滑坡掩埋路基，无法通行，经过长时间清理才能恢复通车

1.3　震害概要 Outline of seismic hazards

在调查区域共计 7 081km 范围内，路基震害数量合计为 1 488 处。其中路基本体震害 579 处，支挡结构震害 375 处，边坡震害 534 处。各线路详细区段震害数量见表 1-2。

表 1-2　调查路线区段与路基震害数量表

Table 1-2　Investigated sections of routes and the quantity of seismic hazard

线路名称	序号	区　　段	所在省份	道路等级	路段长度（km）	震害数量（处）
G108	1	宝轮—广元	四川	三级	29	1
	2	佛坪段	陕西	三级	91	1
	3	宁强段	陕西	二级	62	1
G210	4	西乡段	陕西	三级	80	3
	5	镇巴段	陕西	三级	98	3
G212	6	七里场—白龙湖大桥	四川	二级或三级	39	18
	7	沙洲—广元	四川	二级或三级	89	5
	8	沙洲—宝轮	四川	二级或三级	67	10
	9	宕昌—罐子沟	甘肃	二级或三级	316	24
	10	姚渡—沙洲	四川	三级	22	19
G213	11	都江堰—映秀	四川	三级	41	144
	12	映秀—汶川	四川	三级	55	70
	13	汶川—茂县	四川	三级	42	59
	14	茂县—两河口	四川	三级	161	24
	15	两河口—松潘	四川	三级	38	2
G316	16	福兰段	陕西	二级	2915	1
G317	17	理县—汶川	四川	三级	57	12
	18	卓克基—理县	四川	四级	49	18
S105	19	桂溪—邓家	四川	三级	26	21
	20	安县—北川	四川	三级	48	14
	21	什邡—绵竹	四川	二级或三级	24	1
	22	绵竹—安县	四川	二级或三级	46	6
	23	北川县城南—桂溪	四川	三级	30	32
	24	南坝—青川	四川	三级	94	34
	25	青川—沙洲	四川	三级	33	27
	26	桂溪—南坝	四川	三级	40	34
S106	27	什邡—彭州—都江堰—怀远镇—大邑	四川	二级或三级	102	4

续上表

线路名称	序号	区　段	所在省份	道路等级	路段长度（km）	震害数量（处）
S205	28	九寨沟双河乡—两河堡	四川	三级	132	17
	29	平武—南坝	四川	二级	51	33
	30	江油—桂溪	四川	三级	35	9
S210	31	小金—卓克基	四川	三级或四级	127	8
	32	飞仙关—达维乡	四川	三级或四级	191	14
	33	麟留线	陕西	三级	238	6
S211	34	汉南线	陕西	二级	60	3
S212	35	陇凤段	陕西	二级	180	3
S301	36	川主寺—九寨沟双河乡	四川	三级	143	6
S302	37	两河口—黑水	四川	三级或四级	98	35
	38	江油—邓家	四川	三级	36	71
	39	井田坝—青川	四川	三级	34	8
S303	40	映秀—卧龙	四川	三级	45	120
	41	茂县—北川	四川	三级	76	110
	42	卧龙—达维乡	四川	三级或四级	117	25
S306	43	麟旬段	陕西	三级	212	1
X120	44	川主寺—平武	四川	四级	163	14
XU09	45	三江—漩口	四川	三级或四级	24	62
X101	46	清平—汉旺—绵竹	四川	三级或四级	28	67
XH10	47	金子山—青川	四川	三级或四级	75	75
XN16	48	新房子大桥—龙池—都江堰	四川	三级	15	100
XF05/22	49	什邡—红白镇—青牛坨	四川	四级	59	15
	50	什邡—红白镇—岳家山—青牛坨	四川			35
XN42	51	银厂沟—彭州	四川	三级	80	59
姜眉公路	52	眉太路	陕西	二级	165	3
X102	53	汉朱段	陕西	三级	3	1
合　计					7 081	1 488

依据路基震害分级标准（表 1-1）所进行的路基震害统计显示：在整个调查范围内，公路路基震害程度主要为轻度和中度，严重震害次之；损毁震害相对较少，占震害总量的 11%［图 1-7a）]。Ⅷ度及以下烈度区震害程度轻微，有少量破坏严重的工点。Ⅸ～Ⅺ度区内路基破坏严重［图 1-7b）]，特别体现在路基边坡滑坡、崩塌引起掩埋路基震害。对震害数量大于 10 处所在的国省干道的统计结果见图 1-8，路基震害分布见图 1-9。从图中可以看出，此次汶川地震对公路路基的震害主要发生在断裂带附近的 G213、S105 和 S303 三条线上。

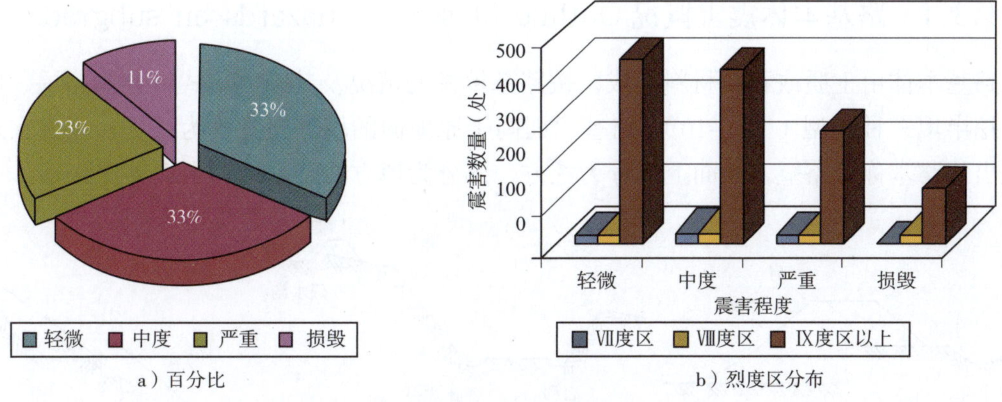

图 1-7　路基震害程度统计图

Figure 1-7　Seismic hazard statistics of subgrade

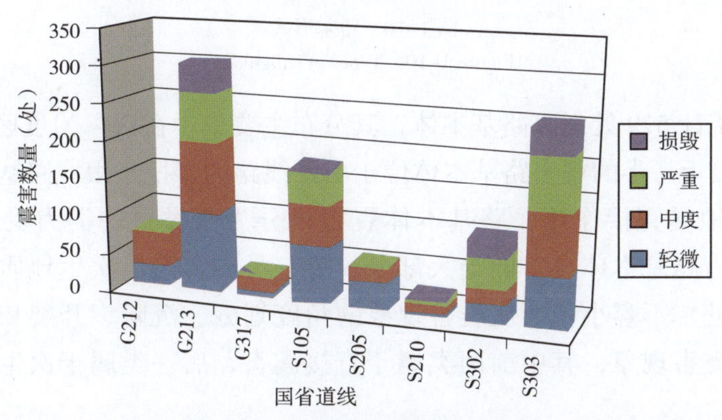

图 1-8　国省道线路震害数量分布

Figure 1-8　Distribution of seismic hazard quantity on national and provincial roads

图 1-9　路基震害程度分布示意图

Figure 1-9　Distribution of extent of subgrade seismic hazard

1.3.1 路基本体震害概况 Outline of seismic hazards on subgrade

路基本体由土质或石质材料组成，按路基填挖的情况及其断面形式可分为路堤、路堑和半挖半填三种类型（图 1-10）。路基顶面高于原地面的填方路基称为路堤，全部在地面开挖出的路基称为路堑，断面上部分为挖方、部分为填方的路基称为半填半挖路基。

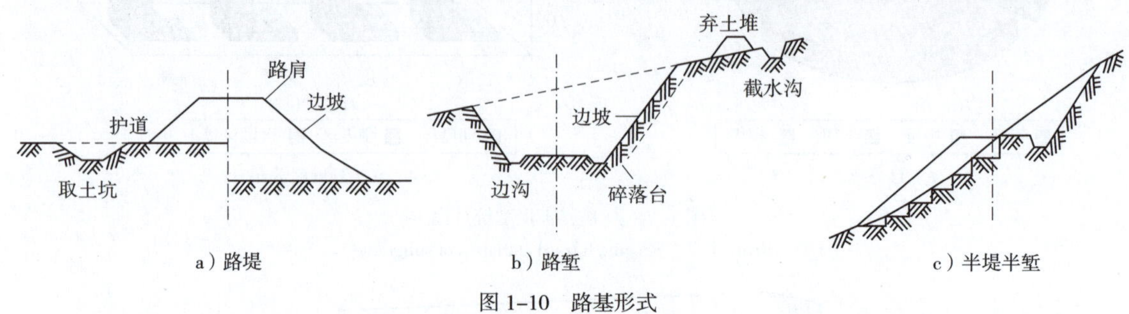

图 1-10 路基形式

Figure 1-10 Types of subgrades

此次调查共统计 579 处震害路基本体，其分布主要集中在Ⅸ ~ Ⅺ度区的省道、乡县公路上。调查发现接近一半的震害路基本体位于山腰线路的半挖半填式路基上。

按照是否受地震直接作用，路基本体震害可分为两类：一类为受地震直接作用的震害，该类震害占路基本体震害的绝大部分；另一类震害是由次生地质灾害造成的，数量也达到了 130 处，不容小视。从震害现象的角度划分，沉陷、开裂和掩埋三类震害是路基本体主要的震害现象，其中前两类属于直接震害，后一类属于次生地质灾害造成的震害。

1.3.2 支挡结构震害概况 Outline of seismic hazards on retaining structures

支挡结构特指用来支撑、稳固填土或山坡体，防止坍滑，保持结构后方土体稳定的一种建筑物结构，主要包括挡土墙和抗滑桩（桩板墙）两大类。

挡土墙是指支承路基填土或山坡土体、防止填土或土体变形失稳的构造物。抗滑桩是穿过滑坡体深入滑床的桩柱，用以抵抗滑体的滑动力，是稳定边坡的构造物。图 1-11 列出了 4 种常用的支挡结构。

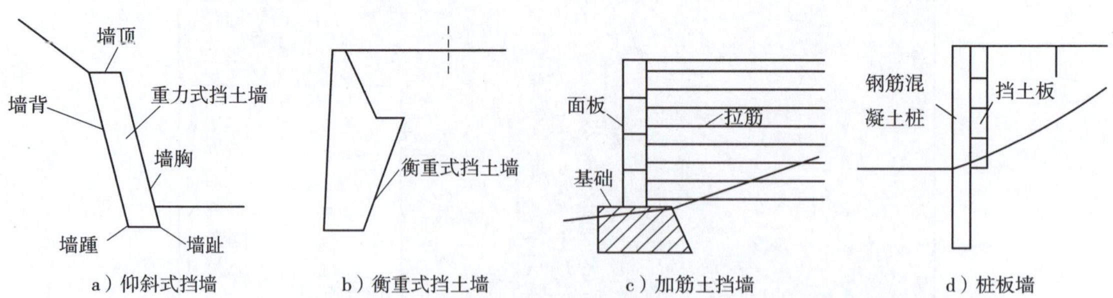

注：仰斜式挡墙与衡重式挡墙同属于重力式支挡结构，加筋土挡墙与桩板墙属于柔性支挡结构

图 1-11 挡墙类型

Figure 1-11 Types of retaining walls

在汶川地震中支挡结构发生震害的模式有：垮塌、墙身剪断、整体倾斜、倾倒、结构表面变形开裂等几类地震直接作用造成的震害；另外，由滑坡、崩塌体次生地质灾害造成的支挡结构被掩埋或砸坏也是主要的震害类型。

支挡结构震害主要发生在Ⅸ～Ⅺ度烈度区内，有少数震害发生在Ⅶ度、Ⅷ度区内。若按照挡墙的结构形式划分，震害的支挡结构主要分为重力式挡墙、加筋土挡墙和桩板墙三类。调查结果显示，产生震害的支挡结构绝大部分为重力式挡墙，而属于柔性支挡结构的加筋土挡墙和桩板墙的震害较少，所占百分比不到 2%（这也与加筋土挡墙和桩板墙工点的总体数量少有关）。若按照支挡结构所处的位置划分，挡墙可分为路堑墙与路肩墙（一般简称上挡与下挡）。从统计结果来看，支挡结构的震害以路堑墙震害为主。

震害挡墙砌筑方式调查的结果显示：相对片（卵）石混凝土挡墙而言，浆砌片（块）石砌筑的挡墙震害占绝大多数。值得一提的是，山区公路多数以浆砌片（块）石砌筑为主，其基数大、施工质量不高是导致受损百分比较高的根本原因之一；另外干砌挡墙虽然总量不大，但普遍损坏严重。

简而言之，地震灾区公路支挡结构的震害是由地震动和次生地质灾害共同作用产生的，浆砌的重力式挡墙为支挡结构震害的主要结构，并且震害更偏重于路堑式挡土墙。在Ⅶ、Ⅷ度烈度区的支挡结构基本经受住了地震的考验，采用浆砌片（块）石砌筑的挡墙在高烈度区的抗震性能普遍低于片（卵）石混凝土挡墙。

1.3.3　路基边坡震害概况 Outline of seismic hazards on slope

路基边坡主要指路基“红线”以内的边坡，是山区中对道路进行开挖或填筑，在路基两侧形成的边坡。根据填挖方的不同，其分为路堑边坡与路堤边坡（也称为上边坡与下边坡）。边坡防护结构是指设置在路基边坡，对边坡起加固稳定作用的结构。一般的防护结构有锚杆、锚索、主（被）动网、挂网喷浆等。

在调查和统计中，调查人员将路基边坡和边坡防护结构都划归到路基边坡类。按照防护措施的设置与否，路基边坡可分为有防护结构与无防护结构两大类。防护结构是否设置，直接影响到地震对路基边坡造成的震害程度。调查表明，无防护结构的边坡出现震害数量约高出了设置防护结构边坡震害数量一倍，在高烈度区这一差别更为显著。

遭受震害的防护类型主要有实体护面墙、喷灰浆防护、SNS 主动网、框架梁锚杆、锚索等几大类。其中护面墙主要发生了垮塌、开裂震害；喷灰浆防护主要表现为剥落、开裂震害；主动网主要被边坡崩塌抛射的落石所冲破；框架梁以发生开裂与变形震害为主，而锚杆锚索的震害主要表现为锚头损坏失效等现象。需要说明的是，实体护面墙一般是为了覆盖各种软质岩层和较破碎岩石的挖方边坡以及坡面易受侵蚀的土质边坡，免受降雨、风化等影响而修建的墙体。因此，与挡土墙不同，护面墙基本没有抗震能力，在地震作用下，相对其他边坡防护结构它的震害程度与数量更为严重。

路基边坡的震害与前两类结构类似，主要发生在Ⅸ～Ⅺ度区，Ⅶ度及以下烈度区几乎没有太多的震害发生。对边坡岩土类型所进行调查时发现，岩质边坡的灾害数量约占总灾害数量的 50%。在地震作用下，硬岩质边坡易发生崩塌、落石等灾害，这也是汶川地震中边坡灾害的特点之一。

汶川地震边坡灾害受坡度控制。基于 5° 间隔对坡度控制进行的统计分析结果表明，其中 40° ~50° 范围内边坡震害数量最多，其余区间受损数量依次递减。路基边坡震害的统计结果也显示，在工点所在线路走向平行于发震断裂带的边坡发生震害数量比垂直于断裂带的边坡震害数量大。

第 2 章　汶川地震公路震害统计
Chapter 2　Statistical analysis of seismic hazards on highway subgrade in the Wenchuan earthquake

2.1　路基本体震害统计 Statistical analysis of seismic hazard on subgrade

对路基本体震害而言，从震害在各条线路和烈度区的分布、不同类型路基的震害、震害工点所在地质环境等方面进行统计分析，以期达到客观说明汶川地震中的震害趋势和规律的目的。

2.1.1　路基本体在调查线路与烈度区的震害分布 Distribution of seismic hazards on investigated routes and seismic-intensity area

汶川地震的震中烈度最高达Ⅺ度，以四川省汶川县映秀镇和北川县县城两个中心呈长条状分布，面积约 2 419km^2。其中，映秀Ⅺ度区沿汶川—都江堰—彭州方向分布，北川Ⅺ度区沿安县—北川—平武方向分布。

汶川地震的Ⅹ度区面积约为 3 144km^2，呈北东向狭长展布，东北端达四川省青川县，西南端达汶川县。

汶川地震Ⅸ度区的面积约 7 738km^2，同样呈北东向狭长展布，东北端达到甘肃省陇南市武都区和陕西省宁强县的交界地带，西南端达到汶川县。

各路段路基本体坡坏数量如表 2-1 所示。

表 2-1　各区段路基本体震害数量

Table 2-1　Quantity of subgrade seismic hazards in all sections

序号	烈度区	线 路 区 段	线路名称	省份	震害数量（处）
1	Ⅸ ~ Ⅺ度区	映秀—卧龙	省道 S303	四川	69
2		新房子大桥—龙池—都江堰	县道 XN16	四川	67
3		银厂沟—彭州	县道 XN42	四川	47
4		江油—邓家	省道 S302	四川	43
5		清平—汉旺—绵竹	县乡公路	四川	35
6		汶川—茂县	国道 G213	四川	28
7		什邡—红白镇—岳家山—青牛坨	广青路 XF05/22	四川	27
8		茂县—北川	省道 S303	四川	25
9		映秀—汶川	国道 G213	四川	21
10		南坝—青川	省道 S105	四川	20
11		金子山—青川	县道 XH10	四川	17
12		桂溪—南坝	省道 S105	四川	17

续上表

序号	烈度区	线路区段	线路名称	省份	震害数量（处）
13	Ⅸ～Ⅺ度区	什邡—红白镇—青牛坨	广青路 XF05/22	四川	14
14		平武—南坝	省道 S205	四川	14
15		北川县城南—桂溪	省道 S105	四川	13
16		都江堰—映秀	国道 G213	四川	9
17		桂溪—邓家	省道 S105	四川	9
18		三江—漩口	县道 XU09	四川	8
19		姚渡—沙洲	国道 G212	四川	5
20		青川—沙洲	省道 S105	四川	4
21		江油—桂溪	省道 S205	四川	3
22		井田坝—青川	省道 S302	四川	2
23		安县—北川	省道 S105	四川	1
24	Ⅷ度区	卧龙—达维乡	省道 S303	四川	13
25		七里场—白龙湖大桥	国道 G212	四川	3
26		双河乡—两河堡	省道 S205	四川	3
27		沙洲—广元	国道 G212	四川	2
28		什邡—彭州—都江堰—怀远镇—大邑	省道 S106	四川	1
29	Ⅶ度区	两河口—茂县	国道 G213	四川	22
30		两河口—黑水	省道 S302	四川	9
31		两河口— 罐子沟	国道 G212	甘肃	6
32		飞仙关—达维乡	省道 S210	四川	4
33		汉南线	省道 S211	陕西	3
34		卓克基—理县	国道 G317	四川	2
35		川主寺—平武	县道 X120	四川	1
36	Ⅵ度区	汉朱段	县道 X102	陕西	1
37		陇凤段	省道 S212	陕西	3
38		西乡段	国道 G210	陕西	3
39		镇巴段	国道 G210	陕西	2
40		眉太路	姜眉公路	陕西	1
41		麟旬段	省道 S306	陕西	1
42		佛坪段	国道 G108	陕西	1
合　计					579

在调查的线路区段中路基本体震害共计 579 处。震害主要集中在断裂带附近的Ⅸ～Ⅺ度区内，震中映秀附近的 2 条线路映秀至卧龙段（省道 S303）、新房子大桥至都江堰段（XN16 龙池旅游公路），震害数量最大、受损程度最为严重。另外有 10 条线路区段基本没

有发生路基本体明显震害的情况，这些线路都处在小于Ⅷ度区的范围内。

从线路级别所统计得到的结果来看，与支挡结构和路基边坡相比，路基本体更多发生在县乡公路和省道上，国道的震害约占总震害数量的 18%，损坏相对较少，见表 2-2。

表 2-2　各级别道路震害情况

Table 2-2　Seismic hazard situation of all levels of routes

道路级别	四川省震害数量（处）	陕西省震害数量（处）	甘肃省震害数量（处）	震害数量（处）	百分比（%）
国道	82	6	6	104	18
省道	250	7	0	257	44
部分县乡公路	216	2	0	218	38

Ⅸ ~ Ⅺ度区内包含绝大部分受损路基本体，共计 498 处；Ⅷ度、Ⅶ度和Ⅵ度区震害路基本体分别为 22 处、48 处和 11 处，见表 2-3。

表 2-3　各烈度区路基本体震害情况

Table 2-3　Seismic hazards situation of subgrade in all intensity sections

烈度区	四川省震害数量（处）	陕西省震害数量（处）	甘肃省震害数量（处）	震害数量（处）	百分比（%）
IX 度至 XI 度区	498	0	0	498	86
Ⅷ度区	22	0	0	22	4
Ⅶ度区	38	4	6	48	8
VI 度区	0	11	0	11	2

2.1.2　路基类型与所在位置的震害关系 Relationship of seismic hazards between the type of subgrade and its location

调查人员将震害路基本体按照填挖方情况分为路堤、路堑、半挖半填路基三类。结果显示，路基本体震害主要以半挖半填路基为主，约为路基本体总震害的 50%，另外路堑和路堤震害数量相当，如图 2-1 所示。

发生震害的路基本体大致分布在位于坡脚的线路、位于山腰的线路和位于山脊的线路等位置。从图 2-2 的统计结果可以看出，震害的路基本体大部分都集中在位于山腰的线路上，其次位于坡脚线路处的路基本体也有一定的损坏。

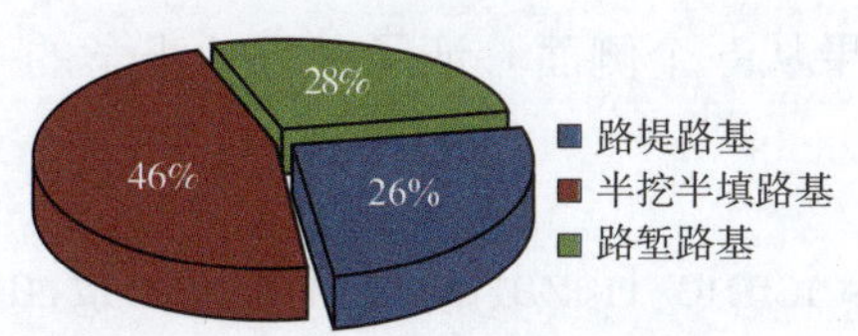

图 2-1　各类形式路基的震害数量

Figure 2-1　Quantity of seismic hazards of various types of subgrade

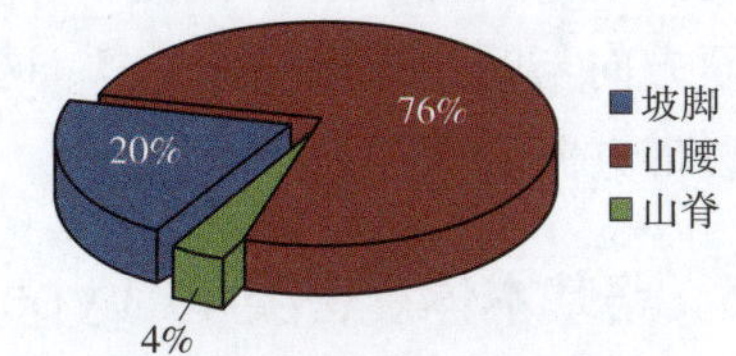

图 2-2　震害路基所在位置

Figure 2-2　Location of subgrade seismic hazard

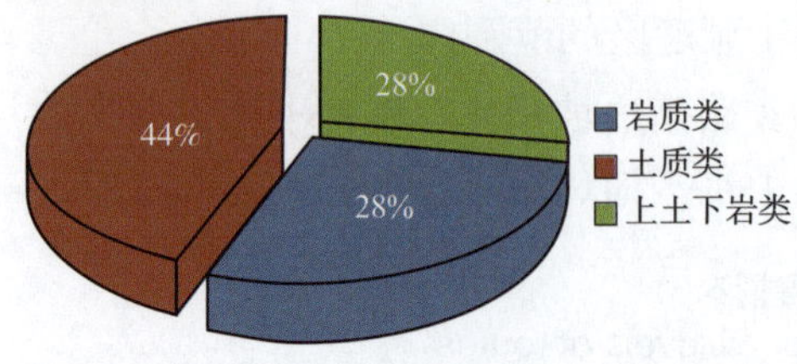

图 2-3 不同地质条件下路基本体的震害分布

Figure 2-3 Distribution of subgrade seismic hazards on different geological conditions

2.1.3 地基条件 Ground site conditions

调查人员将地基条件划分为岩质、土质以及上土下岩三类进行统计。统计结果表明，路基本体震害主要发生在土质地基路段，占路基本体震害的44%，土质加上土下岩地基类的震害共占总震害数量的72%，另外岩质地基段的路基本体震害数量为28%，见图 2-3。

2.1.4 与断裂带关系 Relationship between seismic hazards and fault line

统计时将龙门山发震断裂带示为一条穿越映秀和北川，近似北偏东 32° 的直线。将调查的震害工点所在线路的走向与断裂带直线进行比较，计算出两者间的夹角，然后依据工点震害数量依次计算每个工点的夹角，得到工点震害与断裂带位置关系的分布情况，见图 2-4a)。

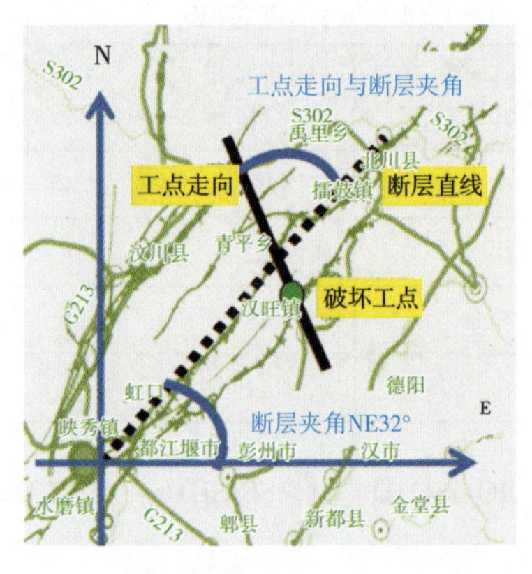

a）统计工点与断层关系方法示意图

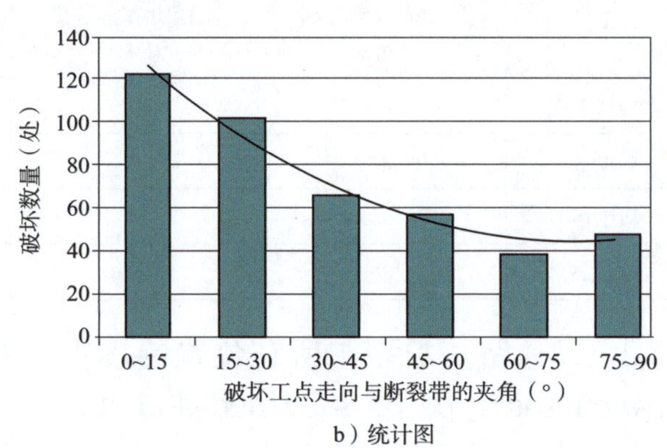

b）统计图

注：图 b）中横坐标表示挡墙走向与断裂带直线的夹角，纵坐标表示挡墙震害的数量，曲线表示对每组数据进行回归分析后得到的趋势线

图 2-4 震害工点与断裂带关系

Figure 2-4 Relationship between seismic hazard sites and fault line

统计结果显示，在夹角 0° ~90° 的范围内，路基本体震害数量随夹角的增大而呈下降的趋势，说明工点所在的路段走向与断裂带越接近于平行关系，而震害工点数量越多，越接近于垂直关系，震害工点数量越小（工点所在线路方向与断裂带平行意味着这个工点的路基横断面方向与断裂带方向垂直）。这个结果从一个侧面验证了工程地震学的一个观点：垂直于断裂带方向的地震动较大。

2.1.5 路基本体震害类型 Type of seismic hazard of the subgrade

路基本体遭受的震害一部分源于地震的直接作用，导致路基工点发生开裂、沉陷、隆起等震害；另一部分是由于滑坡、崩塌等次生地质灾害对路基本体造成的砸坏、掩埋等震害。

在调查统计的 579 处路基本体震害工点中，一些震害工点具有综合震害类型，例如同时具有开裂、隆起等震害类型。为了了解路基本体震害类型的分布，由图 2–5 对所有震害类型进行的统计可以看出，路基沉陷、开裂以及掩埋三类震害数量最多，其余类型的震害数量较少。

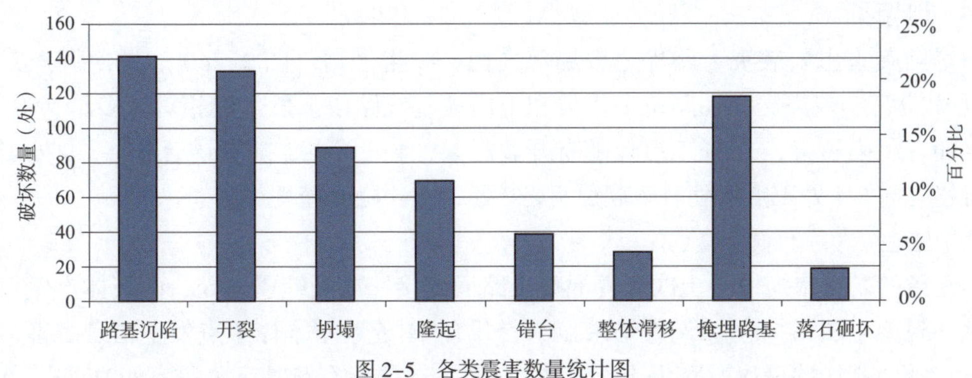

图 2–5　各类震害数量统计图

（前 6 类震害属于地震直接作用产生，后 2 类属次生灾害作用）

Figure 2–5　Quantity statistics of various types of seismic hazards

2.1.5.1　地震直接作用震害

调查人员将由地震直接作用造成的路基本体震害分为沉陷、开裂、坍塌、隆起、错台以及整体滑移 6 类。统计分布见图 2–6。

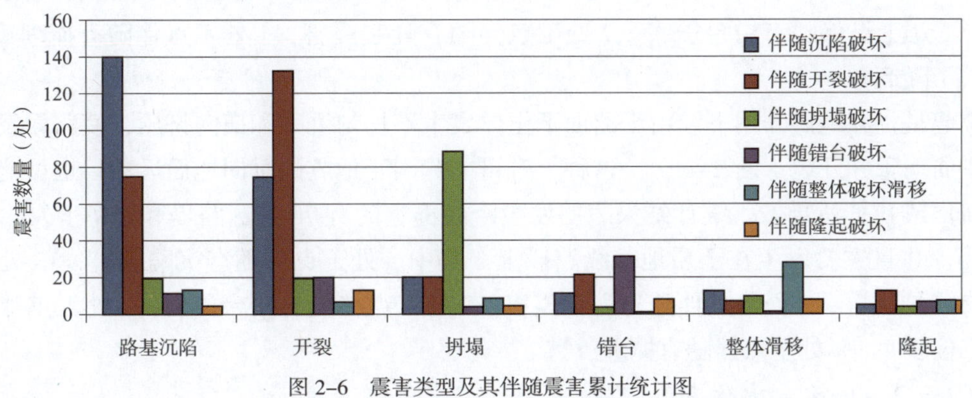

图 2–6　震害类型及其伴随震害累计统计图

Figure 2–6　Types of seismic hazards with accumulation statistics

（1）沉陷类

沉陷类震害是指路基在地震作用下，路基不均匀挤密，发生局部沉陷，或者是路基所在的地基下沉产生的路面凹陷［图 2–7a）］。调查发现，这类震害主要发生在灾区公路的半挖半填式路基及路堑线路上，岩质、土质、上土下岩地基段均有发生。发生沉陷震害的路基工点有 141 处，其中有 75 处工点伴随有开裂震害，20 处工点伴随有坍塌震害，12 处工点伴随有错台震害，13 处工点伴随有整体滑移震害，7 处工点伴随有隆起震害，也有多处同时发生 3 类或 3 类以上的震害。

（2）开裂类

开裂类震害指路基产生不均匀变形，导致路面开裂现象［图 2-7b）］。统计结果表明，有开裂震害 133 处主要发生在路堤和半挖半填路基上，且多发生在土质地基线路段上。其中有 75 处工点伴随有沉陷震害，21 处工点伴随有坍塌震害，21 处工点伴随有错台震害，7 处工点伴随有整体移位震害，13 处工点伴随有隆起震害，3 处工点伴随有掩埋震害。

（3）坍塌类

坍塌类震害主要表现为路堤边坡局部失稳，发生溜坍［图 2-7c）］。此次调查共统计 89 处坍塌震害，该类震害在路堑上边坡和土质地基线路段上发生的相对较多。其中 20 处工点伴随有沉陷震害，21 处工点伴随有开裂震害，4 处工点伴随有错台震害，9 处工点伴随有滑移震害，4 处工点伴随有隆起震害，7 处工点伴随有掩埋震害。

（4）错台

错台指的是在水泥混凝土或沥青混凝土路面的接缝或裂缝震害处，两板体产生相对竖向位移的现象［图 2-7d）］。调查结果显示，共有 41 处路基本体工点发生错台震害，主要发生在土质地基线路段以及路堤上。其中 12 处工点伴随有路基沉陷震害，21 处工点伴随有开裂震害，1 处工点伴随有整体滑移震害，7 处工点伴随有隆起震害。

（5）整体滑移

整体滑移是指在地震作用下，路基本体与地基间发生的一种相互错动的现象［图 2-7e）］。调查线路段发生整体移位震害 28 处，并且多发生在路堑边坡和土质地基边坡段上。其中 13 处工点伴随有沉陷震害，7 处工点伴随有开裂震害，9 处工点伴随有坍塌震害，1 处工点伴随有错台震害，7 处工点伴随有隆起震害，1 处工点伴随有掩埋震害。

（6）隆起

隆起是指在地震作用下，由于路面下土体发生不均匀沉降和横向挤压，使路面发生穹窿、拱曲现象并开裂［图 2-7f）］。这种上升可能起因于地震的垂向地面运动，也可能由于侧向挤压或拉伸所导致。统计结果表明发生隆起震害的有 70 处，路堤和路堑上发生的数量相当，并且主要发生在土质地基线路段上。其中 5 处工点伴随有沉陷震害，13 处工点伴随有开裂震害，4 处工点伴随有坍塌震害，7 处工点伴随有错台震害，7 处工点伴随有整体移位震害，7 处工点伴随有掩埋震害。

2.1.5.2 次生灾害作用

该类震害由次生灾害造成，主要由于路堑边坡垮塌所引起，在无边坡防护措施（或防护结构失效）的情况下，直接造成对路基的掩埋、砸坏［图 2-7g）］。调查结果显示，汶川地震山区公路路基发生掩埋类震害共计 118 处，砸坏类震害 19 处。

经统计发现，发生垮塌造成路基掩埋震害主要发生在土质的路堑边坡和陡坡的硬岩路段。关于边坡垮塌震害在 2.3 节中有进一步的统计分析说明。

2.1.6 小结 Summary

综上所述，此次汶川地震中路基本体受损情况可归纳为以下几点：

a）沉陷震害

b）路基开裂

c）坍塌震害

d）错台震害

e）整体滑移

f）隆起震害

g）滑坡掩埋路基

图 2-7　路基本体震害典型图片

Figure 2-7　Photos of typical subgrade seismic hazards

（1）路基本体震害主要发生在半挖半填式路基和斜坡路堤上，路堑相对较少。

（2）路基本体的震害大部分集中于山腰线路段，其次是坡脚线路段，少数发生在山脊线路段。

（3）土质和上土下岩类地基发生的震害数量较大，并且远大于岩质类上的路基震害数量，即修筑在土质地基上的本体破坏严重。

（4）路基本体主要受地震直接作用震害，破坏类型主要为沉陷、开裂震害。

（5）受边坡滑坡崩塌等次生灾害作用造成路基掩埋震害，破坏数量较大，震害同样严重。

2.2 支挡结构震害统计分析 Statistical analysis of seismic hazards on retaining structures

对汶川地震中路基支挡结构震害状况从以下几个方面进行统计分析，分别为：烈度区、支挡结构类型、砌筑方法、地基条件、与发震断裂带方向位置关系以及震害类型。该节分别就重力式路堑、路肩墙的震害状况，并对垮塌、倾覆、变形开裂、剪断等震害现象做了统计分析说明。

2.2.1 支挡结构在调查线路段和烈度区的震害分布 Distribution of seismic hazards in investigated routes and seismic-intensity area

调查的震害支挡结构数量共计 375 处（表 2-4），震害分布情况见图 2-8。从图中可以看出，震害主要集中在断裂带附近的Ⅸ ~ Ⅺ度区内，国道 G213 都江堰至映秀段由于跨越了震中映秀，因此震害数量最大、震害程度最严重，远远超过其他线路。在调查的线路中有 7 条线路区段基本没有发生明显的支挡结构震害。在这些线路中，支挡结构的数量较少并且线路远离发震断裂带。

表 2-4 各路段挡墙震害数量

Table 2-4 Quantity of seismic hazards of retaining walls in all sections

序号	线路名称	线 路 区 段	所在省份	支挡震害数量（处）
1	国道 G108	宁强段	陕西	1
2	国道 G212	沙洲—宝轮	四川	1
3		宕昌—罐子沟	甘肃	18
4	国道 G213	都江堰—映秀	四川	71
5		映秀—汶川	四川	22
6		汶川—茂县	四川	13
7		两河口—茂县	四川	2
8		两河口—松潘	四川	2
9	国道 G316	福兰段	陕西	1

续上表

序号	线路名称	线 路 区 段	所在省份	支挡震害数量（处）
10	国道 G317	理县—汶川	四川	3
11		卓克基—理县	四川	4
12	省道 S105	安县—北川	四川	12
13		什邡—绵竹	四川	1
14		绵竹—安县	四川	6
15		北川县城南—桂溪	四川	4
16		桂溪—南坝	四川	1
17	省道 S106	什邡—彭州—都江堰—怀远镇—大邑	四川	3
18	省道 S205	平武—南坝	四川	17
19		江油—桂溪	四川	1
20	省道 S210	小金—卓克基	四川	2
21		飞仙关—达维乡	四川	4
22		麟留线	陕西	6
23	省道 S302	两河口—黑水	四川	15
24		江油—邓家	四川	28
25		井田坝—青川	四川	1
26	省道 S303	映秀—卧龙	四川	8
27		卧龙—达维乡	四川	3
28	县道 X120	川主寺—平武	四川	2
29	县道 XU09	三江—漩口	四川	9
30	县道 X101	清平—汉旺—绵竹	四川	24
31	县道 XH10	金子山—青川	四川	42
32	XN16 龙池旅游公路	新房子大桥—龙池—都江堰	四川	21
33	广青路 XF05/22	什邡—红白镇—青牛坨	四川	1
34		什邡—红白镇—岳家山—青牛坨	四川	7
35	县道 XN42	银厂沟—彭州	四川	17
36	姜眉公路	眉太路	陕西	2
合　计				375

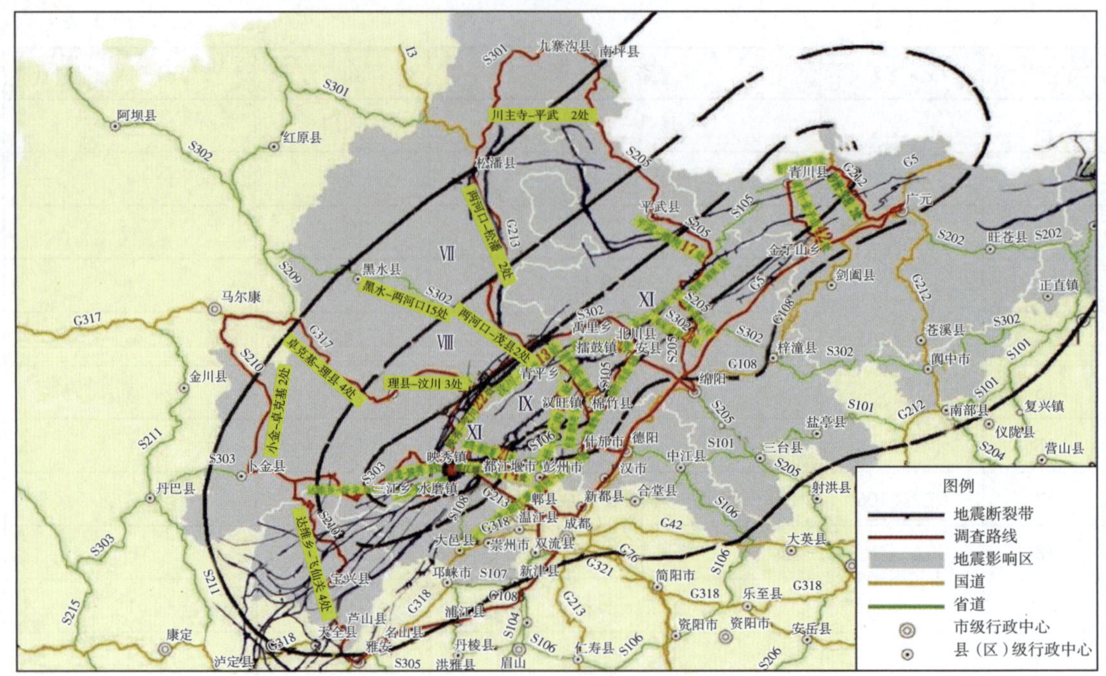

图 2–8 支挡结构各类型的震害数量

Figure 2–8 Quantity of seismic hazards for each type of retaining structure

通过按线路类型分类统计可以看出，由于乡县公路设计等级与省道、国道有差别，且支挡结构抗震等级低，因此震害情况相对严重。国道 G212 和 G213 等因其线路走向靠近断裂带，如国道 G213 都江堰至映秀段经过断层和震中，导致震害严重、震害数量较大。省道在高烈度区分布较少，所以震害相对较低，但这三类线路震害的百分比都接近或超过了 30%（表 2–5）。

表 2–5 各类道路支挡震害数量及百分比

Table 2–5 Quantity and percentage of seismic hazards for all types of retaining structure

线路类型	四川省震害数量（处）	陕西省震害数量（处）	甘肃省震害数量（处）	震害总数（处）	百分比（%）
国道	117	2	18	137	36.5
省道	106	6	0	112	29.9
部分县乡公路	124	2	0	126	33.6

Ⅸ ~ Ⅺ度区内包含受损线路 19 段，受损支挡结构 304 处；Ⅷ度区内有受损线路 6 段，震害支挡结构 13 处；Ⅶ度区震害线路 8 段，受损支挡 48 处；Ⅵ度区震害线路 10 段，受损支挡 10 处，见表 2–6。从震害数量在烈度区中分布能看出，由于位于Ⅷ度区的线路数量远少于Ⅶ度区的数量，因此Ⅶ度区内的支挡结构震害数量大于Ⅷ度区的数量似乎是合理的。从震害严重程度进行比较，Ⅷ度区的支挡结构震害较Ⅶ度区严重。

表 2-6　各烈度区支挡震害数量及百分比

Table 2-6　Quantity and percentage of seismic hazards for all intensity sections

烈度区	四川省震害数量（处）	陕西省震害数量（处）	甘肃省震害数量（处）	震害总数（处）	百分比（%）
Ⅸ ~ Ⅺ	304	0	0	304	81.1
Ⅷ	12	0	0	13	3.5
Ⅶ	42	0	6	48	12.8
Ⅵ	0	10	0	10	2.7

2.2.2　震害支挡结构类型 Types of seismic hazard of retaining structures

在调查的支挡结构震害中以重力式路堑挡墙为主。调查中发现有部分重力式挡墙进行了加固处理，形成了诸如锚索框架挡墙、锚杆式挡墙等，该类挡墙在统计时都统一归于重力式挡墙的范畴。据统计，重力式挡墙的震害数量为 371 处，占震害总数的 98.9%（图 2-9）；此外加筋式挡墙与抗滑桩（桩板式挡墙）的震害总共发生 4 处，当然这一数据也与加筋挡墙和抗滑桩在震区数量较少有关。结合后面章节对加筋土挡墙和抗滑桩的抗震机理分析，可以综合认为柔性支挡结构具有良好的抗震性能。震害的支挡结构中，58% 为路堑式挡土墙，42% 为路肩式挡墙。

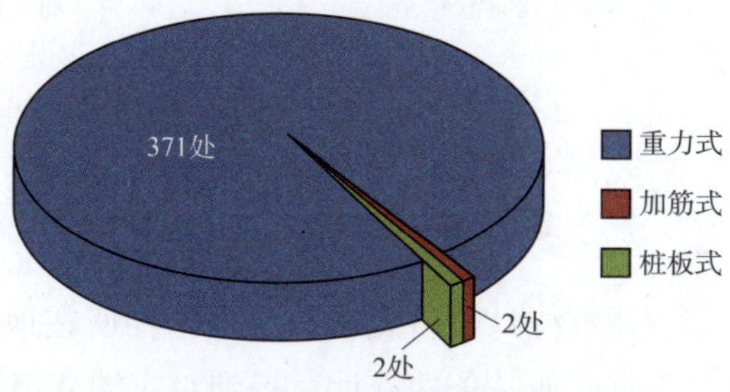

图 2-9　支挡结构各类型的震害数量

Figure 2-9　Quantity of seismic hazard for each type of retaining structure

2.2.3　挡墙的砌筑方法 Methods for making retaining walls

对 313 处震害支挡结构工点的砌筑方法进行了统计归类，灾区公路挡墙主要由浆砌和片（卵）石混凝土砌筑，调查时也发现了少数干砌挡墙，因此在统计时按砌筑方法将挡墙分为：浆砌片（块）石挡墙、干砌挡墙、片（卵）石混凝土挡墙三种。调查结果显示，在地震作用下以浆砌片（块）石砌筑的挡墙震害为主，占震害总数的 74%，而片（卵）石混凝土砌筑挡墙的震害比占 21%，见表 2-7。

表 2-7　砌筑方法与挡墙震害数量表

Table 2-7　Masonry methods and quantity of seismic hazards for retaining wall

砌筑方法	震害总数（处）	百分比（%）
浆砌片（块）石	232	74.1
片（卵）石混凝土	67	21.4
干砌	14	4.5

值得注意的是，在山区公路中一般不推荐挡墙采用干砌砌筑，大部分挡墙是浆砌或片（卵）石混凝土砌筑，因此当干砌砌筑挡墙的基数远远小于另外两种砌筑方法的情况下，统计得到 4.5% 的百分比并不能说明干砌砌筑的挡墙抗震性优于其他两类砌筑挡墙。实际调查可知，干砌挡墙的震害程度较大。图 2-10 给出了对应于不同砌筑方法下路肩和路堑挡墙的震害比例，总体来看路堑挡墙的震害数量较大。

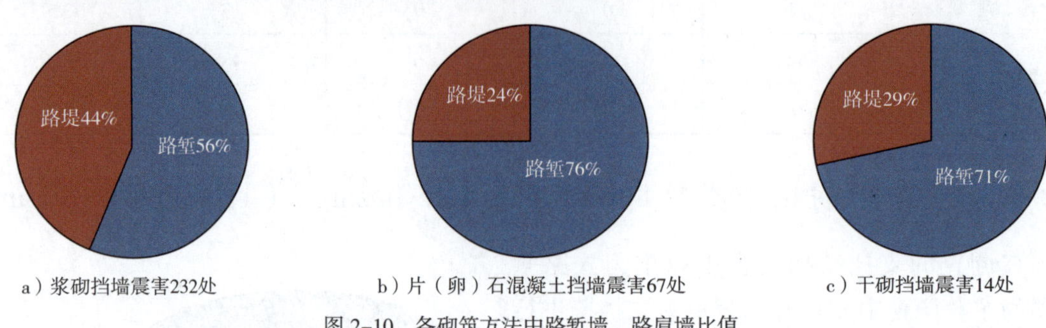

a）浆砌挡墙震害232处　b）片（卵）石混凝土挡墙震害67处　c）干砌挡墙震害14处

图 2-10　各砌筑方法中路堑墙、路肩墙比值

Figure 2-10　Ratio of cutting and shoulder retaining walls for all masonry methods

2.2.4　地基条件 Ground site conditions

调查统计时将震害的支挡结构所在地基土分为土质、岩质和上土下岩三类。根据 219 个工点的地基条件统计，得到对应的支挡结构震害数量与百分比如表 2-8 所示。从统计结果可知，发生震害的挡墙大部分位于土质或上土下岩地基上，而在岩质地基上的震害数量不到总数的 1/4，并且路堑挡墙的震害数量较大，见图 2-11。

表 2-8　各类地基上挡墙震害数量表

Table 2-8　Quantity of seismic hazards for retaining wall on different ground conditions

地基条件	震害总数（处）	百分比（%）
土质	128	58.4
上土下岩	42	19.2
岩质	49	22.4

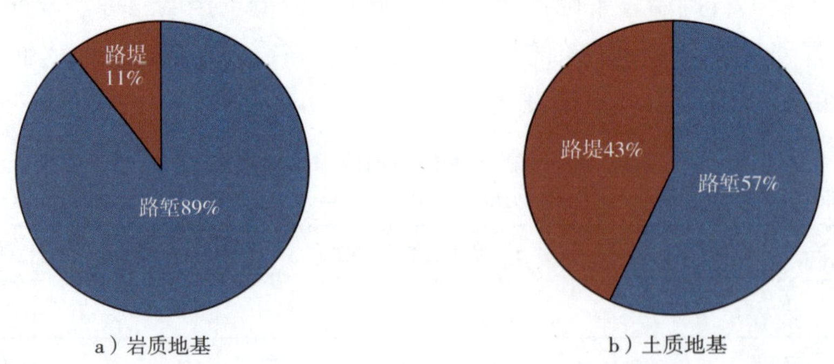

a）岩质地基　b）土质地基

图 2-11　土质、岩质地基上路堑墙、路肩墙震害比值饼图

Figure 2-11　Ratio of seismic hazards of cutting and shoulder retaining walls for soil and rock conditions

2.2.5　震害与断裂带的关系 Relationship between seismic hazard and fault line

近似假定龙门山中央断裂带为北偏东 32° 的直线，将调查得到的震害挡墙所处的线路走向与汶川地震发震断裂带直线进行比较，见图 2-12。从图 2-12b）可以看出，当支挡结构所处的线路走向与断裂带平行时，支挡结构的震害数量较多；随着工点路段走向与断裂带夹角增大，支挡结构的震害数量逐渐减小。即挡墙临空面法向垂直于断层时，震害严重。

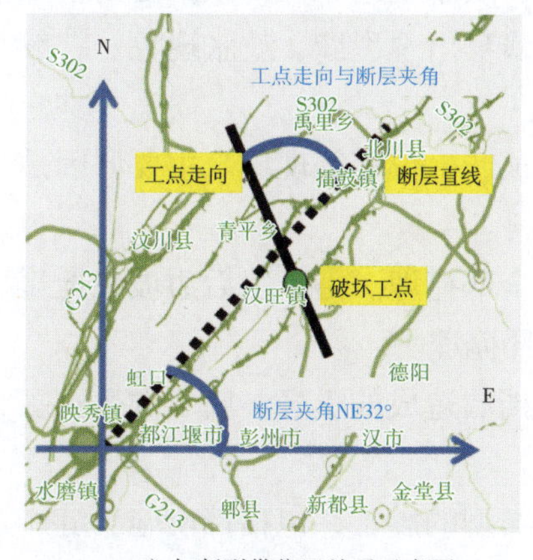

a）与断裂带位置关系示意图

b）挡墙整体统计图

注：图中横坐标表示挡墙走向与断裂带直线的夹角，纵坐标表示挡墙震害的数量，曲线表示对每组数据进行回归分析后得到的趋势线

图 2-12　震害工点与断裂带关系

Figure 2-12　Relationship between seismic hazard sites and fault line

2.2.6　震害类型 Type of seismic hazards

根据调查资料，对挡墙的震害类型进行了分类统计，见表 2-9，主要分为垮塌、剪断、倾斜、滑移、墙面变形开裂、边坡垮塌掩埋、地基下沉以及其他类型震害等。

表 2-9　震害类型与震害数量表

Table 2-9　Type and quantity of seismic hazards

震害类型	震害数量（处）	百分比（%）
垮塌	159	40.3
变形开裂	101	25.6
倾斜	66	16.7
掩埋	28	7.1
落石砸坏	17	4.3
剪断	14	3.5
随路基下沉	7	1.8
其他面板脱落	3	0.8

注：震害工点会出现有几类震害同时发生的现象，因此表中震害数量总和大于震害挡墙调查样本总数。

（1）垮塌类震害，主要表现为挡墙墙身垮塌，墙后土体滑移或墙后边坡滑塌。垮塌类包括整体垮塌和局部垮塌两种，由于局部垮塌数量较多，因此垮塌类的数量较大。垮塌的主要原因是由于墙后土体在地震作用下土压力作用急剧增大，以致超过挡墙抗滑或抗倾能力，从而发生垮塌。另一原因是由于墙后边坡滑坡，直接冲毁挡墙。

（2）剪切类震害，主要表现为挡墙墙身被剪断，使上半部分移出。发生该类震害主要由于挡墙墙体局部抗剪强度不足，并常发生在浆砌和干砌挡墙中。

（3）变形开裂类震害，主要表现为挡墙墙身出现裂缝、鼓胀现象。主要原因是由于墙后土压力作用增大，超过挡墙墙身的抗剪能力，导致挡墙墙身出现裂缝、鼓胀现象。一般来说，这种震害类型出现在浆砌和干砌片石或块石挡墙中。

（4）倾斜类震害，主要表现为挡墙墙身向外倾斜，墙顶产生位移等现象。主要原因是由于地震中墙后土压力作用增大或土质地基沉降而产生倾斜。

（5）掩埋类震害，主要表现为挡墙墙体被碎石或土体全部掩埋。由于墙后边坡在地震作用下发生滑坡崩塌等震害，滑落的土体或碎石将挡墙全部掩埋。

（6）砸坏类震害，主要为路堑边坡崩塌滑落的块石对挡墙造成的震害，属于次生灾害作用。

除以上几类震害外，调查发现挡墙还遭受了一些其他类型的震害，包括挡墙施工缝产生错台（2 处）、墙面板脱落（1 处）等。

由于路堑墙和路肩墙所在的位置不同，并且路堑墙多为倾斜式重力式挡墙，路肩墙多为衡重式重力式挡墙，所产生的震害数量也不相同（图 2-13）。为了对支挡结构震害有更深入和准确的分析，以下对路堑挡墙和路肩挡墙的震害调查结果分别进行分析。

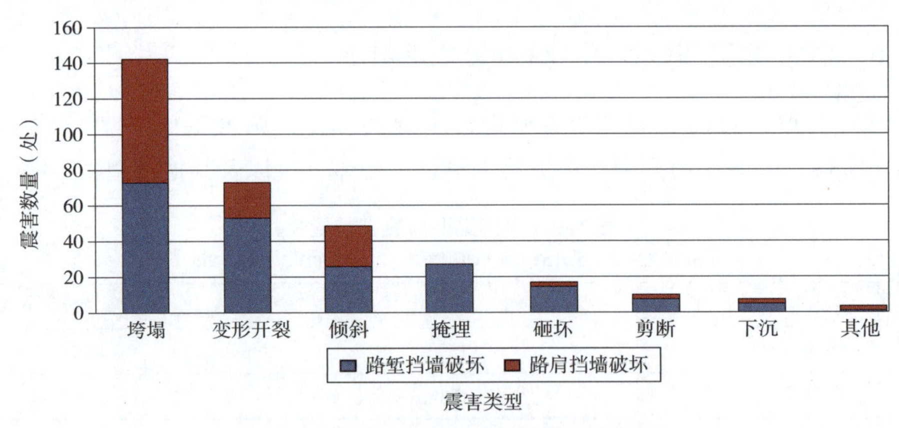

图 2-13 路堑、路肩挡墙震害类型数量分布图

Figure 2-13 Types of seismic hazard for cutting and shoulder retaining walls

2.2.7 路堑挡墙震害 Seismic hazard of retaining wall at cutting area

路堑墙和路肩墙所在位置不同，墙高不同（路肩墙平均高于路堑墙），进而在地震作用下所表现出来的破坏特征也不同。以下对震害数量最多的重力式路堑挡墙进行统计分析，包括墙高、砌筑方法、地基条件等内容，以及路堑墙震害类型的详细情况。

2.2.7.1　震害挡墙墙高

选取设计资料较齐全的国道 G213 都江堰至映秀段路堑挡墙总数与震害数量统计对比，见表 2–10 和图 2–14、图 2–15。统计结果显示，震害路堑挡墙与占修筑挡墙总数的长度比（或者数量比）随着挡墙高度的增加而增大，与震害实际情况一致。

表 2–10　都映段路堑挡墙高度震害统计

Table 2–10　Seismic hazard statistics for height of cutting retaining wall in duying section

墙的范围（m）	挡墙总长度（m）	破坏长度（m）	长度比值	挡墙总数（处）	破坏数量（处）	数量比值
≤ 4	1 248.917	564.9	0.45	51	11	0.22
4~6	791.582	481.6	0.61	23	10	0.43
6~8	820.45	546	0.67	13	10	0.77

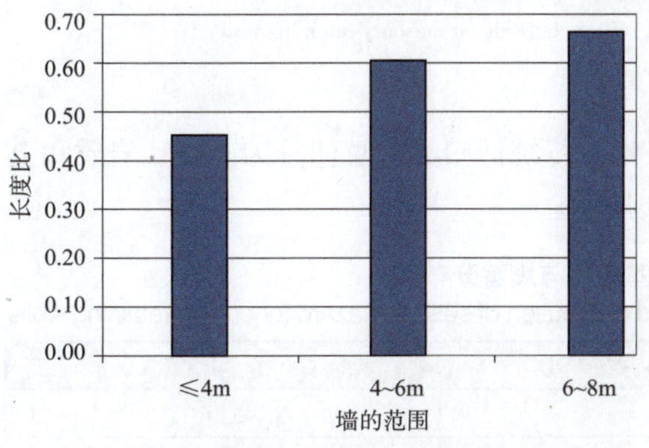

图 2–14　国道 G213 都映段路堑墙墙高长度比

Figure 2–14　Ratio between height and length of cutting retaining wall for G213 duying section

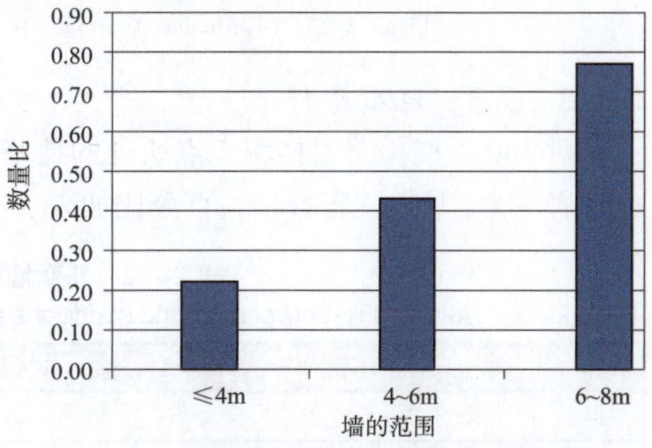

图 2–15　国道 G213 都映段路堑墙墙高数量比

Figure 2–15　Ratio between height and quantity of cutting retaining wall for G213 duying section

2.2.7.2　砌筑方法

调查中对受损路堑挡墙中的 147 处工点的砌筑方法进行了统计归类，主要分为浆砌片（块）石砌筑、片（卵）石混凝土砌筑和干砌砌筑三种，具体震害数量与百分比如表 2–11 所示。

表 2–11　各类砌筑方法下路堑墙震害数量

Table 2–11　Quantity of seismic hazards of cutting wall for different types of masonry methods

砌　筑　方　法	震　害　总　数（处）	百　分　比（%）
浆砌片（块）石	104	70.7
片（卵）石混凝土	34	23.1
干砌	9	6.1
合计	147	100

注：百分比指该类砌筑路堑墙震害数量与路堑震害总数的比值。

调查结果显示，浆砌路堑墙主要表现为垮塌和变形开裂类震害，片（卵）石混凝土路堑墙主要表现为掩埋和倾斜类震害，干砌路堑墙主要出现垮塌类震害。

混凝土因整体性较好，不容易发生局部鼓胀变形，而易发生倾斜震害。浆砌和干砌挡墙相对来说整体性较差，更易于发生垮塌类破坏。图 2–16 对不同砌筑挡墙震害的类型和震害数量做了详细的统计。

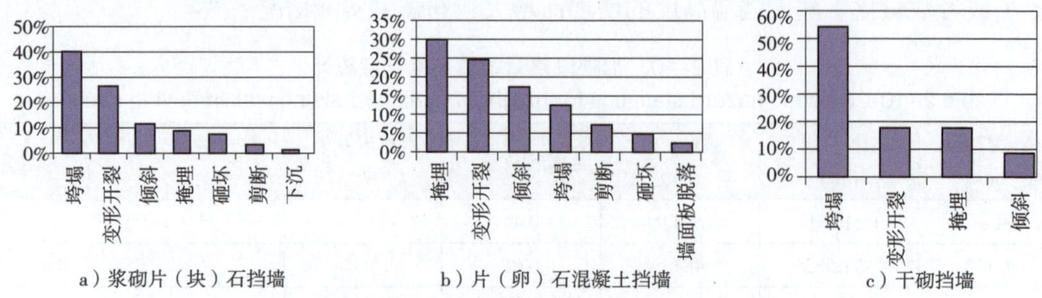

注：横坐标表示路堑挡墙震害类型，纵坐标表示各类震害在不同砌筑震害挡墙中的百分比

图 2–16 各类砌筑挡墙的震害类型分布

Figure 2–16 Distribution of various types of seismic hazards for masonry retaining wall

2.2.7.3 地质条件

对 130 处受损路堑挡墙工点所处的地基条件进行统计归类，总体分为土质、岩质和上土下岩三类，具体震害数量与百分比如表 2–12 所示。

表 2–12 路堑墙地基条件与震害分布

Table 2–12 Relationship between ground conditions and distribution of seismic hazard for cutting retaining walls

地 质 条 件	震 害 总 数（处）	百 分 比（%）
土质	71	54.6
岩质	42	32.3
上土下岩	17	13.1
合计	130	100

注：百分比指该类地基上路堑墙震害数量与震害总数的比值。

从表 2–12 可知，土质地基上的路堑挡墙受损较严重，岩质地基上的挡墙震害较少。路堑挡墙主要出现垮塌、变形开裂、掩埋和倾斜震害。在不同地质条件下，重力式路堑墙发生震害的类型也不尽相同，土质地基上挡墙震害类型更为复杂，出现了约 10 种类型破坏（图 2–17）。

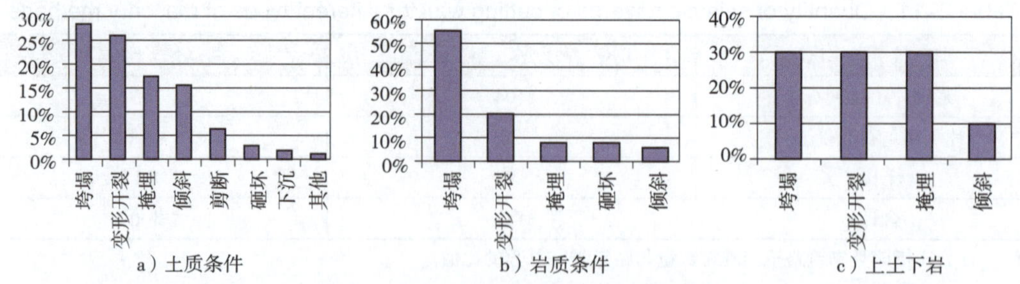

注：横坐标表示在各类地基上震害类型，纵坐标表示在该类地基上不同震害类型的百分比

图 2–17 各类地质条件下路堑墙震害类型

Figure 2–17 Types of seismic hazards for cutting retaining wall on geological conditions

2.2.7.4　路堑墙震害类型

根据路堑墙中的 163 处工点的调查资料，将每个工点发生的一处或者多处震害进行了归类。路堑挡墙的震害主要分为垮塌、变形开裂、掩埋、倾斜、剪断、砸坏、下沉和其他类型震害几大类。震害类型如 2.2.6 节所述，具体震害数量与百分比如表 2–13 和图 2–18 所示。

表 2–13　路堑挡墙震害类型与震害数量表

Table 2–13　Type and quantity of seismic hazards for cutting retaining wall

震害类型	震害数量（处）	百分比（%）
垮塌	73	35.8
变形开裂	53	26.0
倾斜	25	13.2
掩埋	27	12.3
落石砸坏	14	6.9
剪断	7	3.4
随路基下沉	4	2.0
其他震害	1	0.5

注：其他类型震害指墙面板脱落 1 处。

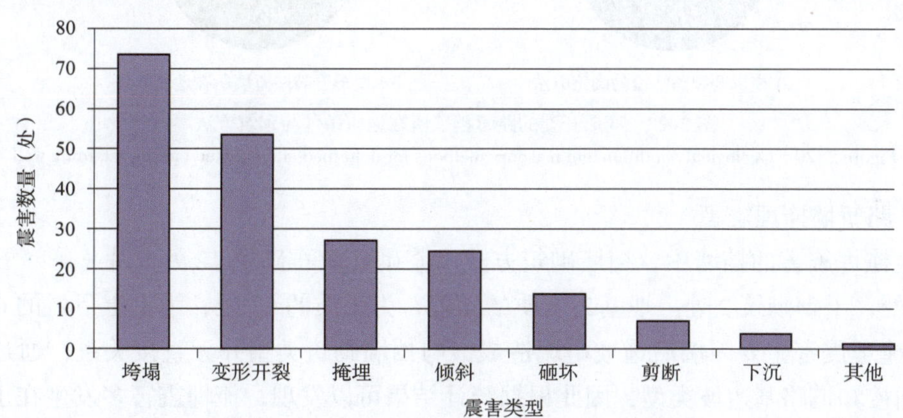

图 2–18　路堑挡墙震害类型数量分布图

Figure 2–18　Distribution of various quantitative types of seismic hazards for cutting retaining wall

（1）路堑墙垮塌震害

垮塌震害是挡墙最为常见的一类震害，重力式路堑挡墙震害同样如此。在发生垮塌震害的 73 处路堑挡墙中，采用浆砌片（块）石砌筑的路堑墙占 84%，片（卵）石混凝土砌筑 7% 处，干砌占 9%。由于浆砌和干砌整体性较差，发生垮塌破坏趋势更为明显。

就地基条件而言，对于该类震害挡墙地基为土质地基的占 46%，岩质地基占 44%，另外上土下岩地基占 10%。路堑挡墙发生垮塌震害主要是墙后土体对其造成的整体震害，因此从数据来看路堑墙发生垮塌震害与其地基土类型并无太大关系（图 2–19）。

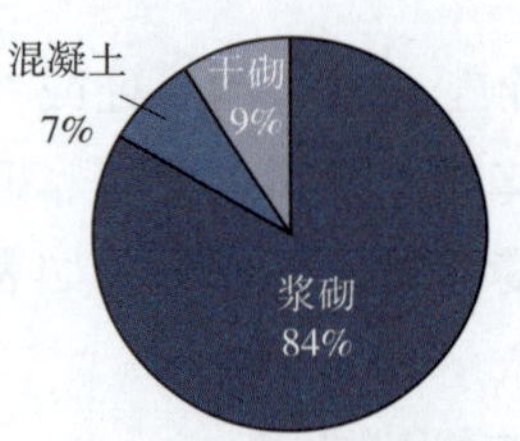

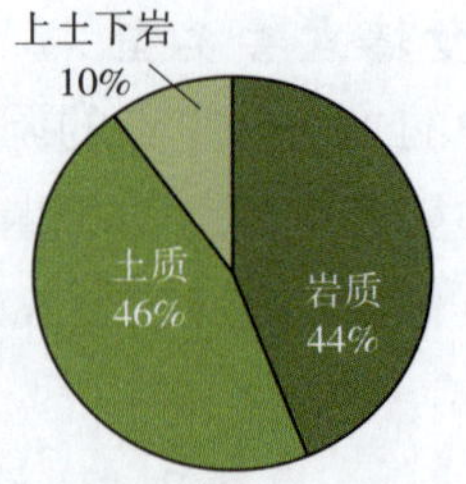

a）垮塌路堑墙的砌筑方法　　b）垮塌路堑墙所在地质条件

图 2-19　垮塌路堑挡墙所在地质条件与砌筑方法

Figure 2-19　Geological condition and masonry methods for collapsed cutting retaining wall

（2）路堑墙变形开裂震害

发生变形开裂震害的 53 处路堑挡墙中，浆砌片（块）石砌筑占 75%，片（卵）石混凝土砌筑占 21%，干砌砌筑占 4%；地基为岩质岩土占 24%，土质岩土占 61%，上土下岩占 15%（图 2-20）。从地基土类型可以推断边坡岩土特征：由土质地基破坏占多数推断可知，变形开裂挡墙多位于土质边坡下。

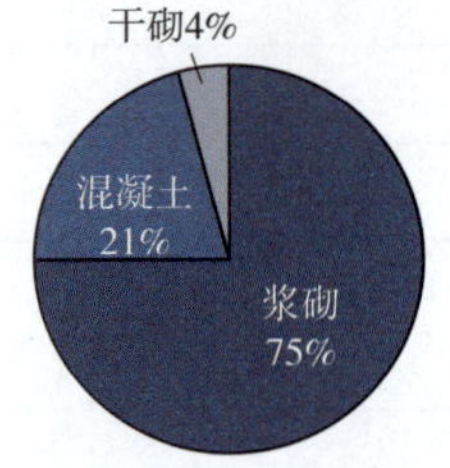

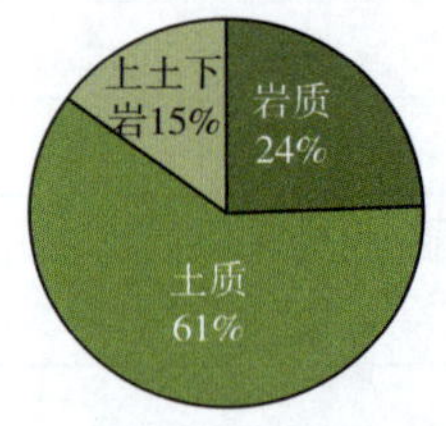

a）变形开裂路堑墙的砌筑方法　　b）变形开裂路堑墙所在地质条件

图 2-20　变形开裂的路堑挡墙所在地质条件与砌筑方法

Figure 2-20　Geological condition and masonry methods for deformed and cracked cutting retaining wall

（3）路堑墙掩埋震害

发生掩埋震害的挡墙中，挡墙砌筑方式为浆砌片块石砌筑 12 处，片（卵）石混凝土砌筑 13 处，干砌砌筑 2 处。地基为岩质的 4 处，为土质的 17 处，为上土下岩的 6 处（图 2-21）。掩埋震害主要因墙后边坡垮塌造成，与挡墙砌筑类型并无直接关系，通过地基土统计能间接知道路基边坡类型，因此根据统计结果可以发现，掩埋震害多发生在土体边坡下的支挡结构。

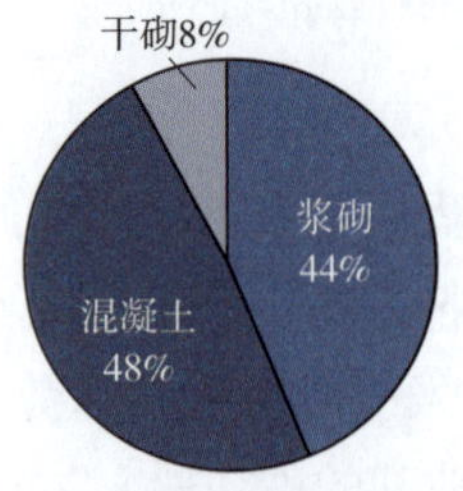

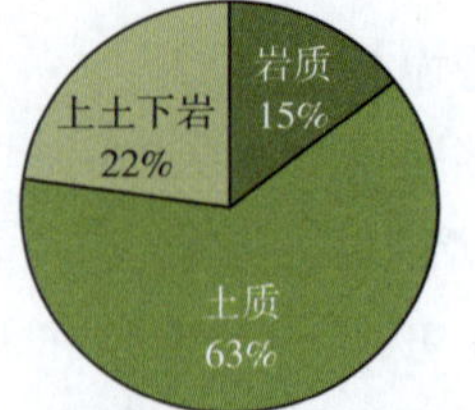

a）掩埋路堑墙砌筑方法　　b）掩埋路堑墙所在地质条件

图 2-21　被掩埋的路堑挡墙所在地质条件与砌筑方法

Figure 2-21　Geological condition and masonry methods for buried cutting retaining wall

被掩埋的路堑挡墙墙高与震害路堑墙平均墙高（3.26m）相比较矮，没有出现高于 3m 的挡墙发生掩埋破坏，最大高度为 3m，最小高度为 0.3m，平均高度 1.63m。具体高度区间与震害数量的关系见表 2-14。

表 2-14　被掩埋路堑挡墙高度统计

Table 2-14　Statistics for the height of buried cutting retaining wall

墙 高 范 围（m）	百 分 比（%）
0~1	18.5
1~2	55.6
2~3	25.9

（4）路堑墙倾斜

发生倾斜震害的 25 处挡墙中，砌筑方法为浆砌片块石砌筑占 64%，片（卵）石混凝土砌筑占 32%，干砌砌筑占 4%。另外发生倾斜挡墙的地基为岩质条件占 11%，土质条件占 83%，上土下岩占 6%（图 2-22）。

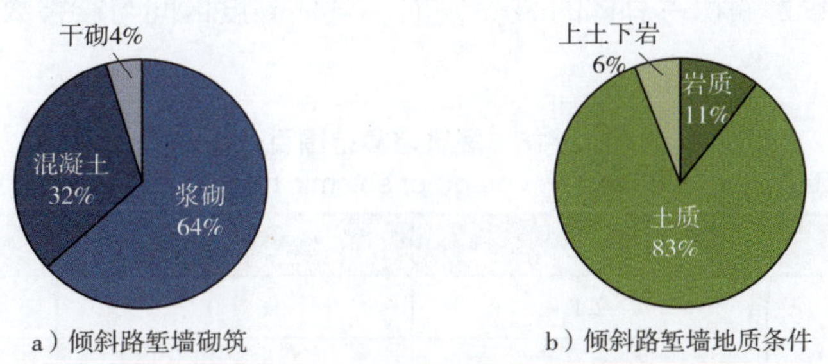

a）倾斜路堑墙砌筑　　b）倾斜路堑墙地质条件

图 2-22　发生倾斜的路堑挡墙所在地质条件与砌筑方法

Figure 2-22　Geological condition and masonry methods for inclination of cutting retaining wall

倾斜产生的墙顶位移在 1~75cm 范围内，平均墙顶位移 33cm。墙顶位移范围与震害数量关系如图 2-23 所示。

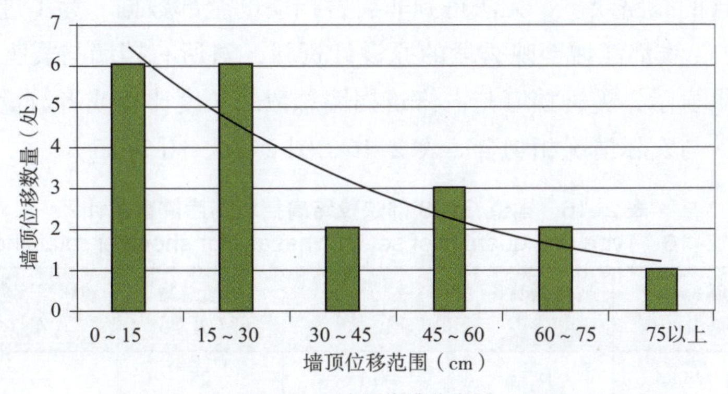

图 2-23　墙顶位移分布图

Figure 2-23　Displacement distribution of wall top

2.2.7.5　路堑挡墙震害小结

（1）统计样本中，震害点墙高主要是 4m 以下的路堑挡墙，震害路堑墙平均高度为 3.26m。

（2）震害路堑挡墙以浆砌片（块）石砌筑为主。由于砌筑方法不同，地震作用下所产生的破坏也有所不同，片（卵）石混凝土因整体性较好，更多表现为局部鼓胀开裂和倾斜破坏。浆砌片（块）石和干砌挡墙相对整体性较差，更多发生垮塌类破坏。

（3）震害路堑挡墙多位于土质地基上，且土质地基上挡墙震害类型更为复杂多样。

（4）路堑挡墙的震害主要为垮塌、变形开裂、倾斜和掩埋四类。浆砌和干砌一类的挡墙易于发生垮塌破坏；变形开裂震害的挡墙主要发生在浆砌和干砌挡墙，且在土质边坡下发生数量较多；掩埋震害的挡墙主要发生在土质的高陡崩塌边坡下；倾斜震害的挡墙主要发生在不稳定边坡处，多由边坡失稳引起。倾斜产生的墙顶位移平均为33cm。

2.2.8 路肩挡墙震害 Seismic hazard of shoulder retaining wall

2.2.8.1 震害墙高

在调查记录的路肩挡墙中，最大高度为15.5m，最小为0.8m，平均高度为4.84m，相比震害路堑墙较高（路堑墙高3.26m）。震害的路肩墙墙高主要发生在2~8m内，在此区间内震害的路肩墙数量累积占总体的80%左右。具体高度区间与震害数量的关系如表2–15所示。

表2–15 震害墙高范围百分比

Table 2–15 Height percentage of seismic hazard for retaining wall

墙高范围（m）	百分比（%）	墙高范围（m）	百分比（%）
0 ~ 2	2.4	6 ~ 8	22.0
2 ~ 4	24.4	8 ~ 10	9.8
4 ~ 6	34.1	10以上	7.3

注：百分比指该墙高范围内路堑墙破坏数量与路堑震害总数的比值。

表2–15中的统计结果仅是针对震害挡墙而言，百分比数据只是客观统计的结果，由于调查区域所包含的线路众多，无法得到非震害挡墙的全部数据。为了进一步得出震害规律，根据国道G213线都江堰至映秀段的原设计资料，对所有挡墙与震害挡墙进行了统计对比。统计的结果显示，震害挡墙与占修筑挡墙总数的长度比（或者数量比）随着挡墙高度的增加而增大，与实际情况相吻合（表2–16、图2–24、图2–25）。

表2–16 国道G213都映段路肩挡墙高度震害统计

Table 2–16 Type and quantity of seismic hazard for shoulder retaining wall

墙高范围（m）	挡墙总长度（m）	破坏挡墙长度（m）	长度比值	挡墙总数（处）	破坏挡墙数量（处）	数量比值
4~6	1 743.86	187.6	0.11	25	5	0.20
6~8	2 397.451	405	0.17	41	11	0.27
8~10	1 259.413	280	0.22	16	4	0.25
≥ 10	428.266	228.5	0.53	7	3	0.43

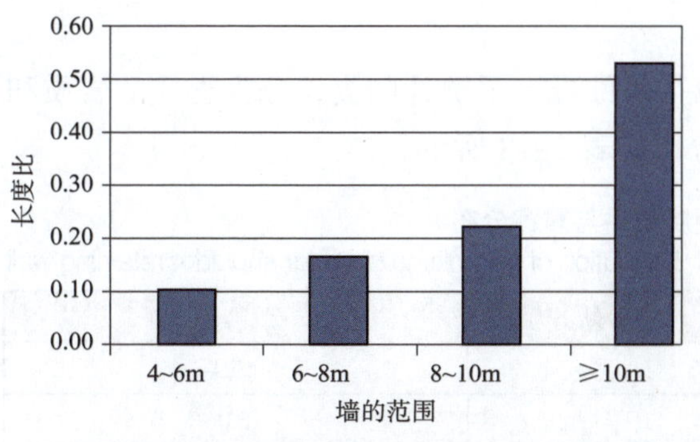

图 2-24　国道 G213 都映段路肩墙墙高长度比

Figure 2-24　Ratio between height and length of shoulder retaining wall for G213 Du jiangyan–Ying xiu section

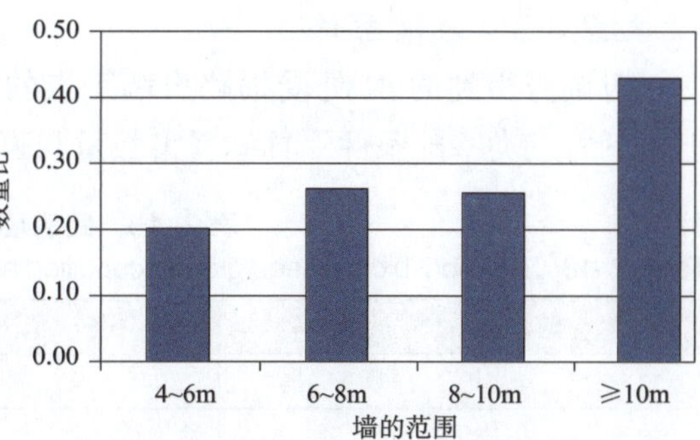

图 2-25　国道 G213 都映段路肩墙墙高数量比

Figure 2-25　Ratio between height and quantity of shoulder retaining wall for G213 Du jiangyan–Yingxiu section

2.2.8.2　砌筑方法

对调查的 92 处路肩墙震害工点的砌筑方法进行了统计归类，大致分为浆砌片（块）石砌筑、片（卵）石混凝土砌筑和干砌砌筑三种。具体震害数量与百分比如表 2-17 所示。

表 2-17　砌筑方法统计

Table 2-17　Statistics of masonry methods

砌　筑　方　法	震　害　总　数（处）	百　分　比（%）
浆砌片（块）石砌筑	78	84.8
混凝土砌筑	10	10.9
干砌砌筑	4	4.3

注：百分比指该类砌筑路堑墙震害数量与路堑震害总数的比值。

浆砌的路肩墙主要产生垮塌、倾斜和变形开裂震害，片（卵）石混凝土路肩墙主要发生垮塌震害，干砌路肩墙主要发生垮塌震害（图 2-26）。浆砌挡墙比片（卵）石混凝土挡墙发生更多类型的震害。浆砌路肩挡墙的整体性不如片（卵）石混凝土路肩挡墙，是造成浆砌片块石砌筑挡墙震害类型较为复杂的因素之一。片（卵）石混凝土路肩挡墙中没有发生剪断、下沉等震害可能也与其整体性较好和墙前填土产生的主动土压力影响有关。

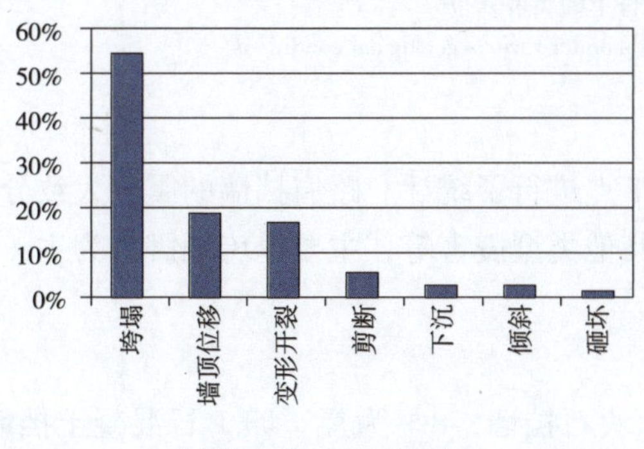

a）浆砌片（块）石挡墙

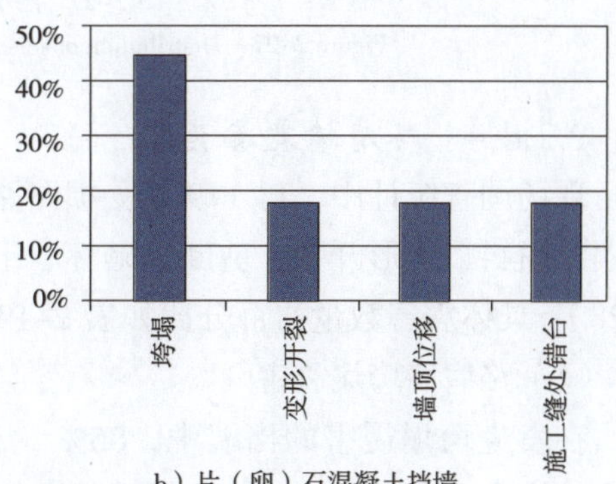

b）片（卵）石混凝土挡墙

注：横坐标表示挡墙震害类型，纵坐标表示震害数量百分比

图 2-26　各类砌筑挡墙的震害类型分布

Figure 2-26　Distribution of various types of seismic hazards for masonry retaining walls

2.2.8.3 地质条件

对调查得到的 81 处受损路肩墙工点的地基条件进行了统计归类，分为土质，岩质和上土下岩三类基础条件。具体震害数量与百分比如表 2–18 所示。

表 2–18 路肩墙地质条件与震害分布

Table 2–18 Relationship between ground condition and distribution of seismic hazards for shoulder retaining wall

砌 筑 方 法	震 害 总 数（处）	百 分 比（%）
土质	53	65.4
岩质	4	5.0
上土下岩	24	29.6
小计	81	100

注：百分比指该类地基上路堑墙震害数量与震害总数的比值。

土质地基受地震作用本身会发生沉降、滑移等震害，因而修筑在上的路肩挡墙易发生更多类型的震害。土质地基上的受损路肩挡墙主要产生垮塌、变形开裂和倾斜震害，岩质地基上的受损路肩挡墙主要产生垮塌和剪断震害，上土下岩地基上的受损路肩挡墙主要产生垮塌、变形开裂、掩埋和倾斜四类震害。具体震害数量与百分比如图 2–27 所示。

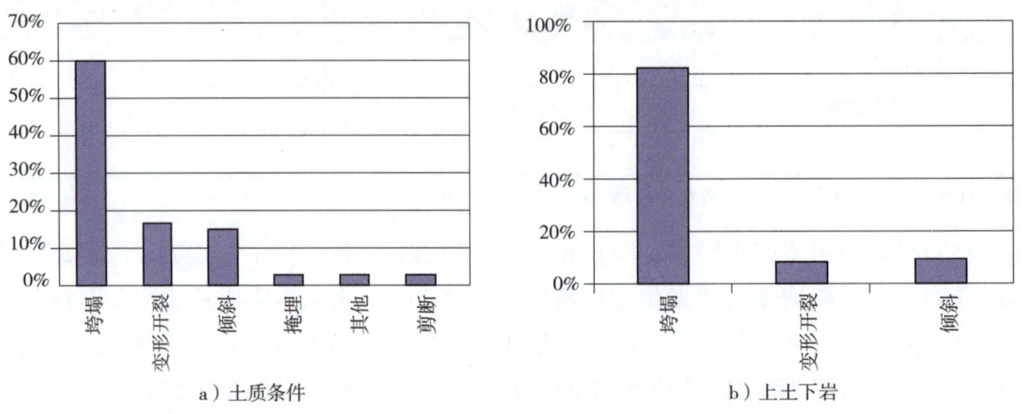

注：横坐标表示在各类地基上震害类型，纵坐标表示在该类地基上不同震害类型的百分比

图 2–27 各类地质条件下的震害分布

Figure 2–27 Distribution of seismic hazards under various geological conditions

2.2.8.4 路肩墙震害类型

现场调查统计中，对 119 处受损路路肩墙工点进行了统计。路肩挡墙的震害大致分为垮塌、倾斜、变形开裂、剪断、砸坏、下沉和其他类型震害等，主要以垮塌震害为主（图 2–28）。具体震害数量与百分比如表 2–19 所示。

（1）路肩墙垮塌震害

在发生垮塌震害的挡墙中，85% 为浆砌片块石挡墙，8% 为片（卵）石混凝土挡墙，干砌挡墙占 7%；约 62% 的垮塌路肩墙位处于土质地基，岩质地基上占 5%，上土下岩地基上占 33%（图 2–29）。浆砌砌筑类型的路肩挡墙因其整体性较差，更易于受地震动下墙后填土压力作用发生垮塌破坏，特别是在土质地基上（图 2–30）。

表 2-19　路肩挡墙震害类型与震害数量表

Table 2-19　Type and quantity of seismic hazard for shoulder retaining wall

震害类型	震害数量（处）	百分比（%）
垮塌	69	58.0
倾斜	23	19.3
变形开裂	19	16.0
落石砸坏	2	1.7
剪断	2	1.7
下沉	2	1.7
其他震害	2	1.7

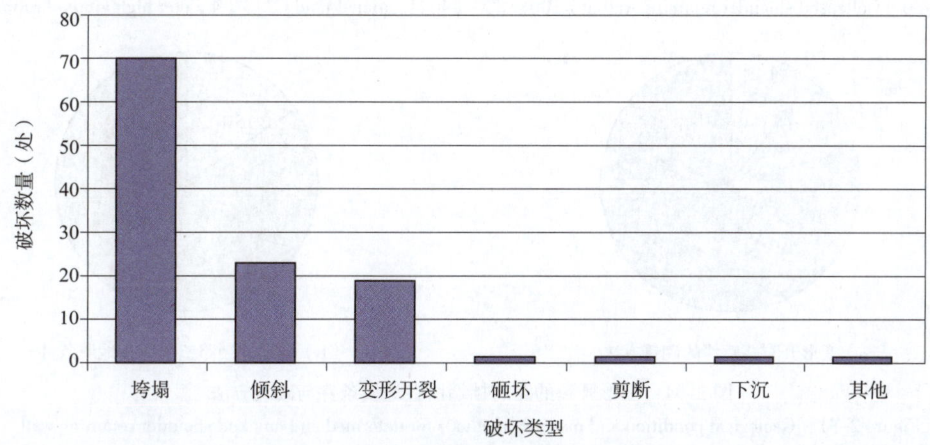

图 2-28　路肩挡墙震害类型数量分布图

Figure 2-28　Distribution of various quantitative types of seismic hazards for shoulder retaining wall

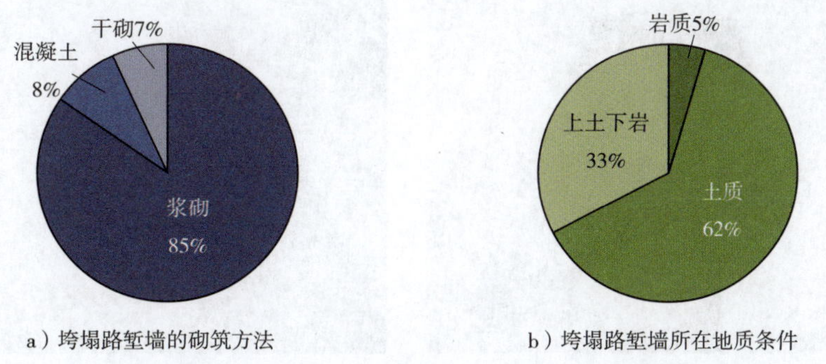

a）垮塌路堑墙的砌筑方法　　b）垮塌路堑墙所在地质条件

图 2-29　垮塌的路肩挡墙所在地质条件与砌筑方法

Figure 2-29　Geological condition and masonry methods for collapsed for shoulder retaining wall

（2）路肩墙变形开裂震害

发生变形开裂震害的挡墙中，浆砌挡墙占 79%，片（卵）石混凝土挡墙占 10%，干砌挡墙占 11%；85% 的变形开裂挡墙位于土质地基上，其余震害挡墙发生在上土下岩地基上（图 2-31、图 2-32）。

图 2-30 国道 G213 K1008+800~840 处路肩墙垮塌（墙高 4m，浆砌片石砌筑）

Figure 2-30 Collapsed shoulder retaining wall at K1008+800~840 of national road G213（4 meter high grouted rubble wall）

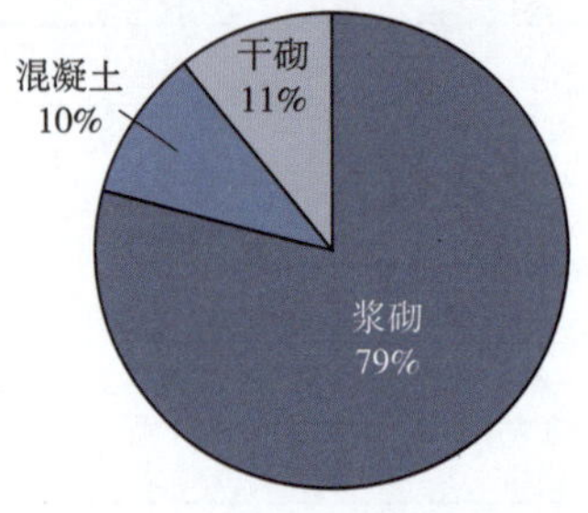

a）变形开裂路堑墙的砌筑方法

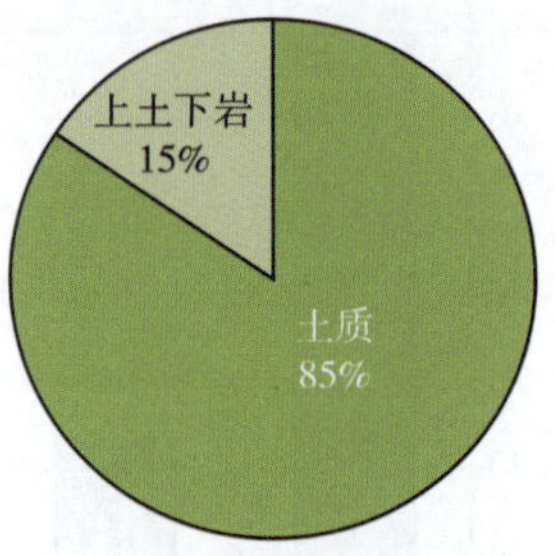

b）变形开裂路堑墙所在地质条件

图 2-31 变形开裂的路肩挡墙所在地质条件与砌筑方法

Figure 2-31 Geological condition and masonry methods for deformed and cracked shoulder retaining wall

图 2-32 县道 XN16 龙池旅游公路路肩墙变形开裂

Figure 2-32 Deformed and cracked shoulder retaining wall of county road XN16 Longchi expressway

（3）路肩墙倾斜震害

在发生倾斜震害的路肩挡墙中，浆砌挡墙占 86%，片（卵）石混凝土挡墙占 9%，干砌挡墙占 5%。82% 倾斜挡墙位于土质地基上，其余倾斜挡墙位于上土下岩地基上（图 2-33、图 2-34）。

路肩墙发生倾斜破坏与地基土类型有着明显的联系，与岩质地基相比土质地基的地基容许承载力较小，易发生地基变形，从而导致墙体倾斜。

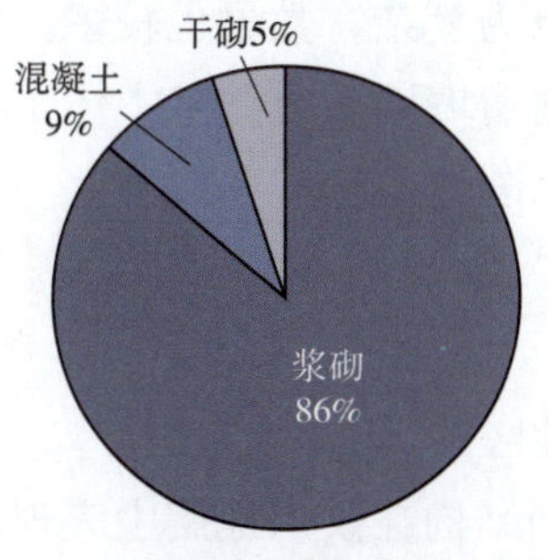

a）倾覆路堑墙砌筑方法

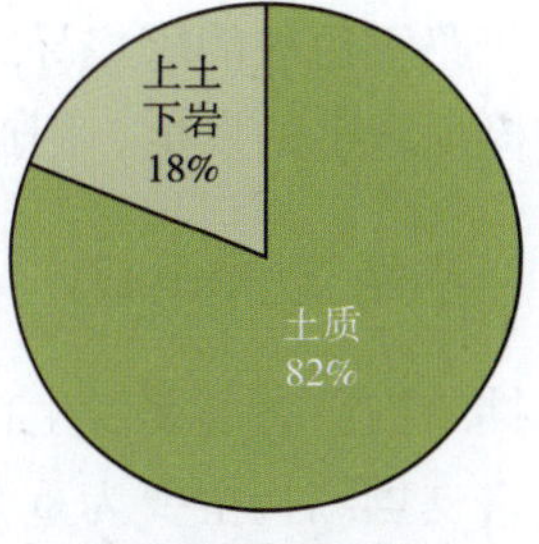

b）倾覆路堑墙所在地质条件

图 2-33　倾斜路肩挡墙所在地质条件与砌筑方法

Figure 2-33　Geological condition and masonry methods of shoulder retaining wall

图 2-34　国道 G213 K1014+175~240 处路肩墙倾斜（墙高 7.5m，浆砌块石砌筑）

Figure 2-34　Cutting retaining wall at K1014+175~240 of national road G213

2.2.8.5　路肩挡土墙震害小结

（1）统计样本中，发生震害的重力式路肩挡墙的墙高主要分布在 2 ~ 8m 区间内，受损路肩墙平均高度为 4.84 m，高于路堑墙的墙高分布范围和平均高度。

（2）震害路肩墙主要为浆砌片（块）石砌筑。由于砌筑方法的不同，挡墙结构的整体性不同，通过调查发现浆砌挡墙比片（卵）石混凝土挡墙易发生更多类型的震害。

（3）路肩挡墙的震害主要发生在土质地基上，震害类型表现为垮塌震害。土质地基受地震作用本身会发生沉降、滑移等震害，因而在其上修筑的路肩挡墙易发生震害；而岩质地基上的路肩墙基本没有震害。

（4）重力式路肩挡墙的震害主要为垮塌、变形开裂和倾斜三类，与路堑挡墙震害类型分布大致相同。

（5）路肩墙和路堑墙在墙高上的差别并没在导致震害程度上有太大的差别。由于位置不同，路堑墙砌筑在路基本体上，墙后紧邻边坡；而路肩墙直接砌筑在地基上，墙后为路基本体。从统计结果来看，路堑墙发生的震害类型更为复杂，数量也较多。例如掩埋震害，就是由于路堑边坡的垮塌导致的路堑墙震害。而路肩墙墙后有路基本体，可作为一个缓冲区抵御掩埋震害的发生，因此路肩墙基本没有发生该类震害。

2.2.9 小结 Summary

（1）支挡结构震害主要发生在Ⅷ度以上的高烈度地区。

（2）震害支挡结构主要为重力式挡土墙，柔性支挡结构在汶川地震中表现出了良好抗震性能。路堑墙破坏较路肩墙严重，这与路基边坡发生大量震害有关。

（3）震害挡墙所在地基主要为土质地基，即土质地基上修筑的挡墙在地震中抗震性能较弱。

（4）支挡结构的临空面法相方向与断裂带垂直时，支挡结构越容易产生破坏，当趋于平行时震害较少。

（5）受地震直接作用挡墙主要发生垮塌、变形开裂以及倾斜破坏，另外在高烈度区边坡垮塌对挡墙造成的冲毁、掩埋、砸坏等破坏也同样严重。

2.3 路基边坡震害统计 Statistical analysis of seismic hazards on slope

2.3.1 路基边坡在调查线路段和烈度区的震害分布 Distribution of seismic hazards of slopes in surveyed routes

调查的边坡震害点共计534处。典型边坡震害图片和各条线路名称、区段、震害数量的具体情况如表2-20和图2-35~图2-39所示。

表2-20 各路段路基边坡震害数量

Table 2-20 Quantity of seismic slope hazards for various route sections

序号	线路名称	区　段	所在省份	边坡震害数量（处）
1	国道G108	宝轮—广元	四川	1
2	国道G210	镇巴段	陕西	1
3	国道G212	七里场—白龙湖大桥	四川	15
4		沙洲—广元	四川	3
5		沙洲—宝轮	四川	9
6		姚渡—沙洲	四川	14
7	国道G213	都江堰—映秀	四川	54
8		映秀—汶川	四川	27
9		汶川—茂县	四川	18

续上表

序号	线路名称	区　　段	所在省份	边坡震害数量（处）
10	国道 G317	理县—汶川	四川	9
11		卓克基—理县	四川	13
12	省道 S105	桂溪—邓家	四川	12
13		安县—北川	四川	1
14		北川县城南—桂溪	四川	13
15		南坝—青川	四川	14
16		青川—沙洲	四川	23
17		桂溪—南坝	四川	16
18	省道 S205	双河乡—两河堡	四川	14
19		平武—南坝	四川	4
20		江油—桂溪	四川	5
21	省道 S210	小金—卓克基	四川	6
22		飞仙关—达维乡	四川	6
23	省道 S301	川主寺—九寨沟双河乡	四川	6
24	省道 S302	两河口—黑水	四川	11
25		井田坝—青川	四川	5
26	省道 S303	映秀—卧龙	四川	45
27		茂县—北川	四川	85
28		卧龙—达维乡	四川	9
29	县道 X120	川主寺—平武	四川	11
30	县道 XU09	三江—漩口	四川	45
31	县道 X101	清平—汉旺—绵竹	四川	7
32	县道 XH10	金子山—青川	四川	16
33	县道 XN16	新房子大桥—龙池—都江堰	四川	10
34	县道 XF05/22	什邡—红白镇—岳家山—青牛坨	四川	1
35	县道 XN42	银厂沟—彭州	四川	5
合　计				534

从表 2-20 中可知，调查的震害的线路中，包括 5 条国道，分别为国道 G108、国道 G212、国道 G210、国道 G213 和国道 G317；省道 6 条，分别为省道 S105、省道 S205、省道 S210、省道 S301、省道 S302 和省道 S303；其他公路主要为四川省内县道 X120、XU09、X101、XH10 线、XN16 龙池旅游公路、XF05/22 广青路、XN42 彭龙路与彭白路。以上国省干道及部分县乡公路边坡震害数量如表 2-21 所示。

图 2-35 国道 G213 都江堰至映秀段边坡震害

Figure 2-35 Seismic slope jazards in Dujiangyan-Yingxiu section of national road G213

图 2-36 国道 G317 卓克基至理县段边坡震害

Figure 2-36 Seismic slope hazards in Zhuokeji-Lixian county section of national road G317

图 2-37 四川省道 S302 茂县至北川段边坡震害

Figure 2-37 Seismic slope hazards in Maoxian county-Beichuan section of provincial road S302

图 2-38　四川省道 S303 映秀至卧龙段边坡震害

Figure 2-38　Seismic slope hazards in Yingxiu–Wolong section of provincial road S303

图 2-39　四川县道三江至漩口段边坡震害

Figure 2-39　Seismic slope hazards in Sanjiang–Xuankou section of Sichuan county road

表 2-21 边坡震害在国省等道路上分布统计

Table 2-21 Statistics on seismic slope hazards for national/provincial roads

道路类型	四川省震害数量（处）	陕西省震害数量（处）	震害总数（处）	百分比（%）
国道	208	1	209	39.1
省道	230	0	230	43.1
部分县乡公路	95	0	95	17.8

2.3.1.1 边坡震害与烈度区的关系

为了全面了解汶川地震中边坡的震害现象，根据汶川地震烈度区划图把震害区域划分为极重灾区、重灾区、一般灾害区和轻度灾害区。极重灾区主要位于地震烈度在Ⅸ度及以上烈度区，重灾区于Ⅷ度区内，一般灾害区位于Ⅶ度及以下区域。在调查中把公路按公路等级划分为国道、省道及乡县公路。整个调查工作主要集中在四川省境内，调查线路如图 2-40 所示。图中红色线显示了调查的线路，黑色曲线显示了汶川地震的地震烈度图。

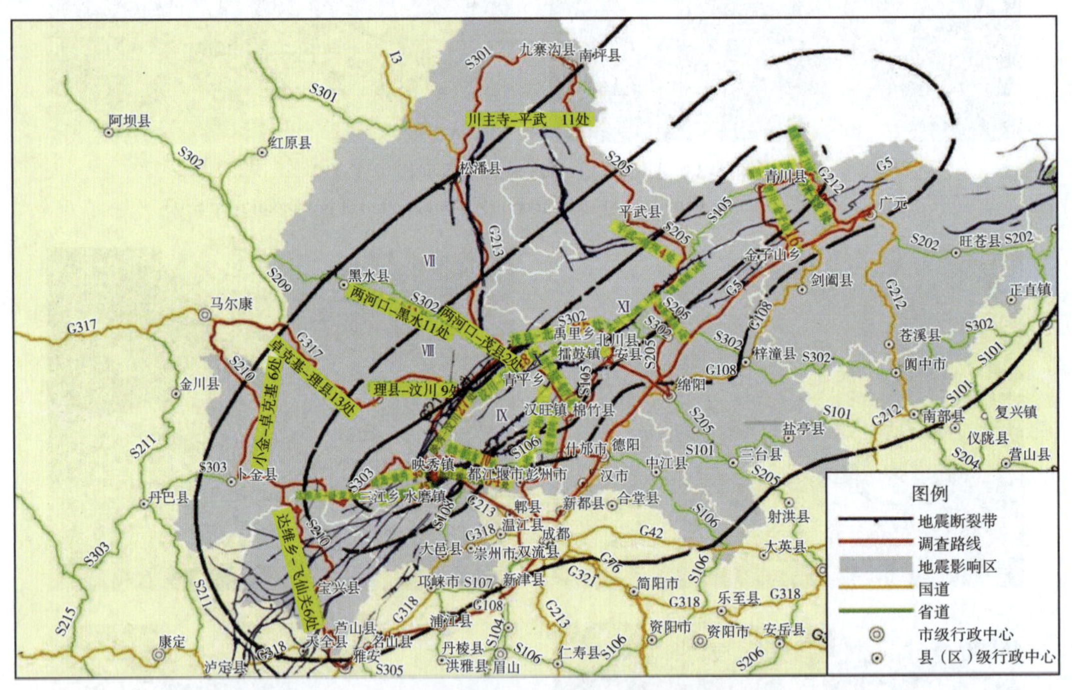

图 2-40 地震烈度与坡面震害数量图

Figure 2-40 Diagrams of seismic intensity and quantity of seismic slope hazards

从历次大地震的结构震害情况可知，在强震中结构的震害随地震烈度的增大而增加。为了明确汶川地震中边坡的震害与地震烈度的关系，将各个路段的边坡震害数量绘制在汶川地震烈度图上。

课题组共调查地震烈度在Ⅸ度区及以上受损线路 21 条，其中受损的边坡 420 处。Ⅷ度区受损线路 7 条，受损的边坡 60 处。Ⅶ度及以下区 7 条，受损的边坡 54 处。由表 2-22 可以清楚地了解边坡震害数量与烈度区关系的具体情况。可见，绝大部分震害的边坡位于

Ⅸ度及以上烈度区域，在Ⅷ度区和Ⅶ度区也出现了少量轻度边坡震害。

表 2-22　各烈度区震害数量及百分比

Table 2-22　Quantity and percentage of seismic hazards in seismic intensity areas

烈度区	受损线路数量（处）	边坡震害数量（处）	占总震害的百分比（%）
Ⅸ及以上	21	420	78.7
Ⅷ	7	60	11.2
Ⅶ及以下	7	54	10.1

注：其中陕西省 G210 镇巴段有 1 处震害位于Ⅵ度区。

2.3.1.2　边坡类型

调查中，对震害边坡类型做了统计分析，结果表明 534 处震害主要集中在路堑边坡上，路堑边坡坡高坡陡，缺少防护措施，加之地震作用，会产生地震动放大效应。这些因素是导致路堑边坡发生大量震害的主要原因（数量及百分比如表 2-23 所示）。

表 2-23　边坡类型震害统计

Table 2-23　Statistics on seismic hazard for different types of slopes

边　坡　类　型	震　害　总　数（处）	百　分　比（%）
路堑	521	97.6
路堤	13	2.4

2.3.1.3　坡面的防护结构

调查发现设置了防护措施的路基边坡有效地减小了边坡震害的程度和破坏的数量。边坡的震害主要还是发生在没有防护的土质边坡上，诸如坍塌、滑坡等震害。其中无防护边坡比例为 67.4%，有防护的边坡占 32.6%。

现场调查时对坡面防护结构的震害也进行了统计，边坡的防护结构主要为主被动网、护面墙、锚杆锚索、框架梁、挂网喷浆等类型。调查结果表明，震害边坡中含有防护结构的共 174 处。表 2-24 显示了边坡各类防护结构的损坏数量及所占的百分比。

统计结果显示，60% 的边坡防护结构震害发生于实体式护面墙和挂网喷浆两类防护类型中。实体护面墙一般是为了覆盖各种软质岩层和较破碎岩石的挖方边坡以及坡面易受侵蚀的土质边坡，免受降雨、风化等影响而修建的墙体。因此与挡土墙不同，护面墙基本没有支挡抗震作用，在地震作用下其震害数量相对较多。挂网喷浆是山区公路路基边坡最常见的护坡形式。与护面墙类似，其主要功能是防止边坡遭受风化影响，提高边坡的稳定性，并无很好的抗震性能，所以在强震作用下容易失效致使边坡失稳垮塌。

植物防护的方法主要是在适于植物生长的路基土质边坡上种草、铺草皮和植树，利用植被覆盖坡面，其根系固结于表土，从而防止水土流失，调节坡体湿度和温度，确保边坡稳定，并且具有绿化道路和保护环境的作用。研究区域内，震害边坡为植物防护主要分为种草和植树两类，其破坏数量相当。统计结果表明，植物防护抗震性能一般，主要受边坡自身条件和地震动的控制，种草或者植树对地震条件下稳定边坡的作用没有明显的差异。

表 2-24 边坡防护结构震害数量及百分比

Table 2-24 Quantity and percentage of seismic hazards for protective structures of slopes

防护类型	震害数量（处）	百分比（%）
实体式护面墙	59	33.9
挂网喷浆	46	26.4
SNS 主动式柔性防护网	20	11.5
植树	13	7.5
种草	10	5.7
水泥混凝土预制块	7	4.0
喷射混凝土或喷浆（无网）	6	3.4
锚杆结合预制块	6	3.4
SNS 被动式柔性防护网	4	2.3
圬工网格骨架植草	2	1.1
孔窗式护面墙	1	0.6

注：百分比为该类型的震害总数比边坡坡面防护震害总数。

喷浆防护采用拌制的水泥、石灰类矿质混合料对边坡进行封面和填缝，以防止软弱岩土表面进一步风化、破碎、剥蚀，避免雨水侵蚀坡体，从而增强边坡的稳定性。与护面墙类似，喷浆防护对边坡不具有较强的抗震作用，且在增强边坡稳定性方面不如挂网喷浆性能好，在路基边坡中使用较少，所以调查发现的震害数量也相应较少。

从调查结果发现，框架类与锚杆锚索类防护结构在地震中破坏较少，即便遭受损坏但防护功能并没有完全失效，抗震性能良好。

防护结构震害有 109 处为防护功能失效随边坡发生了垮塌震害，发生该类震害多为挂网喷浆、护面墙以及植物防护。其余防护结构的震害主要为开裂、剥落、局部鼓胀变形破坏、主动网失效等。如图 2-41 所示各类震害数量。震害具体情况见图 2-42~图 2-51。

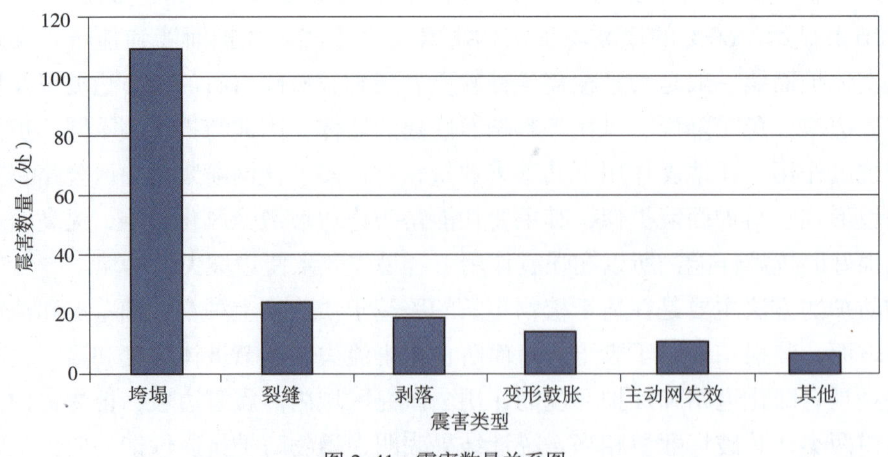

图 2-41 震害数量关系图

Figure 2-41 Quantity of various types of seismic hazards

图 2-42　国道 G213 映秀至汶川段 K66+850 实体式护面墙震害

Figure 2-42　Solid protection wall at K66+850 on national road G213 between Yingxiu and Wenchuan section

图 2-43　国道 G213 都江堰至映秀段挂网喷浆震害

Figure 2-43　Seismic hazard of wire mesh with shotcret on national road G213 between Dujiangyan and Yingxiu section

图 2-44　省道 S105 北川至桂溪段种草防护震害

Figure 2-44　Seismic hazard of grass-planting protection on the provincial road S105 of Beichuan-Guixi section

图 2-45　省道 S105 北川至桂溪段植树防护震害

Figure 2-45　Seismic hazard of tree-planting protection on the provincial road S105 of Beichuan-Guixi section

图 2-46 国道 G213 映秀至汶川 K30+460 SNS 主动式柔性防护网震害

Figure 2-46 Seismic hazard of SNS active soft protective wire mesh at K30+460 of national road G213 between Yingxiu and Wenchuan section

图 2-47 国道 G213 映秀至汶川 K30+050 SNS 被动式柔性防护网震害

Figure 2-47 Seismic hazard of SNS passive soft protective wire mesh at K30+050 of national road G213 between Yingxiu and Wenchuan section

图 2-48 国道 G213 都江堰至映秀段 GK1020+500 处圬工网格骨架植草

Figure 2-48 Masonry grass-planting grid frameworks at GK1020+500 of national road G213 between Dujiangyan and Yingxiu section

图 2-49 国道 G213 都江堰至映秀段 K1011+400 锚杆结合混凝土预制块震害

Figure 2-49 Seismic hazard of anchor frame beam at K1011+400 of national road G213 between Dujiangyan and Yingxiu section

图 2-50 国道 G213 映秀至汶川段 K29+950 处水泥混凝土预制块震害

Figure 2-50 Seismic hazard of anchor frame beam at K29+950 of national road G213 between Yingxiu and Wenchuan section

图 2-51　国道 G213 都江堰至映秀段 GK1023+550 喷浆防护震害

Figure 2-51　Seismic hazard of shotcret protection at GK1023+550 of national road G213 between Dujiangyan and Yingxiu section

2.3.1.4　垮塌震害

调查中对 534 处震害边坡的震害类型进行了划分，分为垮塌类和非垮塌类震害。非垮塌类震害多指边坡防护结构的震害类型，如防护结构开裂、剥落、鼓胀变形等。边坡垮塌震害共计 459 处，占边坡震害的绝大部分，接近震害总数的 90%，这与边坡没有设置防护措施密切相关。调查区域内垮塌震害中包括了滑坡、崩塌、落石、溜坍等次生灾害（路基“红线”范围内的灾害）。滑坡、崩塌等都是较为严重的地质灾害，而在地震的强烈作用下更易发生，地震使斜坡土石的内部结构发生震害和变化，原有的结构面张裂、松弛。另外，汶川地震的发生伴随着许多余震，在地震力的反复振动冲击下，斜坡土石体更容易发生变形（图 2-52~ 图 2-55）。

调查结果显示，垮塌边坡主要为岩质边坡，按规模大致可分为一般包括滑坡、崩塌、溜坍、落石等几类，这也是边坡发生垮塌震害时常发生的灾害类型。统计表明，垮塌边坡

图 2-52　国道 G213 都江堰至映秀段 K19+780 处滑坡（滑坡方量 2 万 m^3，坡高 43m，坡长 48m，坡度 63.5°）

Figure 2-52　Landslide at K19+780 of national road G213 between Dujiangyan and Yingxiu section (with a landslide volume of 20 000m^3, slope height of 43m, length of 48m, and a 63.5° gradient)

图 2-53　国道 G213 映秀至汶川段 K30+600 处发生崩塌震害（坡高 108m，坡长 211m，坡度 30°）

Figure 2-53　Collapse at K30+600 of national road G213 between Yingxiu and Wenchuan section (with a slope height of 108m, length of 211m and gradient as 70°)

中 362 处为滑坡震害，66 处为崩塌破坏，其余边坡震害为溜坍、落石。此次汶川地震中边坡震害最为典型的就是在岩质边坡上发生的崩塌性滑坡震害（表 2-25）。

图 2-54 省道 S303 映秀至卧龙段边坡滑坡（滑坡方量 4 500m^3，坡高 68m，坡长 108m，坡度 39°）

Figure 2-54 Landslide on provincial road S303 between Yingxiu-Wolong section (with a landslide volume of 4 500m^3, slope height of 68m, a length of 108m, and its gradient as 39°)

图 2-55 县道 XU 09 三江至漩口段边坡滑坡（滑坡方量 1.5 万 m^3，坡高 343m，坡长 48m，坡度 49°）

Figure 2-55 Landslide on county road XU 09 between Sanjiang and Xuankou section (with a landslide volume of 15 000m^3, slope height of 343m, slope length of 48m, and its gradient as 49°)

表 2-25 垮塌边坡岩土类型统计

Table 2-25 Statistics on different rock and soil types from collapsed slope

岩土类型	震害总数（处）	百分比（%）
岩质	209	45.6
上土下岩	146	31.9
土质	103	22.5

从垮塌震害中涉及的防护结构可以看出，实体式护面墙、挂网喷浆以及植物防护破坏数量较大（表 2-26），这也客观说明这几类坡面防护在边坡受地震作用下起到的稳定作用有限，缺乏抗震能力，仅能起到防治坡面风化、局部坍塌等作用。垮塌边坡路基形式统计如表 2-27 所示。

表 2-26 垮塌边坡中防护结构震害情况

Table 2-26 Overview on seismic hazards of protection structure in collapsed slope

防护类型	震害数量（处）	百分比（%）
实体式护面墙	54	31.2
挂网喷浆	14	8.1
植树	12	6.4
种草	10	5.8
SNS 被动式柔性防护网	4	2.3
水泥混凝土预制块	4	2.3
喷射混凝土或喷浆（无网）	4	2.3
SNS 主动式柔性防护网	3	1.7
锚杆结合预制块	3	1.7
孔窗式护面墙	1	0.6

注：百分比为该类型的震害总数比边坡坡面防护震害总数。

表 2–27 垮塌边坡路基形式统计

Table 2–27 Statistics on the subgrade patterns for collapsed slope

路 基 形 式	震 害 总 数（处）	百 分 比（%）
路堑	216	47.2
半挖半填	196	42.8
路堤	46	10.0

2.3.2 边坡震害影响因素 Impact factors for seismic hazards of slopes

地震诱发边坡震害的分布主要受地震、地形、坡体结构等条件的影响。由于地貌条件、岩性条件和坡体结构条件的差异，地震边坡灾害表现出不同的特征，其震害方式、发展趋势都表现出极大的不同。

2.3.2.1 *坡度与坡高*

坡高、坡度都是影响边坡稳定的重要因素。一般情况下，即使没有地震的影响，坡度越大的边坡也越容易发生灾害，坡度直接决定边坡的应力分布。随着地形坡度的增大，可能演化为滑动面的坡体结构面倾角也会增大，从而导致边坡的稳定性降低。调查统计区域内边坡总体灾害数量随坡度和坡高的变化关系如图 2–56 和图 2–57 所示。

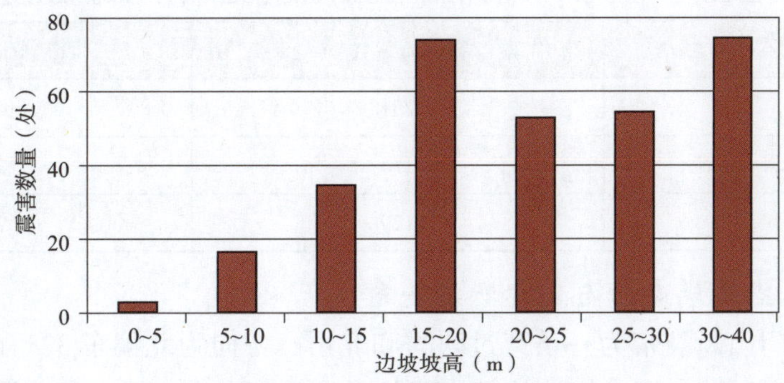

图 2–56 坡高与震害数量关系图

Figure 2–56 Relationship between quantity of seismic hazards and height of slope

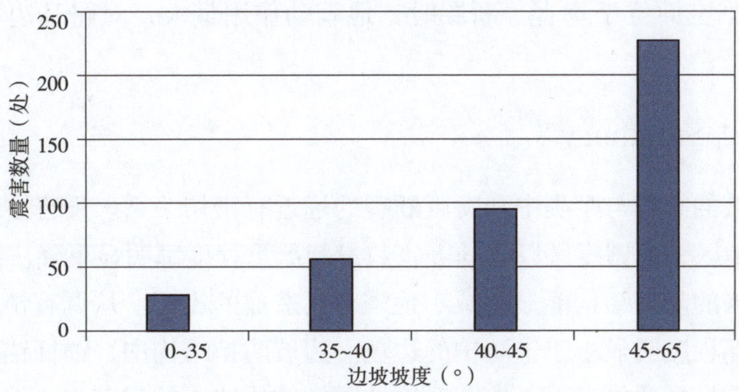

图 2–57 坡度与震害数量关系图

Figure 2–57 Relationship between quantity of seismic hazard and gradient of slope

图 2–56 反映的是边坡灾害数量在不同的坡高段上的分布情况。由于路基“红线”内路堑边坡高度多为 40m 以下，故对小于 40m 的边坡震害进行了统计。从图中可知，随着边坡高度的增高，震害数量也在增加，与灾区震害分布规律一致。

图 2–57 反映的是边坡灾害数量在不同的坡度段上的分布情况。由于路基“红线”范围内的边坡坡度多为小于 65°，故对小于 65° 的边坡进行了统计。从图中可知，地震引起的边坡灾害主要集中在 35° ~65°，在小于 65° 范围内震害数量随着坡度的增大呈上升趋势。坡度大于 35° 的边坡是防护的重点。

2.3.2.2 岩土类型

岩土体是产生边坡灾害的物质基础。一般说，各类岩、土都有可能构成滑动体。其结构松散，抗剪强度和抗风化能力较低，在地震的作用下其结构发生变形，更易发生灾害。

现场调查将边坡岩土类型分为岩质、土质、上土下岩三类。边坡灾害在各类岩土类型分布情况见表 2–28。岩质边坡震害数量近乎占了总震害数量的一半。岩质边坡灾害按规模大致可分为崩塌性滑坡、崩塌、落石三种类型，土质边坡按规模大致可分为滑坡、表面溜坍和碎落三种类型。震害边坡多发生崩塌性滑坡现象是此次汶川地震与其他地震所造成的边坡震害的显著区别。

表 2–28 岩土类型与震害数量

Table 2–28 Types of ground (rock & soil) and quantity of seismic hazard

岩 土 类 型	震 害 总 数（处）	百 分 比（%）
岩质	251	47.0
上土下岩	154	28.8
土质	129	24.2

2.3.2.3 工点路线走向与发震断裂夹角

近似认定龙门山断裂带为一条穿过映秀和北川，方向为北偏东 32° 的直线。以此直线为基准，将研究区域内调查统计的各线路的走向与断裂带直线夹角范围分为 9 个等级，如图 2–58 所示。统计结果表明，边坡灾害数量随线路走向与断裂带直线间夹角增大呈下降趋势，即边坡临空面位于垂直于断层时，地震动作用最大，对路基边坡造成的震害也最大。

2.3.3 小结 Summary

（1）路基边坡的震害与距震中和发震断裂的远近有密切关系。震害主要发生在Ⅸ ~ Ⅺ度之间的高烈度地区，而Ⅷ度区以下的震害数量与严重程度都明显下降。

（2）设置适当的防护结构能显著减小地震对其造成的震害。从调查情况看，采用了防护结构的边坡破坏程度明显小于未防护的边坡。边坡防护结构中，锚杆锚索、框架等结构对提高边坡的抗震性能效果显著。地震对边坡防护结构造成的震害主要发生在挂网类与护面墙两类结构上。

（3）防护边坡类型不同，其破坏程度有所差异。实施了防护工程的边坡也有破坏差异，有的边坡虽然实施了防护措施，但仍没有达到加固边坡的目的，需要根据边坡的岩性、风化程度等综合选择合适的防护措施。比如，边坡风化碎裂带较深，则不适合采用短锚杆的挂网喷混凝土，而采用长锚杆框架梁较为合适。又如护面墙和灰浆防护一类的边坡防护措施，防护目的单一，抗震性能不高。

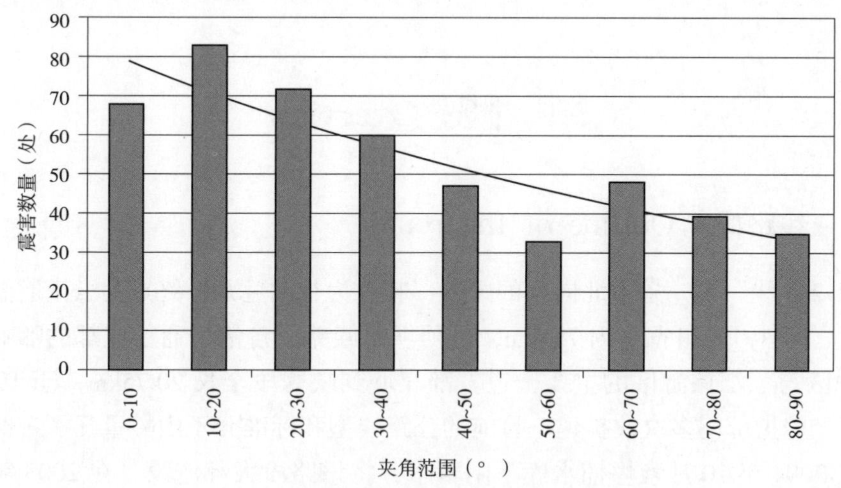

图 2-58　震害边坡路段和断裂带夹角分布

Figure 2-58　Relationship of the angle between slope section with seismic hazard and fault line and seismic slope hazard

（4）岩土类型方面，岩质边坡震害数量约占 50%，在地震情况下易发生崩塌性滑坡、崩塌、落石，这也是汶川地震中边坡灾害的典型特点。

（5）随着边坡高度的增大，震害数量也在增加；同时震害数量随着坡度的增大呈上升趋势，坡度大于 35° 的边坡是防护的重点。

（6）对震害点所在路段走向与断裂带夹角进行统计分析，认为研究区域内，在线路走向平行于断裂带的边坡震害数量比垂直于断裂带的边坡震害数量较大。

第 3 章 国道 G213 都江堰至映秀段路基震害

Chapter 3 Subgrade seismic hazard of naitonal road G213 between Yingxiu and Dujiangyan section

3.1 概述 Overview

3.1.1 线路概况 Outline of the route

“国道 G213 线”是一条由北向南的国道，起点为甘肃兰州，终点为云南磨憨国道，全程 2 827km。其中，四川省境内 714km，是阿坝藏族羌族自治州通往成都的咽喉要道，也是卧龙保护区与三江旅游区的主要干道。都江堰到映秀段全长 20.75km，于 1966 年建成通车，后历经养护部门多次改扩建，目前的公路线型和标准介于山岭重丘区三级与四级之间。由于在 2004 年 10 月紫坪铺水库下闸蓄水，将该路段大部淹没，在 2003 年便对该路段进行改道建设。改建后的国道 G213 都江堰至映秀路段全长 31.6km（图 3-1），公路等级为山岭重丘区三级公路。在“抢通保通”阶段，该段线路作为由成都进入震源地映秀镇的生命线，其通畅与否直接关系到抗震救灾人员与物资能否进入地震灾区。

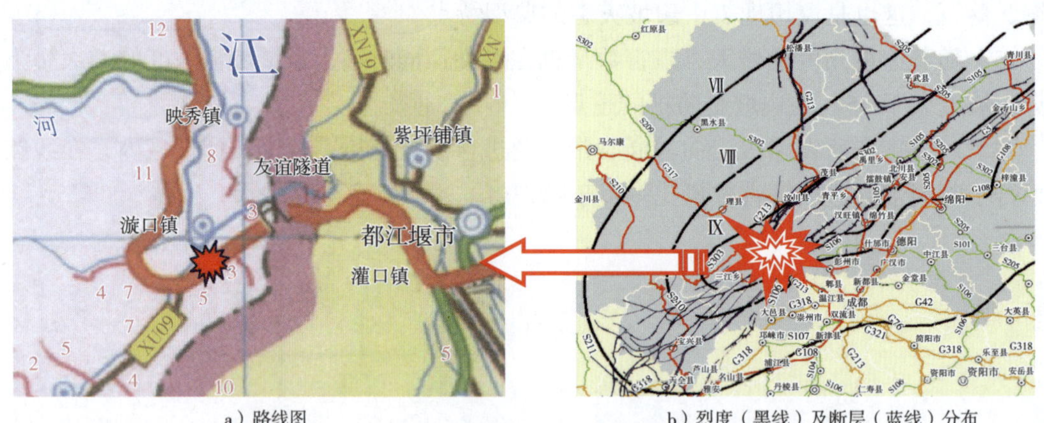

a）路线图 b）烈度（黑线）及断层（蓝线）分布

图 3-1 都江堰—映秀路线图

Figure 3-1 Route map for Yingxiu-Dujiangyan section

调查路段起于都江堰玉堂镇，止于映秀中学路口，位于四川盆地西北侧，龙门山地中南段，海拔 830~1 185m，相对高差 355m。地势自西北向南东倾斜，属低中山区。国道 G213 沿岷江右岸顺流而下，绕过白云顶，跨越寿江后经漩口再次沿岷江而行，穿越友谊隧道，沿紫坪铺水库右岸直至马鞍石隧道。友谊隧道至马鞍石隧道段即为 2003 年改建的绕坝公路。线路区域内基本构造格架为龙门山构造带。龙门山中央主断层穿过映秀镇，但是线路穿过的大部分区域位于龙门山前山断裂带与中央断裂带之间，区域内断层较为发育。

在绕坝公路前的国道位于龙门山中央断裂带的下盘，挟持于龙门山中央断裂带与龙门山前山断裂带之间；而绕坝公路则位于龙门山前山断裂带的上盘，紧邻前山断裂带。

按 2001 年 8 月国家地震局在此地区地震复核报告，场地基本烈度为 VII 度，设计地震动加速度峰值为 0.1g，地震动反应谱特征周期为 0.4s。根据国家地震局发布的汶川地震烈度图，该段路实际跨越了 IX~XI 烈度区。

3.1.2　路基设计概况 Outline of subgrade design

国道 G213 都江堰至映秀段线路路基宽度 7.5m，行车道宽度 6.5m，路肩宽度 2×0.5m。路拱横坡坡度 2%，路肩横坡坡度 3%。山坡路段上的半挖半填路基地面横坡较陡，路基临河或陡岩，一般按护肩路基、挡土墙路基、浸水挡土墙路基进行设计。

填方路基选用级配较好的卵砾石土作为填料。砾（角砾）类土、砂类土作路床填料，部分土质较差的细粒土填于路堤底部。用不同的填料填筑路基时，采用分层方法进行填筑。

路面结构形式为：天然砂砾底基层（27cm）+ 水泥稳定碎石基层（22cm）+ 细粒式沥青混凝土面层（5cm）。

3.1.3　路基防护工程概况 Outline of protection projects for subgrade

该路段中共有 177 处支挡结构，总长度为 9 909.63m（表 3–1）。重力式挡墙共计 150 处，长度为 8 077.87m，其中包括重力式挡土墙 96 处，长度为 4 225.17m；仰斜式路肩墙 27 处，长度为 1 712.175m；仰斜式路堑墙 27 处，长度为 2 140.525m。加筋土挡墙共计 6 处，总长度 615.09m；桩基托梁 4 处，总长度 340.6m。浆砌护面墙共计 5 处，总长度 516.07m；浸水护面墙 2 处，长度为 180.0m。

表 3–1　支挡结构概况

Table 3–1　Overview of retaining structures

类型	重力式挡墙			护面墙		加筋土挡墙	桩基托梁	总计
	衡重式路堤	仰斜式路堤	仰斜式路堑	浆砌护面墙	浸水护面墙			
数量（处）	96	27	27	5	2	6	4	177
长度（m）	4 225.17	1 712.18	2 140.52	516.07	180.0	615.09	340.6	9 909.63

路堑墙设置具体如下：

边坡挖方高度小于 10m 的土质边坡，作一级挡墙；挖方高度小于 10m 的石质边坡，设碎石落台不作防护。

边坡挖方高度大于 10m 且小于 20m 的土质边坡，设护面墙满护，一般作一级挡墙，上部放坡。边坡挖方高度大于10m且小于20m的石质边坡，作一级高度为2m的内挡墙，设碎石落台，上部放坡。

路肩墙设置具体如下：

对填方高度小于10m的一般为圬工砌体挡墙，如衡重式、仰斜式挡墙。

对填方高度大于10m，地形横坡较陡，采用桩基托梁挡墙、锚杆挡墙防护；横坡较平缓的设置为加筋土挡墙。

该路段高陡边坡设置的防护设施主要以喷浆、挂网喷浆、主动网、被动网以及锚索和框架锚杆支护为主。

对于挖方高度大于20m的土质边坡设护面墙，上部挂网种草，设锚喷支护。对于边坡挖方高度大于20m的石质边坡，设柔性主动防护网、锚喷支护；边坡坡度为1：0.3~0.4，以减少石方量为主。对挖方高度大于20m的不稳定边坡，尽量削坡减载，放缓边坡，作锚索、锚喷支护。

调查中发生震害的路基边坡共计长4 361.9m，由58个震害工点组成。其中有防护设施的54处，受损长度3 766.9m，其中包括挂网喷浆38处、SNS主动式柔性防护网6处、网格护坡3处（网格护坡、喷浆1处）、喷射灰浆防护5处、圬工网格骨架植草防护1处、实体护面墙1处。

3.1.4 调查震害概况 Outline of investigated seismic hazards

汶川地震对国道G213线都江堰至映秀段破坏严重。该路段是外界到达震中映秀的生命线路段，工程人员在震后第一时间对其进行了抢通保通工程，使得多数严重破坏的道路得到修复，为抗震救灾提供了重要的交通基础。课题组在对该路段进行调查时，多数路基路面的原始震害已被修复，因此该路段路基震害的调查主要以沿线的支挡工程和有明显震害痕迹的边坡防护、本体结构工程为主。表3-2为此段公路的路基震害概况。

表3-2 国道G213都江堰至映秀震害概况

Table 3-2 Overview of seismic hazard of national road G213 between Dujiangyan and Yingxiu section

编号	长度（m）	受损部位	震害情况	震害结构类型
1	50	K1021+740千金沟大桥都江堰岸路堤边坡	锚索框架加固的路堤边坡及挂网喷浆坍塌	重力式挡墙
2	50	路堑挡墙	墙顶片块石开裂	重力式挡墙
3	10	路堑挡墙中上部	墙面鼓胀、墙顶坍塌	重力式挡墙
4	20	路堑边坡中下部	垮塌，已新修混凝土挡墙	重力式挡墙
5	60	路堑挡墙	上部护面墙挤压震害，顶部垮塌	重力式挡墙
6	80	K1020+800寿江大桥上边坡	框架锚索护坡的框架梁断裂	重力式挡墙，锚索框架梁
7	20	K1020+120路堤边坡	框架梁下的喷射混凝土部分脱空，下部无防护土体溜坍	重力式挡墙

续上表

编号	长度（m）	受 损 部 位	震 害 情 况	震害结构类型
8	40	路堤加筋土挡墙中部	整体稳定，仅在第 2 级平台有轻微开裂	加筋式挡墙
9	100	上边坡护坡中部	局部坍塌，整体完好，约 10% 坍塌	挂网喷浆
10	50	下边坡平台、坡面	挂网喷浆开裂	挂网喷浆
11	85	上边坡中上部	中上部开裂，已进行抹面修复	重力式挡墙
12	40	路肩挡墙中上部	基本完好，路肩处下沉开裂，小桩号端外倾错开 10cm	重力式挡墙
13	50	上边坡底部	基本完好，底部有剪出现象，脱空局部，剪出 20cm	挂网喷浆
14	42	路肩挡墙中上部	挡墙外倾，路肩开裂	重力式挡墙
15	80	路堤及边坡	外半幅下沉，并且坡面出现震害	网格护坡，喷浆
16	25	路堑上边坡	崩塌及危岩	坡面无防护
17	20	路堤下边坡	整体基本稳定，路肩处拉开 2~7cm，防撞墩变形	网格护坡
18	15	路堑挡墙中上部	挡墙外倾 5cm，拉开 2cm	重力式挡墙
19	70	路堑上边坡	坡顶 3 条大裂缝，护坡局部位移	挂网喷浆
20	100	路堑中上部	整体基本稳定，中部、下部水平裂缝，剪出 10~15cm	重力式挡墙，挂网喷浆
21	40	路肩挡墙	挡墙伸缩缝错开 20cm，墙身和锚索未见异常	锚索框架
22	50	路堑上边坡	整体完好，仅见 2~3 条裂缝	挂网喷浆
23	40	路肩挡墙中上部	中部外鼓 10cm，一处竖向裂缝 3~5cm	重力式挡墙
24	50	路堑墙中上部	整体稳定，5 条竖向裂缝，最宽 5cm	重力式挡墙
25	50	路堑上边坡	与挡墙结合处开裂 50cm，下沉 1.4m	挂网喷浆
26	200	路堑挡墙	水平开裂，缝长 30m	重力式挡墙
27	80	路堑上边坡	都江堰端挂网喷浆垮塌	挂网喷浆
28	80	斜坡路堤网格护坡	整体完好，与平台结合处有剪出裂缝 2~5cm	网格护坡
29	50	路堑挡墙及边坡中下部	挡墙被砸坏，部分震后已被修复	重力式挡墙
30	50	路堑上边坡	至少 5 条裂缝，震害约 60%	挂网喷浆
31	50	路堑上边坡	整体完好，节点处有开裂现象	挡墙加框架梁
32	50	路堑挡墙及边坡中下部	挡墙有贯通的竖向裂缝	重力式挡墙
33	40	路堑挡墙及边坡中下部	路肩挡墙最大开裂 20cm，已采用锚杆框架修复	重力式挡墙
34	50	路堑挡墙	出现下部剪切，剪出约 5cm	重力式挡墙
35	50	路堑桩板墙	桩倾斜，与挡板拉开	桩板式挡墙
36	60	路堤加筋挡墙中下部	中下部垮塌，震后已用混凝土加固	加筋式挡墙
37	18.9	路堑挡墙	挡墙顶部局部垮塌，1m 以上范围表层脱落	重力式挡墙
38	20	路肩墙	整体侧移 2cm 局部鼓胀，竖向有 2 条较大裂缝	重力式挡墙

续上表

编号	长度（m）	受 损 部 位	震 害 情 况	震害结构类型
39	68.5	路肩墙	挡墙伸缩缝处拉裂	重力式挡墙
40	30	路堑墙	挡土墙被砸垮，落石最大直径 2.5m	重力式挡墙
41	99	路堑边坡	主动网震害，挂网喷浆基本完好	边坡，主动式柔性防护网、挂网喷浆
42	72	路堑边坡	上边坡崩塌砸坏挂网喷浆	边坡，挂网喷浆
43	28	路面	路面开裂	路基本体
44	72	路堑边坡	主动网整体拔出	边坡，主动式柔性防护网
45	23	路堑挡墙	坡顶下滑的落石砸坏挡墙，中间内凹形成一个陡峭冲沟	重力式挡墙
46	16	路堑挡墙	挡土墙竖向开裂有贯通裂缝	重力式挡墙
47	27.2	路堤	外侧路堤边坡滑移	路基本体
48	8.5	填方路基	沿路面横向开裂 3 条裂缝，最长 8.5m，宽 1cm	路基本体
49	37.6	路肩墙	伸缩缝处位错 8cm	重力式挡墙
50	28	路肩墙	浆砌块石路肩墙外倾	重力式挡墙
51	25.7	路堑边坡	坡面喷浆剥落	边坡，挂网喷浆
52	15	路堑边坡	坡面挂网喷浆出现横向开裂	边坡，挂网喷浆
53	36	路堑边坡	喷浆出现开裂垮塌，错台 10~47cm	边坡，喷浆防护
54	55	路堑墙	坡脚墙开裂严重，最大裂缝达 15cm	重力式挡墙
55	50	桩间挡土板	桩间挡土板有的下部向内挠曲，有的上部向内挠曲，桩板挡土间形成空洞，深约 30cm	抗滑桩
56	70	路堑边坡	挂网防护完全震害，岩体裸露	边坡，挂网喷浆
57	130	路肩墙	墙顶位移达 27cm	重力式挡墙
58	54.5	路堑边坡	喷浆坡面膨胀鼓起，隔栅网震害外露，上部较为完好	边坡，挂网喷浆
59	12	填方路基	路面隆起	路基本体
60	73.6	路堑边坡	中上部出现裂缝 2 条，长达 73m	边坡，挂网喷浆
61	30	路肩挡墙	墙顶位移达 7~20cm，扩大基础整体错动带动挡墙错动，基础没有问题	重力式挡墙
62	20	路肩挡墙＋锚杆框架	浆砌块石出现裂缝，部分锚头开裂	边坡，锚杆锚索
63	111	路堑边坡	局部鼓胀变形震害	边坡，挂网喷浆，喷锚
64	45.6	路堑边坡	坡中部局部鼓胀变形震害	边坡，挂网喷浆
65	56	路堑边坡	喷锚边坡出现裂缝	边坡，挂网喷浆，喷锚
66	52	路堤边坡	锚索框架多出混凝土封头脱落	边坡，锚杆锚索

续上表

编号	长度（m）	受 损 部 位	震 害 情 况	震害结构类型
67	56	路堑边坡	挂网喷浆护坡有 20% 震害	边坡，挂网喷浆
68	56	路堑边坡	护坡中上部出现裂缝	边坡，挂网喷浆
69	28	路肩挡墙	墙顶位移 25cm	重力式挡墙
70	40	路肩墙中上部	上部外移 22cm，下部外移 15cm	重力式挡墙
71	50	路堑墙中上部	砸坏挡墙，有 3cm 裂逢	重力式挡墙
72	40	路肩墙中上部	外移约 5cm	重力式挡墙
73	95	路堤外侧边坡	上部框架节点处钢筋脱落，钢筋在节点处搭接 30cm，地震时裂开 20cm	路基本体
74	250	路堑边坡	SNS 主动式柔性防护网局部被冲垮	SNS 主动式柔性防护网，挂网喷浆
75	20	路肩墙中上部	发生侧移，中部隆起	重力式挡墙
76	110	路堑墙中上部	发生错台，上部约 20cm	重力式挡墙
77	110	路堑边坡	SNS 主动式柔性防护网局部震害	SNS 主动式柔性防护网，挂网喷浆
78	100	路堑边坡	喷混凝土局部脱落，挡墙顶部喷混凝土错台 30cm，挡墙局部有破损	路堑墙，挂网喷浆
79	215	路堑边坡中上部	出现 2 条竖向裂逢，端部破裂	重力式挡墙
80	70	路肩加筋土挡墙中上部	原加筋挡墙震害，现外加 1~1.5m 混凝土挡墙	加筋土挡墙
81	72.5	路堑边坡	上部框架节点处钢筋脱落	锚杆框架梁
82	20	路堑边坡	边坡岩体破碎，SNS 主动式柔性防护网局部震害、崩塌严重，坡长 20m	SNS 主动式柔性防护网
83	40	路堑墙中上部	挡土墙端部下沉，局部被落石砸坏	重力式挡墙
84	80	路堑边坡	坡面挂网喷浆剥落	挂网喷浆
85	95	路堑边坡	喷混凝土局部脱落	挂网喷浆
86	100	路肩墙	挡墙完全垮塌	重力式挡墙
87	35	路堑桩板墙	抗滑桩桩头向外倾斜达 5°	抗滑桩支挡
88	110	路堑边坡	平台处喷层错台	挂网喷浆
89	60	路肩墙	挡土墙顶部外移 40cm	重力式挡墙
90	10	桥头路基	路基整体沉降，最大沉陷深度为 15cm	路基本体
91	55	路堑墙	墙体面板脱落	重力式挡墙
92	40	路肩墙	上部开裂隙长 2m	重力式挡墙
93	50	路堑边坡	喷浆下部剥落	挂网喷浆
94	40	路堑墙	浆砌卵石与混凝土墙界面开裂	重力式挡墙
95	65	路堑墙	伸缩逢张开 7cm，贯通竖向裂隙逢宽 4cm	重力式挡墙
96	40	路肩墙	墙顶位移 50cm	重力式挡墙

续上表

编号	长度（m）	受 损 部 位	震 害 情 况	震害结构类型
97	40	路肩墙、锚索框架	预应力锚索框架个别混凝土块脱落	锚索框架加固
98	65	路堑边坡	喷浆开裂	挂网喷浆
99	30	路堑挡墙	挡墙中部鼓胀	重力式挡墙
100	30	路堑墙	挡墙中部鼓胀	重力式挡墙
101	80	路堤边坡	边坡垮塌	圬工网格，骨架植草
102	70	路堑边坡	喷混凝土局部脱落	挂网喷浆
103	30	路肩墙	挡墙伸缩逢张开 10cm，外移 52cm	重力式挡墙
104	60	路堑墙	中部鼓胀	重力式挡墙
105	75	路肩墙	挡土墙中部向外弯曲	重力式挡墙
106	30	路肩墙	2 条贯通竖向裂隙逢宽 2cm	重力式挡墙
107	30	路堑墙及上边坡	挡墙局部被砸坏	重力式挡墙
108	50	路堑墙	挡墙垮塌	重力式挡墙
109	60	路堑墙	挡墙垮塌，开裂	重力式挡墙
110	70	路肩墙	施工缝水平剪出 20cm	重力式挡墙
111	20	路肩墙	施工缝水平剪出 40cm	重力式挡墙
112	150	路堑墙	伸缩缝处 3~5cm，局部因变形砂浆脱落	重力式挡墙
113	120	路堑墙	崩塌落石可见方量 $50m^3$	边坡，无防护
114	50	路堑边坡	巨石崩塌，最大直径约 12m，巨石抛射	边坡，无防护
115	100	路堑边坡	崩塌落石，斜坡路堤土工格栅良好	边坡，无防护
116	300	路堑边坡	内侧崩塌，右侧挂网喷浆震害，未挂网处垮塌严重	坡脚挡墙，边坡无防护
117	40	路肩墙	挡土墙全部垮塌	重力式挡墙
118	30	中上部	伸缩缝错开，挡土墙局部开裂垮塌	重力式挡墙
119	30	路面	路中出现裂缝，长 10m，宽 10cm	路基本体
120	20.9	路基	路基开裂 1 条裂缝最大长度 20.9m，最宽达 20cm，外侧沉陷 5cm	路基本体
121	50	路基	涵洞，路肩路基开裂下沉。路面开裂宽 5~15cm，纵向为主，长约 12m，横向长 3m，间距 2m	路基本体
122	60	路基	百花桥地震时垮塌，泥石流掩埋桥下公路	路基本体
123	60	路堑墙	右侧挡墙部分整体震害及其他开裂，上部土体溜滑。护面墙部分垮塌开裂	边坡，路堑挡墙
124	70	路肩墙及路堑边坡	路肩墙开裂及下部的网喷震害	边坡，挂网喷浆
125	150	路肩墙、路堑墙	路肩墙为锚索框架，上边坡挡墙部分砸坏，网喷震害	重力式挡墙

续上表

编号	长度（m）	受损部位	震害情况	震害结构类型
126	50	路堑边坡	坡面为砂岩，挂网喷浆局部震害（剥落或砸坏），个别锚头砸坏	边坡，框架梁，喷浆
127	150	路堑边坡	滑坡损毁大部分挂网喷浆，少量保留的喷浆开裂	边坡，挂网喷浆
128	60	路堑抗滑桩及桩间挡墙	浆砌块石开裂，最宽达 7~15cm，抗滑桩歪斜变形，桩前倾 5°	抗滑桩们，重力式挡墙
129	20	路堑墙	上挡墙裂缝，一段在上部，一段在中部，缝宽 2cm	重力式挡墙
130	18.6	路堑墙	上挡墙开裂最宽 15cm，路堤抗滑桩完好	重力式挡墙
131	80	路堑边坡	挂网喷浆破碎外鼓，锚索框架震害严重	边坡，挂网喷浆
132	90	路堑边坡	上边坡网喷下部水平裂缝，有脱空	边坡，挂网喷浆
133	90	路堑边坡	锚索框架基本完好，其下网喷下部脱空	边坡，挂网喷浆
134	90	路堑边坡	网喷震害，外侧锚索锚头全部外露	边坡，挂网喷浆
135	30	路肩墙	挡墙已震后加固	重力式挡墙
136	30	路墙	上挡墙重修，边坡坍塌，下挡部分已全部垮，不影响路基宽度	边坡，挂网喷浆
137	80	路堑边坡	挂网喷浆总体完好，下部出现水平裂缝脱空	边坡，挂网喷浆
138	70	路堑边坡	上边坡喷素浆绝大部分震害	喷射灰浆防护
139	50	路基	外侧路基沉陷，距中线 1m 处内侧有 1 条裂缝长达 30m	路基本体
140	30	路堑墙	挡墙局部外鼓	重力式挡墙
141	11	路堑墙	墙体外鼓 15cm，墙后土体坍塌，上挡墙垮塌已修复	重力式挡墙
142	30	路肩墙	外侧挡墙变形垮塌，震后用框架梁修复和加固	框架式挡墙

3.2　震害统计分析 Statistical analysis of seismic hazards

现场实际调查过程中，调查人员将路基构造分为路基本体、支挡结构、路基边坡及其防护结构（以下简称为“边坡”）三类（图 3–2），并对各类的震害工点进行了系统的调查记录。调查内容包括震害工点所在的边坡条件、周围岩土特征、路基形式、路线走向、路基本体震害类型、支挡结构类型及外形特征、边坡防护形式特征以及震害特征等内容。

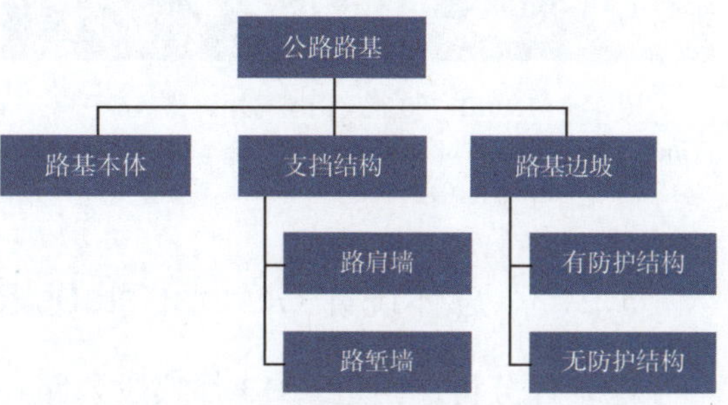

图 3–2　路基调查分类示意图

Figure 3–2　Schematic diagram of subgrade structure classification

国道 G213 都映段紧邻震中，路基震害数量大，受损严重。本段线路主要位于龙门山中央断层的下盘，受次生地质灾害的影响较小，绝大部分线路以结构性损坏为主。路基本体主要出现裂缝、垮塌等震害。支挡结构震害主要表现为墙体位移、剪裂，边坡防护结构震害表现为剪切震害，如图 3-3~ 图 3-6 所示。

图 3-3 K1022+450 路基本体裂缝和塌陷

Figure 3-3 Cracking and collapse of subgrade at K1022+450

图 3-4 K1022+900 加筋土挡墙发生震害，墙面板垮塌、筋带断裂

Figure 3-4 A damaged reinforced earth retaining wall with the collapse of the facing panels and broken reinforced ties at K1022+900

图 3-5 K1012+700 路肩挡墙垮塌，路基滑移

Figure 3-5 Collapse of shoulder retaining wall and subgrade slip at K1012+700

图 3-6 挂网喷浆坡体发生剥落震害

Figure 3-6 Seismic hazard of spalling on the slope with wire mesh and shotcret

3.2.1 总体统计 General statistical analysis

经统计分析，国道 G213 都映段公路路基震害主要发生在支挡结构上和路基边坡上。支挡结构震害 71 处，占路基震害总数的 50%；边坡防护震害为 64 处，占震害总数的 42%；路基本体震害为 9 处，占震害总数的 8%，见图 3-7。

图 3-7　总体震害关系图

Figure 3-7　Relationships between total seismic hazards

调查发现，都江堰至映秀段路基震害总体上以轻微、中度为主，严重和损毁数量占震害比例较低，破坏严重的工点主要发生在支挡结构和路基边坡处，路基本体震害严重程度与支挡和边坡的分布大致相同。基本情况见表 3-3、表 3-4、图 3-8~ 图 3-11。

表 3-3　G213 都映路路基震害程度总体情况

Table 3-3　Overall extent of seismic hazard of subgrade on G213 Duying road

震害程度	轻微（A 级）	中度（B 级）	严重（C 级）	损坏（D 级）
震害数量（处）	73	43	16	12
百分比（%）	51	30	11	8

表 3-4　路基震害程度分类情况

Table 3-4　Classification of extent of seismic hazard on subgrade

路基结构类型	路　基　本　体				支　挡				边　坡			
震害程度	A	B	C	D	A	B	C	D	A	B	C	D
数量（处）	7	3	3	0	38	20	4	10	28	20	9	2
百分比（%）	54	23	23	0	53	28	5	14	48	34	15	3

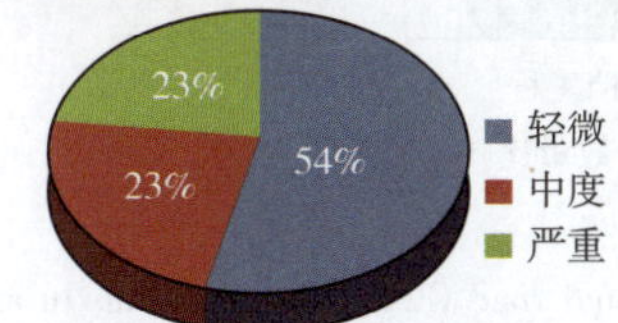

图 3-8　路基本体震害程度

Figure 3-8　Extent of seismic hazard on subgrade

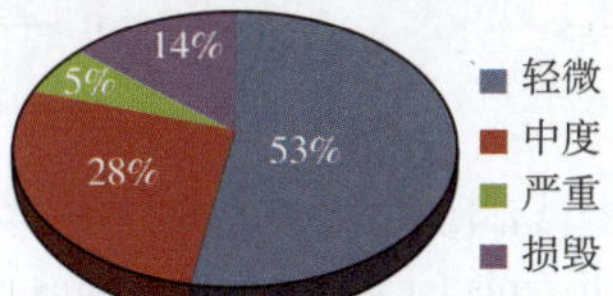

图 3-9　支挡结构震害程度

Figure 3-9　Extent of seismic hazard on retaining structures

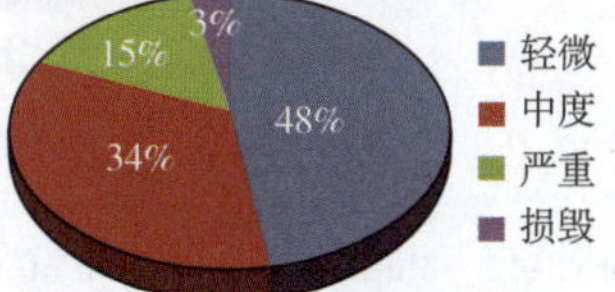

图 3-10　边坡防护震害程度

Figure 3-10　Extent of seismic hazards on protective structures of slopes

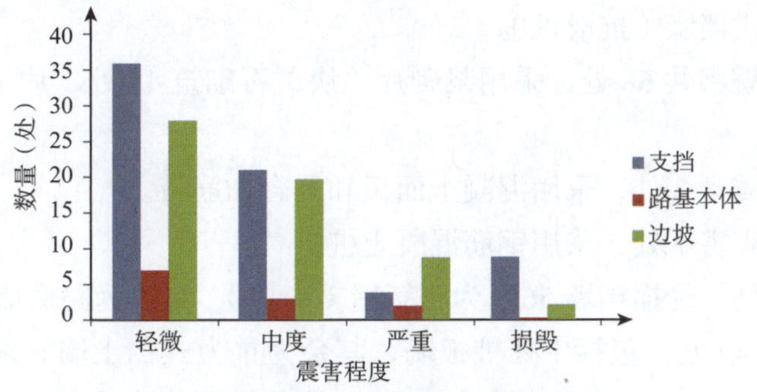

图 3-11　不同震害程度分布

Figure 3-11　Distribution of different levels of seismic hazards

3.2.2 分类统计 Classified statistical analysis

以下对路基本体、支挡结构、边坡防护结构的震害工点所在的边坡条件、周围岩土特征、路基形式、路线走向、路基本体震害类型、支挡结构类型及外形特征、边坡防护形式特征以及震害特征等内容作进一步介绍。

3.2.2.1 支挡结构

调查发生震害的挡墙长度总计 3 731.6m，共 71 处震害工点。其中重力式挡墙为 68 处，其余遭受震害还有加筋式挡墙 2 处，桩板式挡墙（抗滑桩）1 处。具体震害数量与百分比如表 3-5、图 3-12 所示。

表 3-5 支挡工程震害数量与百分比

Table 3-5 Quantity and percentage of seismic hazard on retaining structures

设计长度（m）	震害长度（m）	长度比
9 909.63	3 731.6	0.38
设计数量（个）	震害数量（处）	数量比
177	71	0.4

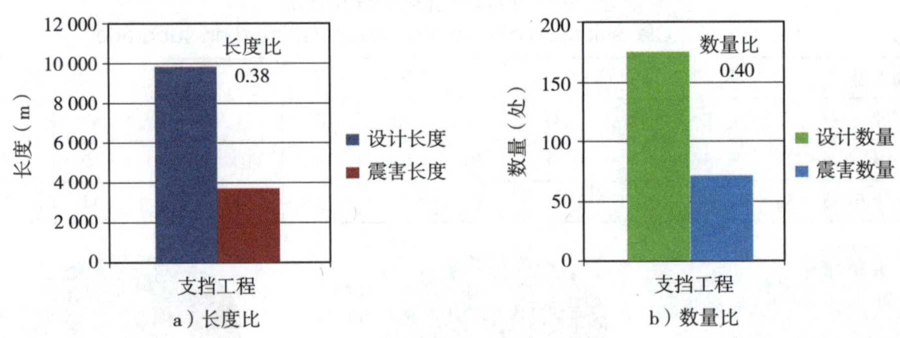

图 3-12 G213 都江堰至映秀支挡工程震害比分布图

Figure 3-12 Map of distributions of seismic hazards for retaining structures on national road G213 between Yingxiu and Dujiangyan section

（1）挡墙类型

按结构形式分类，都江堰至映秀路段受损挡墙绝大部分为重力式挡墙，另有 2 处加筋土挡墙和 1 处桩板式挡墙（抗滑桩）。

①重力式挡墙震害共 68 处，采用浆砌片（块）石砌筑 45 处，片（卵）石混凝土砌筑 23 处。

②加筋式挡墙震害 2 处，采用混凝土面板和复合加筋带。

③桩板式挡墙震害 1 处，采用钢筋混凝土桩。

按结构位置分类，受损挡墙 56% 为路堑墙（上挡）、44% 为路肩墙（下挡）。

①路堑墙受损 40 处，包括 1 处桩板墙，其余为重力式挡土墙。采用浆砌片（块）石砌筑占 65%，片（卵）石混凝土浇筑占 35%；地基类型为岩质的震害挡墙占 37.5%，土质地基的挡墙占 50% 处，其余震害挡墙修筑在上土下岩地基上。

②路肩墙受损 31 处，包括 2 处加筋土挡墙，其余为重力式墙。采用浆砌片（块）石砌筑的挡墙占 71%，片（卵）石混凝土浇筑的挡墙占 29%。

（2）挡墙砌筑方法

震害挡墙中采用浆砌片（块）石砌筑 45 处、片（卵）石混凝土 24 处（包括 1 处抗滑桩），另有加筋土砌筑 2 处（图 3-13）。

（3）挡墙周围岩土类型

周围为岩质的震害挡墙有 21 处，土质类型 42 处，上土下岩岩土类型 8 处（图 3-14）。

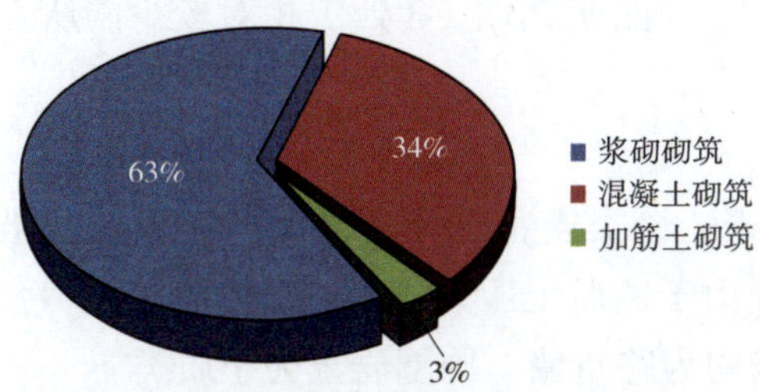

图 3-13　震害挡墙砌筑方法百分比

Figure 3-13　Percentage of damaged retaining walls by using masonry methods

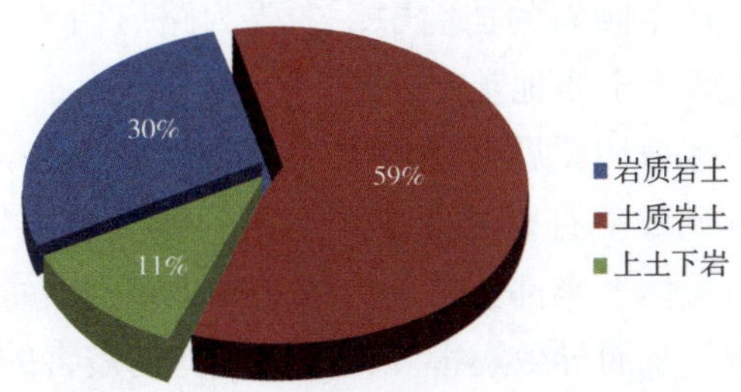

图 3-14　震害挡墙周围岩土类型百分比

Figure 3-14　Percentage of damaged retaining wall constructed on rock and soil foundations

（4）挡墙所在路基形式

震害工点所在路基分别为路堑、路堤和半挖半填式路基三类。其中路堑的震害挡墙 18 处，路堤的震害挡墙 18 处，半挖半填 32 处（图 3-15）。

（5）挡墙震害类型

都映路段挡墙震害主要分为垮塌、变形开裂、倾斜以及剪切四类震害。引起震害的最根本因素为地震动造成墙背土压力增大，导致挡墙失稳、开裂、剪切震害。

①变形开裂类震害：

经调查，有 32 处挡墙发生不同程度的变形开裂震害。该类震害主要表现为：挡墙墙身出现裂缝、鼓胀现象。主要原因是由于墙后土压力作用增大，导致挡墙墙身变形。此外，砌筑砂浆的强度与质量也是影响震害程度的主要原因之一。

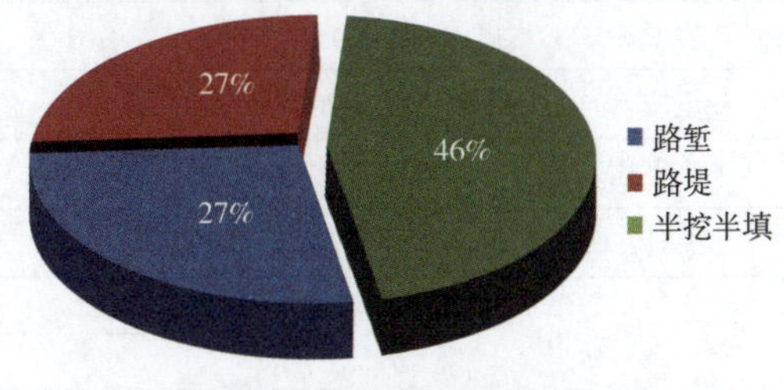

图 3-15　路基类型比例图

Figure 3-15　Percentage of different types of subgrade seismic hazard

变形开裂挡墙中路堑墙 26 处，路肩墙 6 处。所在地基土为岩质的 10 处，土质的 20 处，上土下岩的 2 处。挡墙发生开裂震害的同时也伴随其他类型的震害特征，产生变形开裂的挡墙中，伴随发生倾斜震害的有 2 处，剪断震害 2 处，墙顶位移震害 3 处，局部外鼓 1 处。

②垮塌类震害：

经调查，国道 G213 公路都江堰至映秀段有 17 处挡墙发生不同程度的垮塌震害。该类震害主要表现为：挡墙墙身垮塌，土体滑移。主要原因是由于墙后土体在地震作用下致使土压力急剧增大，超过挡墙材料强度以及抗倾极限，从而发生垮塌。

垮塌挡墙中路堑墙 13 处，路肩墙 4 处。所在地基土为岩质的 5 处，土质的 9 处，上土下岩的 3 处。挡墙发生垮塌震害的同时也伴随其他类型的震害。

③倾斜类震害：

调查中有 14 处挡墙发生不同程度的倾斜震害。该类震害主要表现为：挡墙墙身向外倾斜，墙顶产生位移等现象。主要原因是由于地震中墙后土压力作用增大，超出挡墙抗倾斜极限，从而导致震害。

产生倾斜的挡墙中，主要为路肩墙（11 处），而路堑挡墙（3 处）相对较少。所在地基土多为土质地基。

④剪切类震害：

调查中有 5 处挡墙发生不同程度的剪切震害。该类震害主要表现为：挡墙墙身被剪断，墙体上半部分移出错位。发生该类震害主要由于墙后土压力作用，超出墙体抗剪强度极限，从而导致震害。该段发生剪切震害的挡墙均为路堑墙，周围岩土为土质类。

⑤其他类震害：

其他类震害有 5 处，具体包括 2 处挡墙施工缝错台，2 处边坡落石将挡墙砸坏以及 1 处挡墙面板脱落。

表 3–6 统计了上述震害挡墙所在地基的类型。从地基土类型关系图（图 3–16）可以看出，该段路支挡结构震害类型分布与土质地基有密切的关系，特别表现在倾斜震害：发生倾斜震害的挡墙全部都位于土质地基上。由此充分说明地基土类型是挡墙抗震设计中应该特别考虑的因素。

表 3–6 震害类型与地基土类型关系

Table 3–6 Relationship between different types of seismic hazard and subgrade soil

地基土类型	变形开裂（处）	剪断（处）	倾斜（处）	垮塌（处）
岩质	10	—	—	5
土质	20	5	14	9
上土下岩	2	—	—	3
总计	31	5	14	17

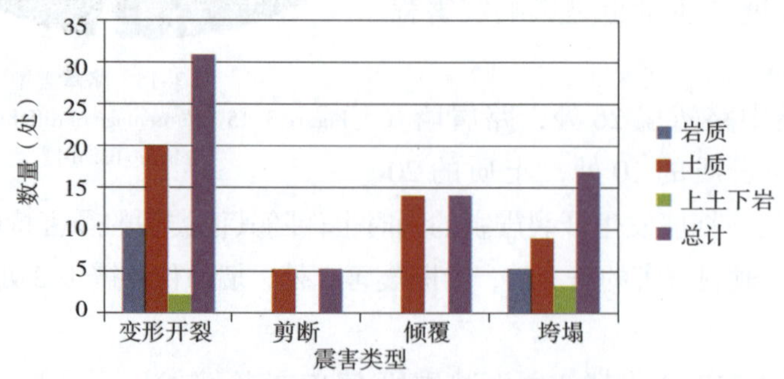

图 3–16 震害类型与地基土类型关系

Figure 3–16 Relationship between Various Types of Seismic Hazard and Foundation Soil

（6）墙高与震害数量的关系

根据原设计资料，对国道 G213 线都江堰至映秀段的所有路堑挡墙与震害挡墙进行了统计对比，见表 3–7 和图 3–17、图 3–18。统计结果显示，震害路堑挡墙与占修筑挡墙总数的长度比（或者数量比）随着挡墙高度的增加而增大。

表 3–7　都映段路堑挡墙高度震害统计

Table 3–7　Statistics on Seismic Hazard of the Height of Cutting Retaining Wall on Duying Section

墙的范围（m）	挡墙总长度（m）	破坏长度（m）	长度比值	挡墙总数（处）	破坏数量（处）	数量比值
≤ 4	1 248.917	564.9	0.45	51	11	0.22
4~6	791.582	481.6	0.61	23	10	0.43
6~8	820.45	546	0.67	13	10	0.77

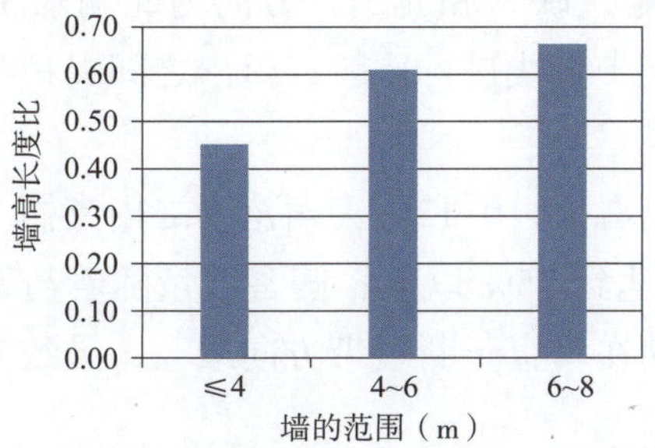

图 3–17　国道 G213 都映段路堑墙震害比例（挡墙长度比）

Figure 3–17　Ratio between height and length of the cutting retaining wall of G213 Duying section

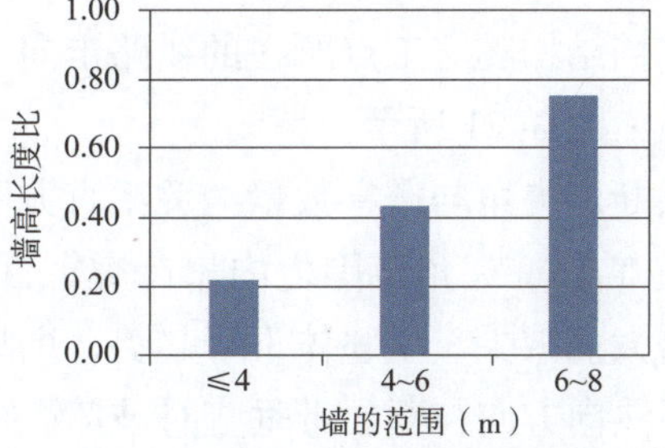

图 3–18　国道 G213 都映段路堑墙震害比例（挡墙段数比）

Figure 3–18　Ratio between height and quantity of cutting retaining wall of G213 Duying section

对国道 G213 线都江堰至映秀段的所有路肩挡墙与震害挡墙进行了统计对比，见表 3–8 和图 3–19、图 3–20。统计的结果显示，震害路肩挡墙与占修筑挡墙总数的长度比（或者数量比）随着挡墙高度的增加而增大。

表 3–8　国道 G213 都映段路肩挡墙高度震害统计

Table 3–8　Statistics on seismic hazard of height of shoulder retaining wall at G213 Duying section

墙的范围（m）	挡墙总长度（m）	破坏长度（m）	长度比值	挡墙总数（处）	破坏数量（处）	数量比值
4~6	1 743.86	187.6	0.11	25	5	0.20
6~8	2 397.451	405	0.17	41	11	0.27
8~10	1 259.413	280	0.22	16	4	0.25
≥ 10	428.266	228.5	0.53	7	3	0.43

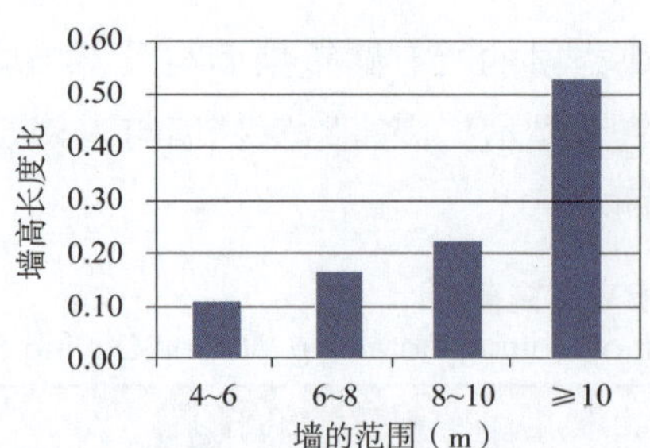

图 3-19 国道 G213 都映段路肩墙震害比例（挡墙长度比）

Figure 3-19 Ratio between length and quantity of the shoulder retaining wall at G213 Duying section

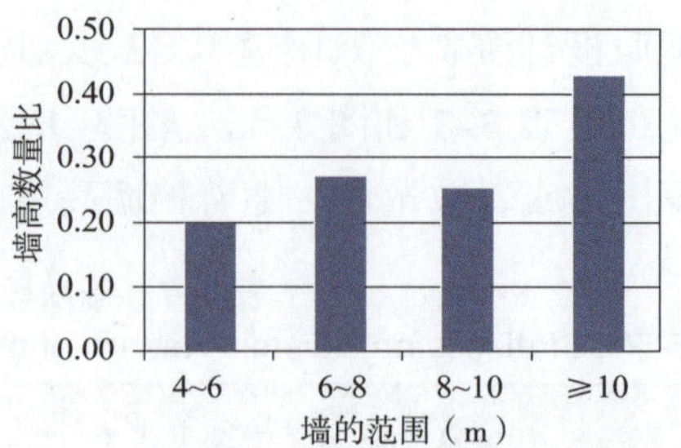

图 3-20 国道 G213 都映段路肩墙震害比例（挡墙段数比）

Figure 3-20 Ratio between height and quantity of the shoulder retaining wall at G213 Duying section

（7）线路走向与发震断裂夹角关系直方图

统计分析中认定龙门山断裂带近似为一条穿过映秀和北川，方向为北偏东 32° 的直线。将支挡结构震害工点所在的线路走向与断裂带直线进行比较，得出之间夹角与震害数量的关系如图 3-21 所示。

根据断层夹角与震害数量的关系直方图可以看出，0~12° 夹角范围之内支挡结构震害最多，在 0~36° 夹角范围之内累计震害百分比达到 75% 以上；震害数量随着与发震断裂夹角的增大而减少，呈整体下降趋势，即地震动在垂直于断裂带方向最大，导致支挡结构的临空面法向方向与断裂带垂直时破坏严重。

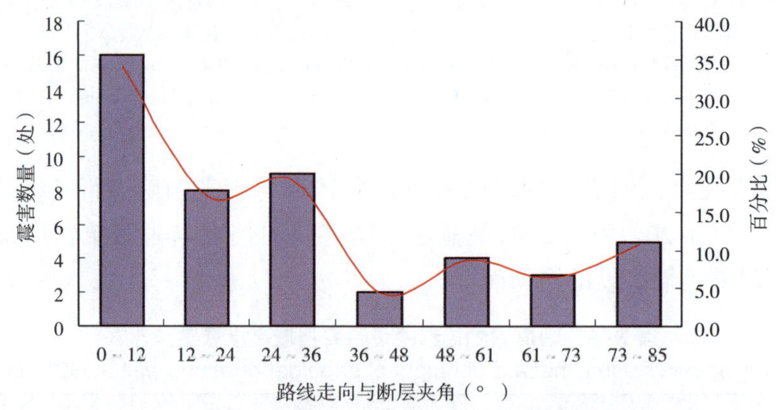

图 3-21 支挡结构震害所在路线走向与发震断裂夹角关系图

Figure 3-21 Statistics on the distribution of the angle between seismic hazard retaining structure and the fracture zone

3.2.2.2 边坡防护结构

在都江堰至映秀路段上的震害边坡中，设置防护结构的有 64 处，防护形式包括挂网、护面墙、片石或预制块骨架、灰浆防护和锚杆索六大类，主要发生垮塌、裂缝、剥落、鼓胀变形毁坏等震害。震害边坡中路堑边坡占 90.2%，路堤边坡占 9.8%。岩质边坡占震害总数的 81.3%，土质边坡占 16.7%，上土下岩边坡占 2.1%。

（1）受损防护类型

挂网类防护边坡震害共 44 处，分别为挂网喷浆 34 处，SNS 主动式柔性防护网 6 处，挂网喷锚 1 处，网格护坡 1 处。其主要发生喷浆随山体垮塌、局部剥落、变形鼓胀、开裂等震害（图 3-22）。

锚杆索框架类防护边坡震害 10 处。其中锚杆（索）震害 3 处，主要发生锚头脱落损坏；框架震害 7 处，主要发生框架梁及结点断裂、底部脱空震害，如图 3-23 所示。

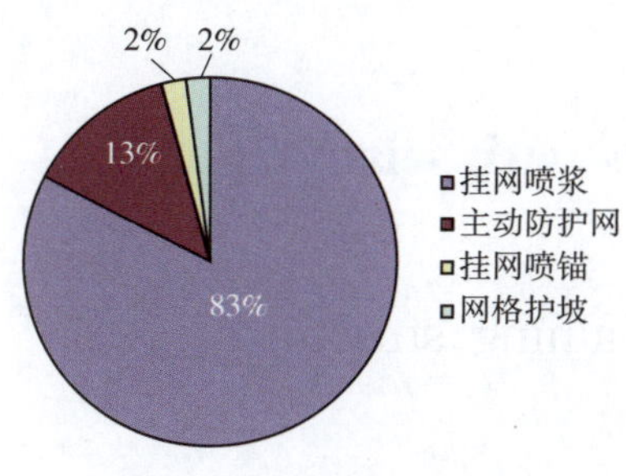

图 3-22　挂网类震害百分比

Figure 3-22　Percentage of seismic hazards of wire mesh

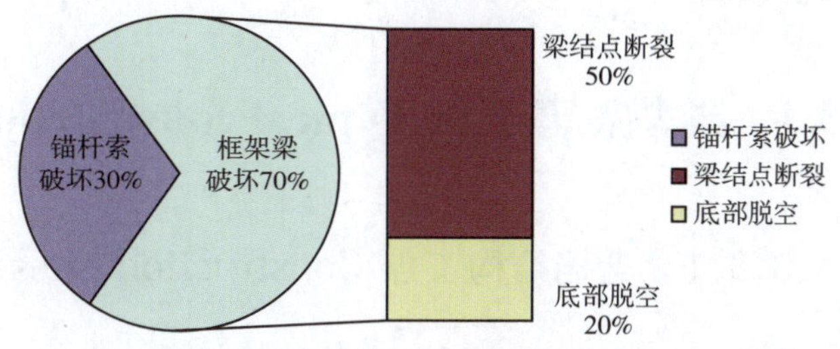

图 3-23　锚杆（索）框架类震害百分比

Figure 3-23　Percentage of seismic hazards of anchor bolt（Cable）frame

骨架类防护边坡震害 6 处，其中锚杆结合混凝土预制块 4 处，圬工网格骨架植草 2 处。其主要发生局部鼓胀、变形开裂、剥落等震害。

灰浆防护类防护边坡震害 3 处，采用的是喷射混凝土或喷浆（无网）形式。其主要发生喷浆开裂、垮塌震害。

实体式护面墙防护边坡震害 1 处。护面墙发生坍塌开裂震害。

（2）坡面防护结构震害类型

①垮塌类震害

在国道 G213 线都江堰至映秀段震害调查记录中，有 11 处坡面防护结构发生垮塌类震害，占震害类型总数的 17.7%。主要表现为所在边坡岩石土体崩塌，防护结构失稳。其中的垮塌边坡为岩质边坡占 91.7%，土质边坡占 8.3%。

发生垮塌的防护形式中，SNS 主动式柔性防护网占 25%，挂网喷浆（混凝土）占 50%，圬工网格骨架植草防护占 8.3%，喷射混凝土或喷浆（无网）占 16.7%。

②裂缝类震害

发生裂缝类震害的边坡防护结构有 21 处，占总数的 33.9%。主要表现为结构表面开裂，产生裂缝。其中，岩质边坡占 75%，土质占 25%。

发生开裂的防护中 SNS 主动式柔性防护网占 5.6%，挂网喷浆（混凝土）占 55.6%，圬工网格骨架植草防护占 5.6%，喷射混凝土及喷浆（无网）占 5.6%，锚索框架占 27.8%。

③剥落类震害

发生剥落类震害的防护结构有12处，占总数的19.4%。主要表现为结构表面受损，发生局部脱落等现象。其中，岩质边坡类型占88.9%，土质边坡类型占11.1%。

发生剥落的防护中SNS主动式柔性防护网占6.7%，挂网喷浆（混凝土）占80%，锚杆结合混凝土预制块占13.3%。

④变形鼓胀类震害

局部鼓胀变形毁坏5处，占总数的8.1%。该类震害主要发生在挂网喷浆防护上。

⑤其他类震害

除上述震害特征外，防护结构遭受的震害主要为喷浆下部脱空、喷浆下沉、错台锚杆索锚头脱落等。

3.3 典型震害工点 Typical construction sites with seismic hazards

3.3.1 支挡结构工点 Construction sites of retaining structures

3.3.1.1 K1020+960 路堑挡墙垮塌

（1）概况（表3-9）

该处震害工点为仰斜式路堑挡墙，属于重力式挡墙类。挡墙高5m，墙顶宽度1m，墙胸与墙背坡度为1 ∶ 0.25。该挡墙采用M7.5浆砌片石砌筑，石料强度为不小于30MPa。墙身每隔10~15m设置一道伸缩沉降缝，缝宽2cm。

该工点位于寿江大桥往都江堰方向260m左右，位于断层下盘，与北川断裂带垂直距离3km左右，位于该路段的直线段上。据现场测量挡墙震害位置的边坡坡高13.6m，坡度33°。

（2）震害简介（图3-28）

地震中该段挡墙墙身发生垮塌震害，7m左右长的断面内墙身完全垮塌。垮塌处相邻的挡墙墙身上部至墙顶附近发生变形开裂震害，裂缝为竖向裂缝。

该处垮塌震害的主要原因：地震动造成墙后土体土压力增大，土体加速度增大且沿破裂面向挡墙方向滑动，土压力作用大于墙身的强度，于是滑动的土体将墙体冲垮导致垮塌，且带动垮塌范围边缘相连的墙体产生变形开裂。震后在震害处修补了片（卵）石混凝土挡墙。现场调查情况如图3-29所示。

3.3.1.2 K1018+600 路肩挡墙垮塌

（1）概况（表3-10）

该处震害工点为衡重式挡墙，属于重力式挡墙类。挡墙高约10m，墙胸坡度为1 ∶ 0.05，该挡墙采用M7.5浆砌片石砌。墙身每隔10~15m设置一道伸缩沉降缝，缝宽2cm。

该处工点距离古溪沟中桥300m左右，内侧为陡峭高边坡，高约40m，坡面采用挂网喷浆封闭，坡面以上仍为高陡边坡，岩体破碎。基岩岩性为三叠系须家河组砂泥岩。其位于断层下盘，离震中映秀9km左右，位于该路段的曲线段上。

表 3-9　K1020+960 路堑挡墙概况
Table 3-9　Overview of cutting retaining wall at K1020+960

里程桩号	K1020+960		
类型	重力式路堑挡墙	地基土类型	土质
砌筑参数	M7.5 砂浆砌片石，石料强度不小于 30MPa，M10 砂浆勾缝	与断层关系	位于断层下盘，距离北川—映秀断裂带 3km 左右

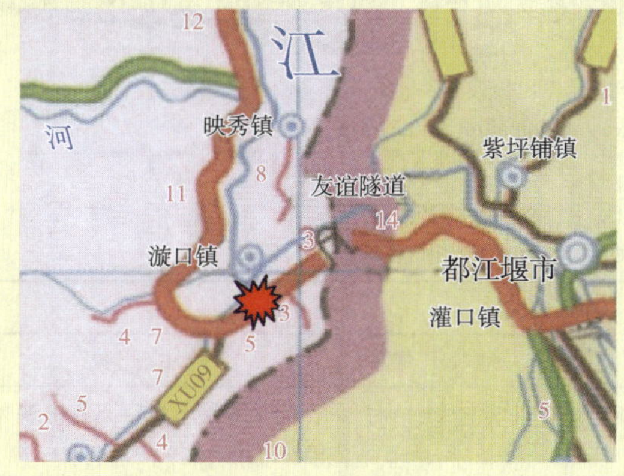

图 3-24　震害方位
Figure 3-24　Position of the seismic hazard site

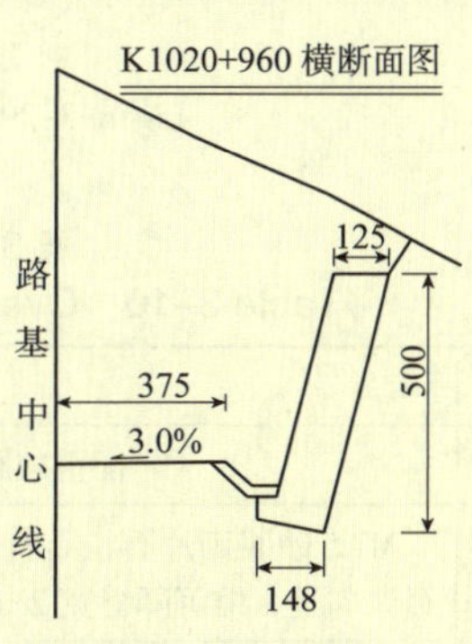

图 3-25　震害工点断面图（尺寸单位：cm）
Figure 3-25　Sectional drawing of the damaged earth structure

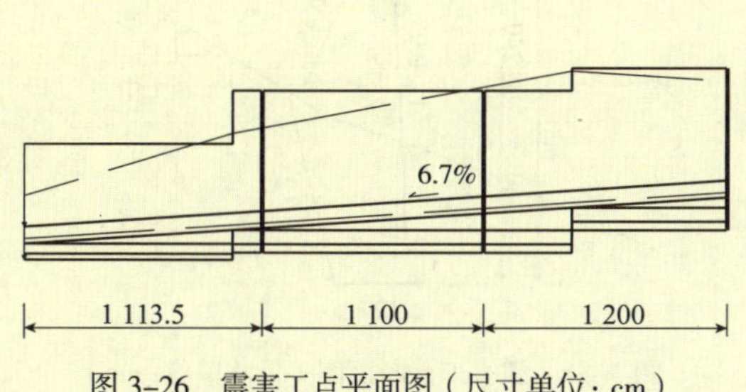

图 3-26　震害工点平面图（尺寸单位：cm）
Figure 3-26　Plan of the damaged earth structure

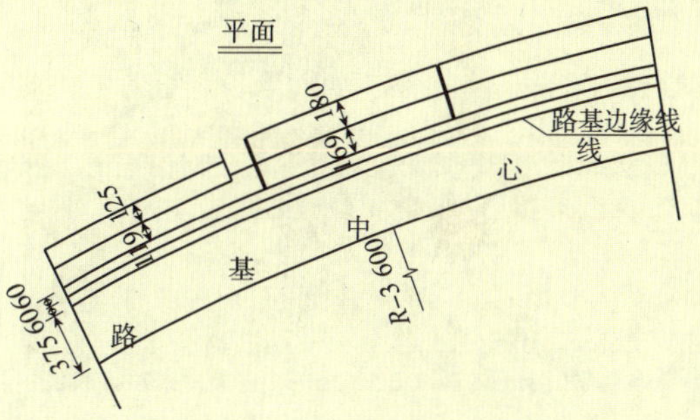

图 3-27　震害工点立面图（尺寸单位：cm）
Figure 3-27　Elevation drawing of the damaged earth structure

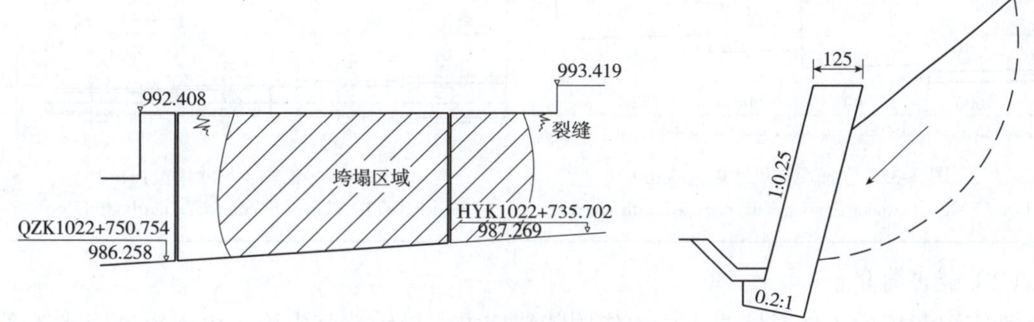

图 3-28　震害工点示意图（尺寸单位：cm）
Figure 3-28　Schematic diagram of the damaged earth structure

图 3-29 现场调查情况（已修复）

Figure 3-29 Photo of Field Investigation after Repairment

表 3-10 K1018+600 路肩挡墙概况

Table 3-10 Overview of shoulder retaining wall at K1018+600

里程桩号	K1018+600		
类型	衡重式路肩墙	地基土类型	碎块石土
砌筑参数	M7.5 砂浆砌片石，石料强度不小于 30MPa，M10 砂浆勾缝，缩沉降缝宽 2cm	与断层关系	位于断层下盘，离震中映秀 9km 左右

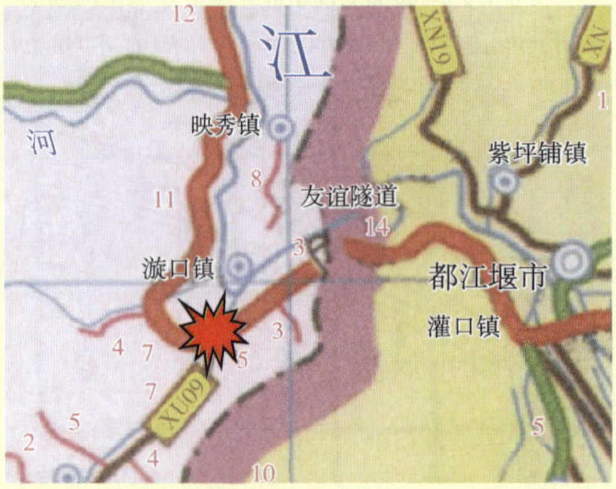

图 3-30 震害方位

Figure 3-30 Position of the seismic hazard site

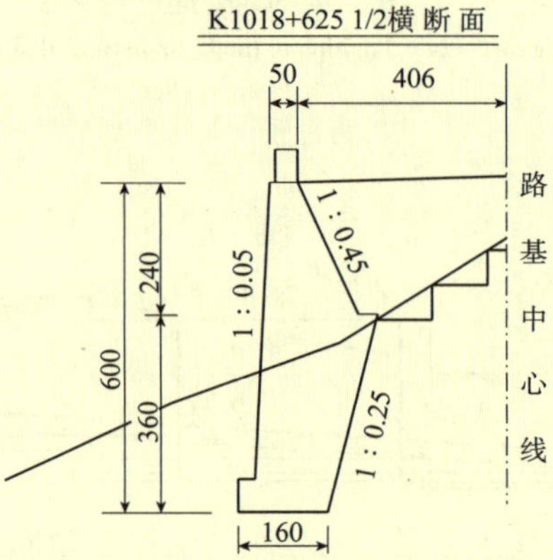

图 3-31 震害工点断面图（尺寸单位：cm）

Figure 3-31 Sectional drawing of the damaged earth structure

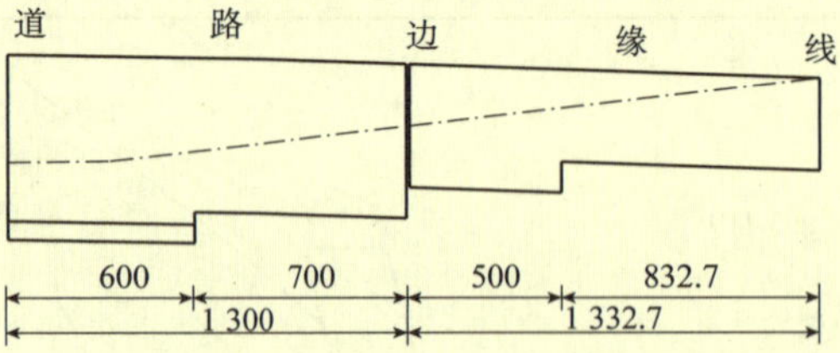

图 3-32 立面图（尺寸单位：cm）

Figure 3-32 Elevation drawing of the damaged earth structure

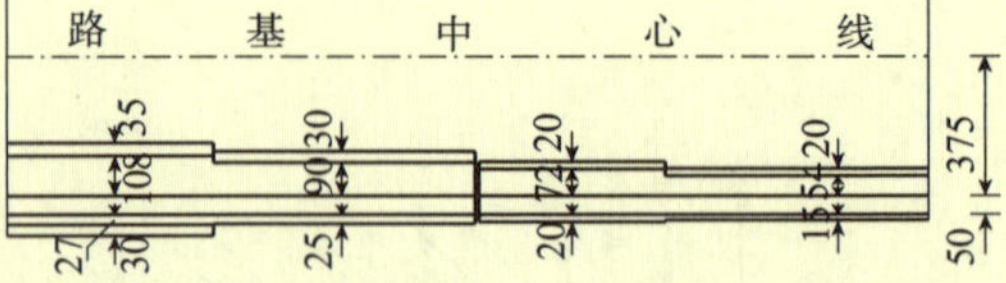

图 3-33 平面图（尺寸单位：cm）

Figure 3-33 Plan of the damaged earth structure

（2）震害简介

地震引起墙后土体对墙身土压力作用陡然增大，导致墙基失稳，由于超过挡墙强度所以造成挡墙垮塌，进而诱发靠挡墙一侧至路基中心线部分路基垮塌。此外，上边坡破碎岩体大量垮塌，掩埋道路，坡面基岩裂隙水大量渗出，路堑边坡危岩震后随时可能崩落，如图 3–34 所示。

震后工程人员对其进行了修复，采用回填砂砾石修补垮塌路基，在坡脚采用重力式挡墙支挡，并在坡面上采用浆砌片石框架梁进行加固（图 3–35）。

图 3–34　震后现场照片

Figure 3–34　Photo of the site after the earthquake

图 3–35　工点修补后现场调查照片

Figure 3–35　Photo of the site after restoration

3.3.1.3　K1022+900 加筋土挡墙下部垮塌

（1）概况（表 3–11）

该加筋土挡土墙为双级复合加筋带挡墙。挡墙分两级施工，上墙高 10m，下墙高 10m。挡土墙采用 C25 混凝土条形基础，并且均做成台阶式。上墙的条形基础坐落在下墙的墙后填土上，两级墙的墙面间距是 1.2m。压顶均采用 C25 混凝土。台阶处压顶为厚 0.3m，宽 0.7m 的条形混凝土梁。路基顶部压顶为调平层，宽 0.7m，高度由路面而定。挡墙面板采用 C20 钢筋混凝土矩形预制板，面板长 0.6m，宽 0.25m，厚 0.2m，每一块面板中部预埋一个拉筋连接环。拉筋采用 CAT300200C 钢塑复合加筋带，极限抗拉强度为 12kN，破断伸长率小于 1%。拉筋分层铺设于填土表面，层间距 0.5m，自路基表面向下

0~5m 内拉筋长 11m，水平间距 0.25m；5~10m 内拉筋长 10m，水平间距 0.25m；10~15m 内拉筋长 9m，水平间距 0.25m；15~20m 内拉筋长 8m，水平间距 0.16m。

该处工点位于千金沟大桥都江堰方向，相距千金沟桥约 1 500m，位于山谷处，所在路堤高约 20m。其位于断层下盘，离震中映秀 8km 左右，位于该路段的直线段上。

表 3-11 K1022+900 加筋土挡墙概况

Table 3-11 Overview of reinforced earth retaining wall at K1022+900

<table>
<tr><td>里程桩号</td><td colspan="4">K1022+900</td></tr>
<tr><td>类型</td><td colspan="2">加筋式路肩墙</td><td>抗震烈度</td><td>Ⅶ度</td></tr>
<tr><td>地基土类型</td><td colspan="2">坡积碎块石土，下伏砂页岩</td><td>与断层关系</td><td>位于断层下盘，离震中映秀 8km 左右</td></tr>
<tr><td>砌筑参数</td><td colspan="4">C25 混凝土面板</td></tr>
<tr><td rowspan="3">结构参数</td><td>墙高（m）</td><td>20</td><td>面板尺寸（m）</td><td>0.6（长）×0.25（宽）×0.2（厚）</td></tr>
<tr><td>上墙（m）</td><td>10</td><td>拉筋</td><td>CAT300200C 钢塑复合加筋带</td></tr>
<tr><td>下墙（m）</td><td>10</td><td>拉筋极限抗拉强度（kN）</td><td>12</td></tr>
</table>

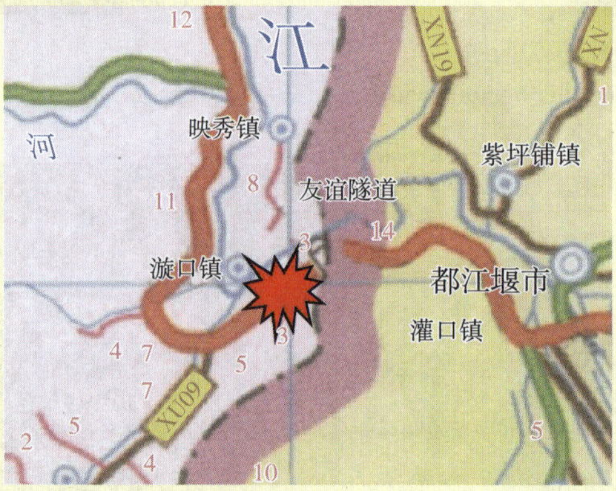

图 3-36 震害方位

Figure 3-36 Position of seismic hazard site

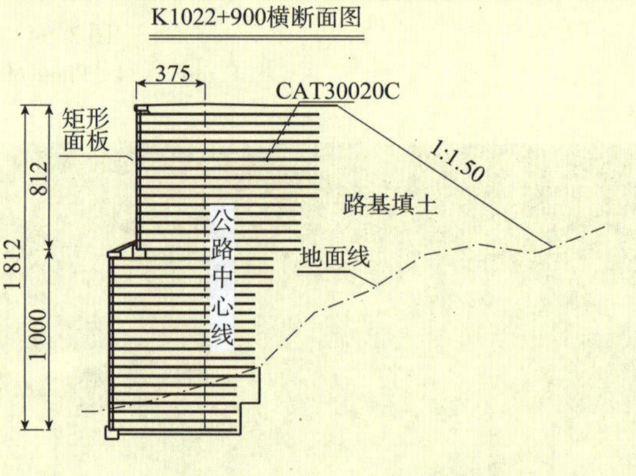

图 3-37 震害工点断面图（尺寸单位：cm）

Figure 3-37 Sectional drawing of the damaged earth structure work point

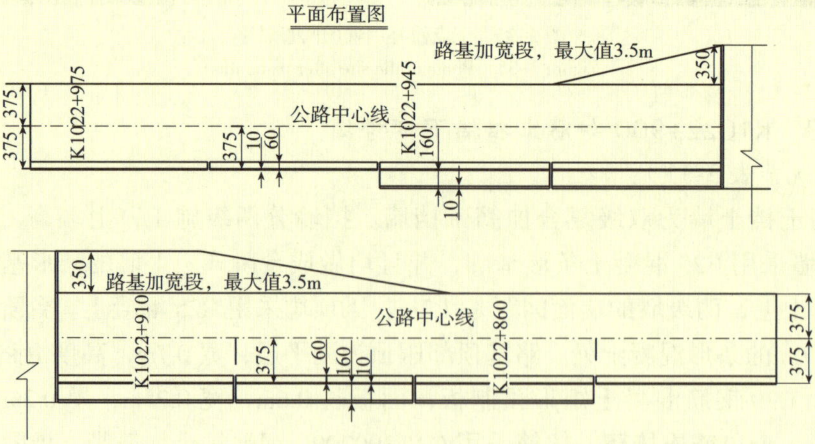

图 3-38

续上表

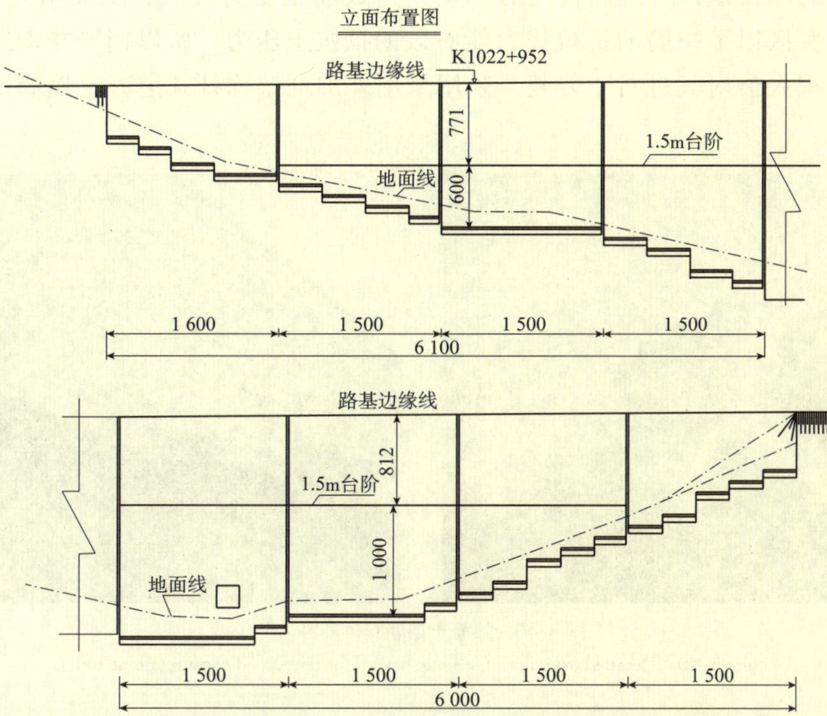

立面布置图

K1022+952

路基边缘线

771

1.5m台阶

地面线

600

1 600　1 500　1 500　1 500

6 100

路基边缘线

812

1.5m台阶

1 000

地面线

1 500　1 500　1 500　1 500

6 000

图 3-38　平立面图（尺寸单位：cm）

Figure 3-38　Plan/Elevation drawing of the damaged earth structure

（2）震害分析与加固处理

此处加筋土挡墙，在台阶处下方出现面板垮塌，筋带断裂震害，但路基本体并没发生严重震害，整体稳定。

相比重力式挡墙加筋土挡墙属于柔性支挡结构，其抗震性能要优于重力式挡墙，此处加筋土挡墙是汶川地震中少数震害的柔性支挡结构之一。课题组通过有限元软件对其震害进行了模拟分析。图 3-39 中红色代表的水平位移值为 725.74mm，黄色、绿色代表的位移值依次减小，充分说明台阶下方出现了位移集中。通过图 3-39 与图 3-40 的比较可知，有限元计算结果与实际震害情况基本吻合。该加筋挡墙震害主要原因：①台阶处出现位移集中，并存在应力集中现象，主要与台阶尺寸太小有关。②面板与加筋带的连接处是沿筋带长度范围内最薄弱

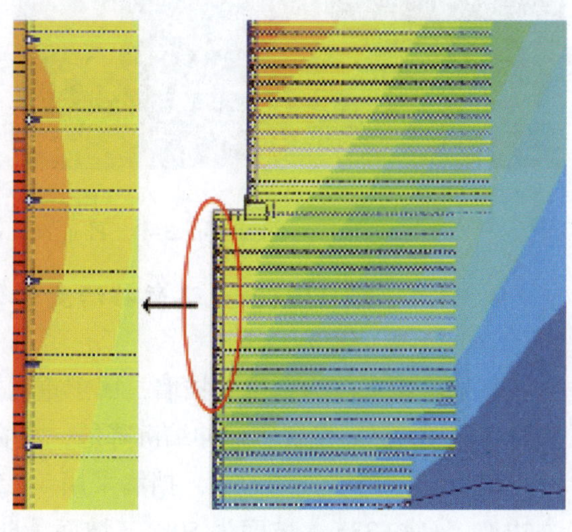

图 3-39　水平位移大样图

Figure 3-39　Detail drawing of the horizontal displacement

的区域。③上墙基础沉降量较大，挤压下墙顶部筋条使面板向后移，而墙后填土为弹性模量较大的碎石土，阻碍面板向后移动，造成筋条受力过大，从而引起挡墙震害。下墙顶部震害区以下拉筋的抗拉拔力能有效的抵抗土压力，所以挡墙并未发生整体垮塌。震后工程人员对其进行了修复，采用采用外加框架锚杆式混凝土挡墙治理，如图3-41所示。

图 3-40 加筋土挡墙具体震害情况

Figure 3-40 Detailed overview of seismic hazard for reinforced earth retaining walls

图 3-41 震后修复图

Figure 3-41 Photo of investigated site after restoration

3.3.1.4 K1029+850 路堑挡墙变形开裂

（1）概况（表 3-12）

该处震害工点为衡重式挡墙，属于重力式挡墙类。挡墙高约 2.5m，墙胸坡度为 75° 。墙身每隔 10~15m 设置一道伸缩沉降缝，缝宽约 2cm。

该处工点挡墙长约 50m，挡墙采用 M7.5 浆砌片石砌筑，石料强度为 25MPa，内侧为高边坡，高约 33m，坡度为 50° ，坡面无防护，岩体破碎，在坡高 25m 左右处还发生有崩坍。其位于断层下盘，离震中映秀 7.5km 左右，位于该路段的回头弯段上。

表 3-12　K1029+850 路堑挡墙概况

Table 3-12　Overview of cutting retaining wall at K1029+850

里程桩号	K1029+850		
类型	衡重式路堑墙	地基土类型	岩石
砌筑参数	M7.5 砂浆砌片石，石料强度不小于 25MPa，M10 砂浆勾缝，伸缩沉降缝宽 2cm	与震中关系	位于断层下盘，离震中映秀 7.5km 左右

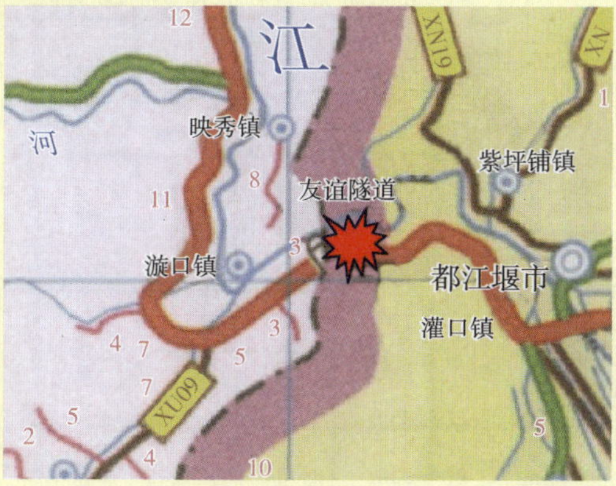

图 3-42　震害方位

Figure 3-42　Position of the seismic hazard site

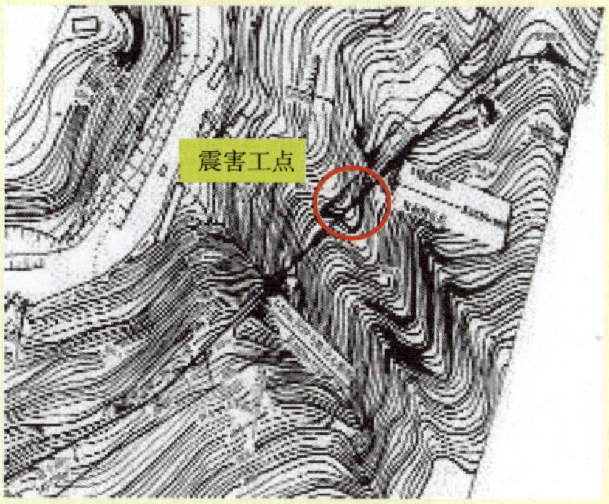

图 3-43　路线平面图

Figure 3-43　Planned map of route

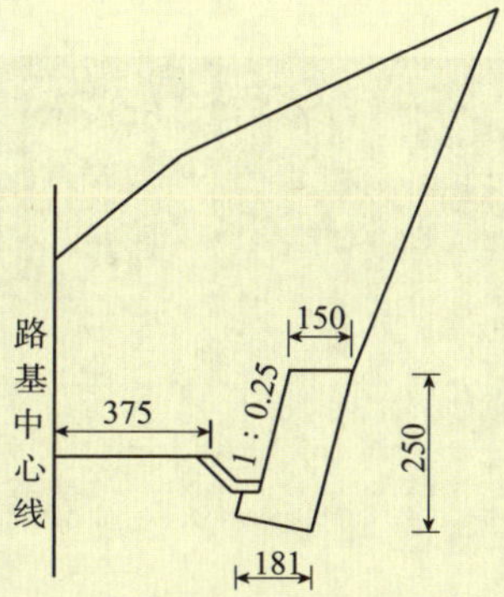

图 3-44　断面图（尺寸单位：cm）

Figure 3-44　Sectional drawing of the damaged earth structure

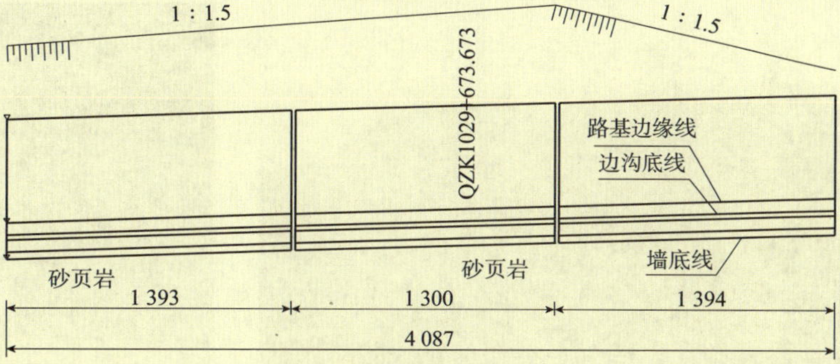

图 3-45　立面图

Figure 3-45　Elevation drawing of the damaged earth structure

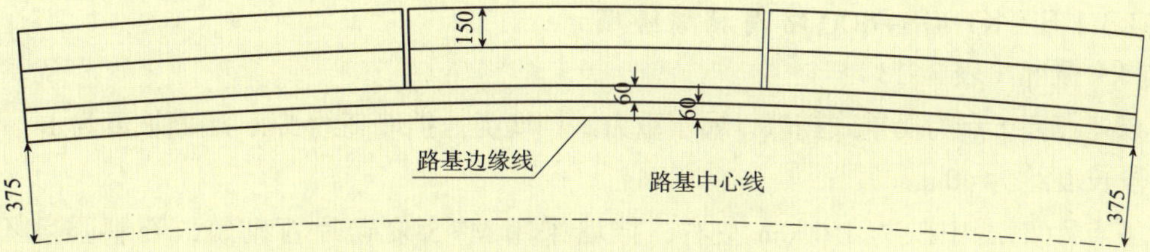

图 3-46　平面图（尺寸单位：cm）

Figure 3-46　Plan of the damaged earth structure

（2）震害简介

地震引起墙后土土压力作用陡然增大，超出挡墙抗剪强度造成墙身出现“X”形的裂缝，裂缝宽度 8cm 左右。此外，上边坡破碎岩体大量垮塌，路堑边坡危岩震后随时可能崩落，如图 3-47、图 3-48 所示。

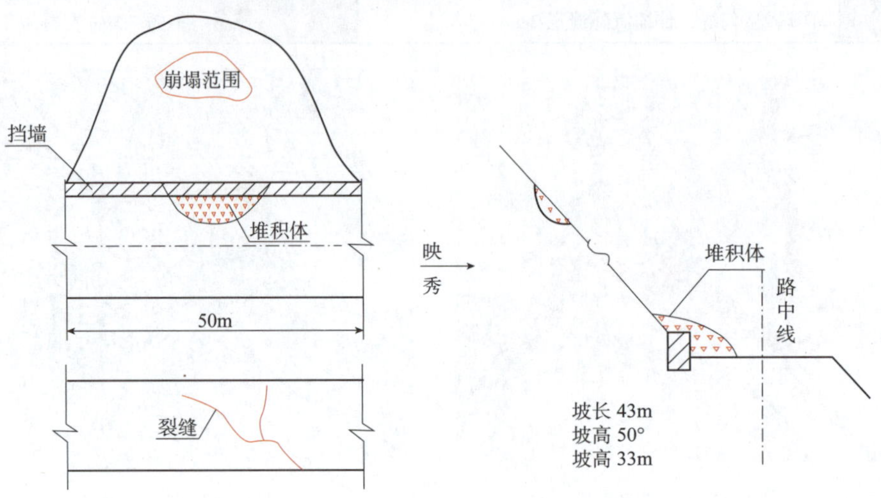

图 3-47 震害工点示意图

Figure 3-47 Schematic diagram of the damaged earth structure

图 3-48 现场震害照片

Figure 3-48 Photo of site with seismic hazard

3.3.1.5 K1008+800 路肩挡墙垮塌

（1）概况（表 3-13）

该处震害工点为衡重式挡墙，属于重力式挡墙类。挡墙高约 5m，墙面坡度为 1 ：0.05。该路段长度约为 40m。

工点距离震中映秀 1 000m 左右，挡墙采用 M7.5 浆砌片石砌筑，石料强度不小于 30MPa。墙体 10~15m 设置一道伸缩缝，缝宽 2cm，内填沥青麻筋。内侧边坡为无防护结构，砂岩，其坡度大约为 35°。工点位于断层下盘，位于路段的曲线段上。

表 3-13 K1008+800 路肩挡墙概况
Table 3-13 Overview of shoulder retaining wall at K1008+800

里程桩号	K1008+800		
类型	衡重式路肩墙	地基土类型	岩石
砌筑参数	M7.5 砂浆砌片石，石料强度不小于 30MPa，M10 砂浆勾缝	与震中关系	位于断层下盘，离震中映秀 1km 左右

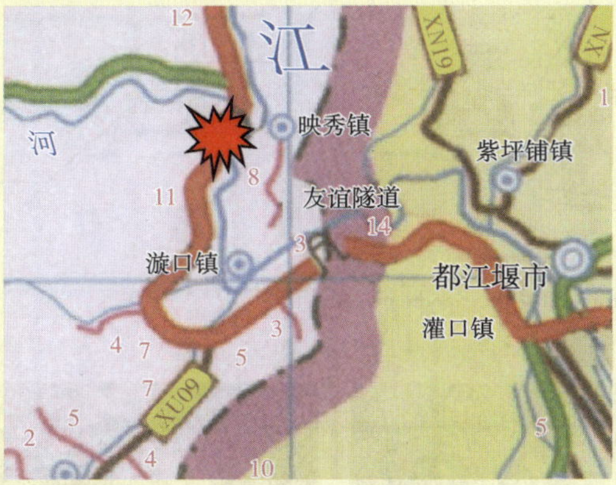

图 3-49 震害方位
Figure 3-49 Position of seismic hazard site

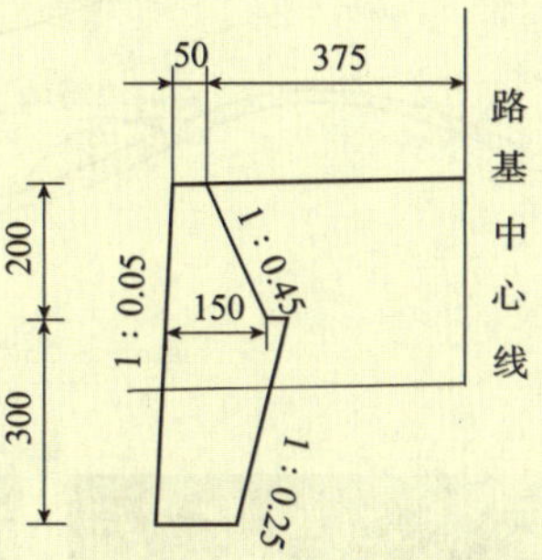

图 3-50 震害工点断面图
Figure 3-50 Sectional drawing of the damaged earth structure

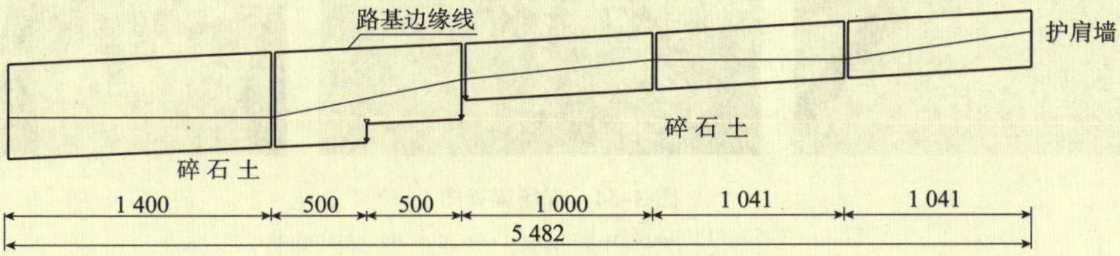

图 3-51 立面图（尺寸单位：cm）
Figure 3-51 Elevation drawing of the damaged earth structure

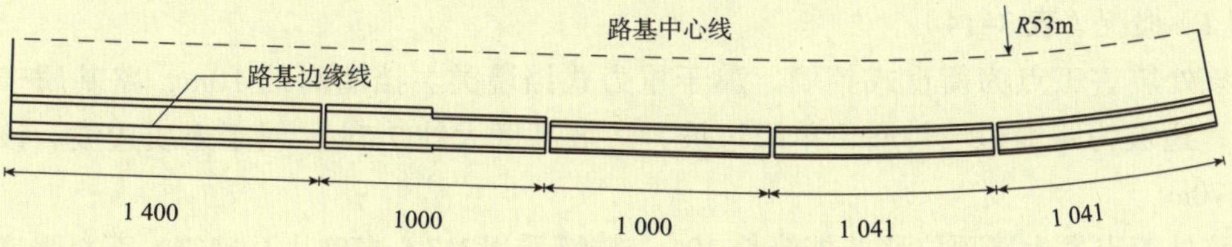

图 3-52 平面图（尺寸单位：cm）
Figure 3-52 Plan of the damaged earth structure

（2）震害简介

墙后路基土压力在地震作用下陡然增大，超出该路肩挡墙的抗倾覆力，导致墙失稳发生倾斜，墙顶的平均位移为 50cm，部分墙体后土压力超挡墙抗剪强度，发生了垮塌。由于墙体破坏，丧失了支挡作用，该处路基发生了塌陷震害，沿线路方向产生了长约 5m 的裂缝。

该处震害距百花大桥较近，受百花大桥震害的影响，震后抢通保通工程对该路段采取了绕道处理的方法，破坏工点没有进行修补震害（图 3–53、图 3–54）。

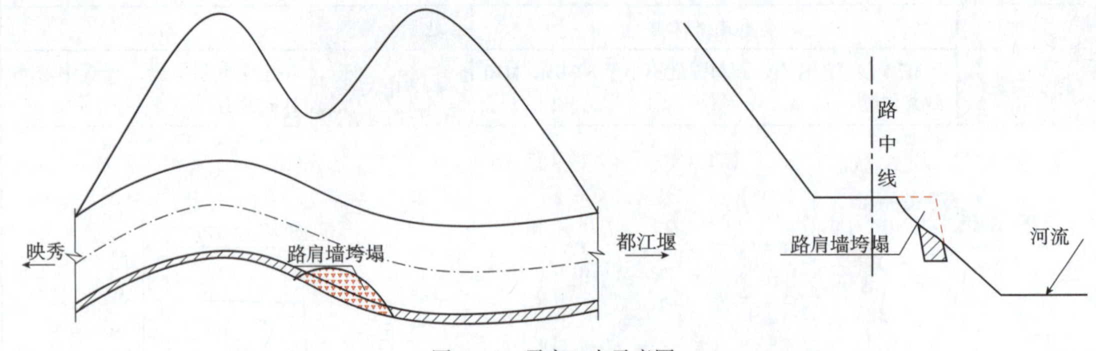

图 3–53 震害工点示意图

Figure 3–53 Schematic diagram of the damaged earth structure

图 3–54 现场调查图

Figure 3–54 Photo of investigated site after the earthquake

3.3.1.6 K1014+175 路肩挡墙墙倾斜

（1）概况（表 3–14）

该处震害工点为衡重式挡墙，属于重力式挡墙类。挡墙高约 10m，路基属于路堤路基，边坡为路堤边坡，属于单级边坡，边坡高度大约 7.5m，属于土质边坡。该路段长约 70m。

该处工点发生墙顶位移的挡墙长 30m，挡墙采用 M7.5 浆砌片石砌筑，石料强度不小于 30MPa，墙身每隔 10~15m 设置一道伸缩沉降缝，缝宽 2cm。该挡墙位于断层下盘与北川断裂带垂直距离 5km 左右，工点位于该段线路的直线段处。

（2）震害简介

该处路肩挡墙在地震作用下失稳，土压力超过其抗倾覆力，发生墙顶位移，长度约为 30m 范围内挡墙上部向外弯曲，墙顶的平均位移为 50cm。由于地震时有大量块石落下砸向挡墙上部，使墙顶局部发生砸坏垮塌现象，同时路基本体也发生了不同程度的沉陷，对其稳定性产生了一定影响（图 3–59、图 3–60）。

表 3–14　K1014+175 路肩挡墙概况

Table 3–14　Overview of shoulder retaining wall at K1014+175

里程桩号	K1014+175		
类型	衡重式路肩墙	地基土类型	碎石土
砌筑参数	M7.5 砂浆砌片石，石料强度不小于 30MPa，M10 砂浆勾缝，伸缩缝宽度 2cm	与断层关系	位于断层下盘，北川断裂带垂直距离 5km 左右

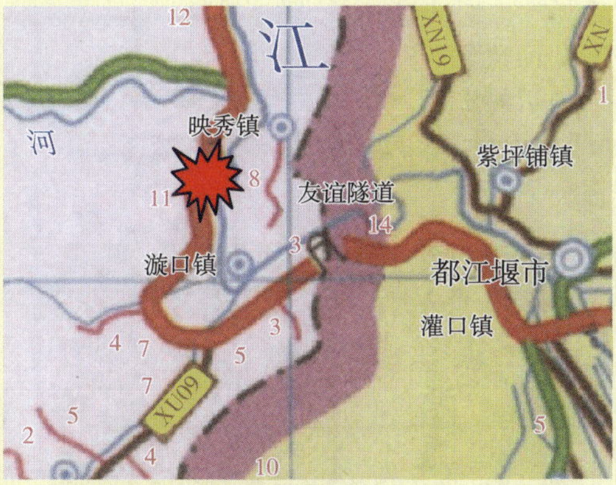

图 3–55　震害方位

Figure 3–55　Position of the seismic hazard site

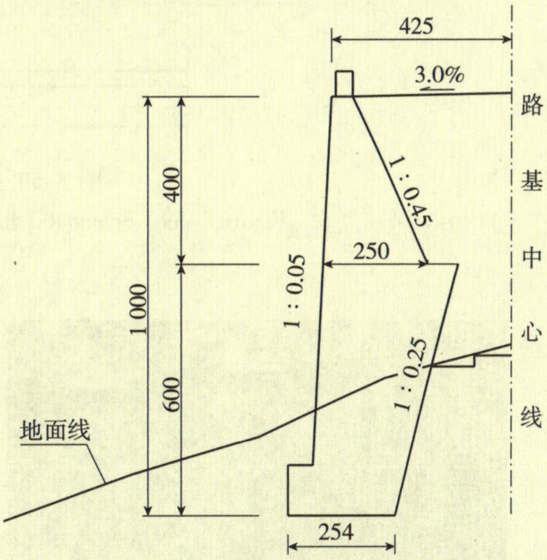

图 3–56　断面图

Figure 3–56　Sectional drawing of the damaged earth structure

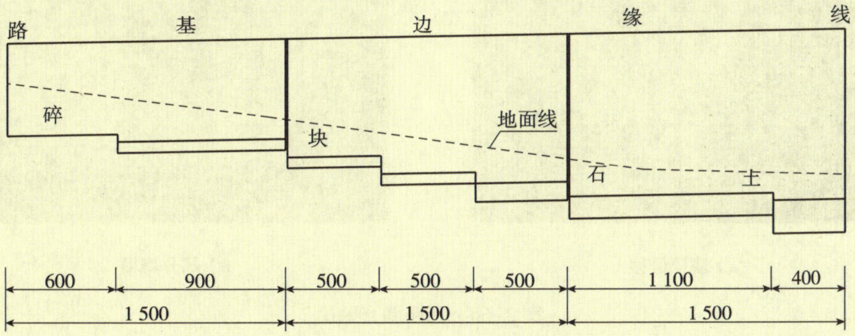

图 3–57　立面图（尺寸单位：cm）

Figure 3–57　Elevation drawing of the damaged earth structure

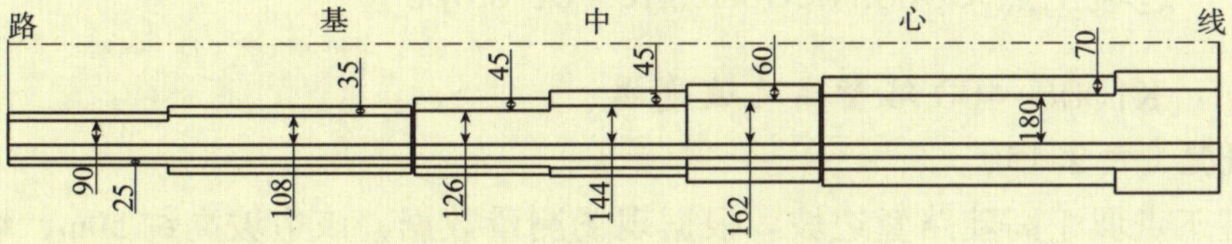

图 3–58　平面图（尺寸单位：cm）

Figure 3–58　Plan of the damaged earth structure

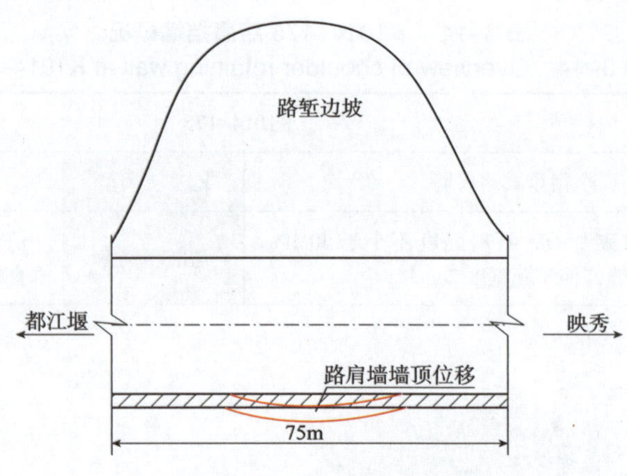

图 3-59 震害工点示意图

Figure 3-59 Schematic diagram of the damaged earth structure

a）墙顶位移

b）部分垮塌

图 3-60 现场调查照片

Figure 3-60 Photo of the investigated site after the earthquake

3.3.2 边坡工点 Construction sites of slope

3.3.2.1 K1008+400 路堑高边坡崩塌

（1）概况（表 3-15）

该震害工点属于高陡路堑边坡。根据现场测量数据，该边坡高约 50m，坡度 79°，岩土特征为石质山土层薄。该高陡边坡没有设置防护措施。受损边坡位于映秀镇附近，紧邻岷江，距离震中 1.3km 左右，位于该路段的直线段上。

表 3–15　K1008+400 路堑高边坡概况

Table 3–15　Overview of high cutting slope at K1008+400

<table>
<tr><td rowspan="2">地质环境</td><td colspan="3" rowspan="2">石质山土层薄</td><td>类型</td><td>高陡路堑边坡</td></tr>
<tr><td>里程桩号</td><td>K1008+400</td></tr>
<tr><td>断层关系</td><td colspan="5">位于断层下盘，离震中映秀 1.3km 左右</td></tr>
<tr><td>坡高（m）</td><td>49.48</td><td>坡度（°）</td><td>79</td><td>受损路段长（m）</td><td>50.36</td></tr>
</table>

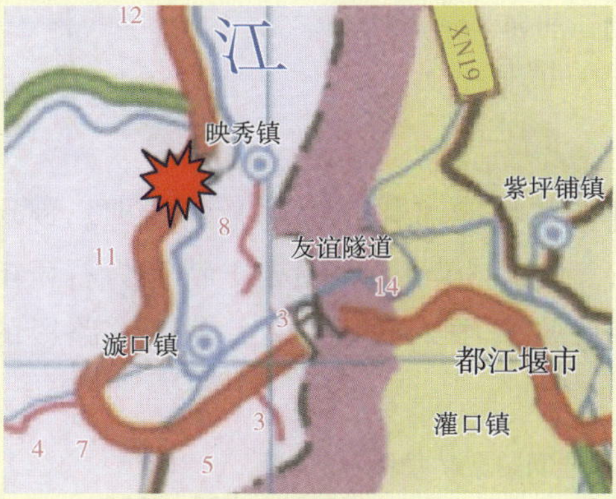

图 3–61　震害方位

Figure 3–61　Position of the seismic hazard site

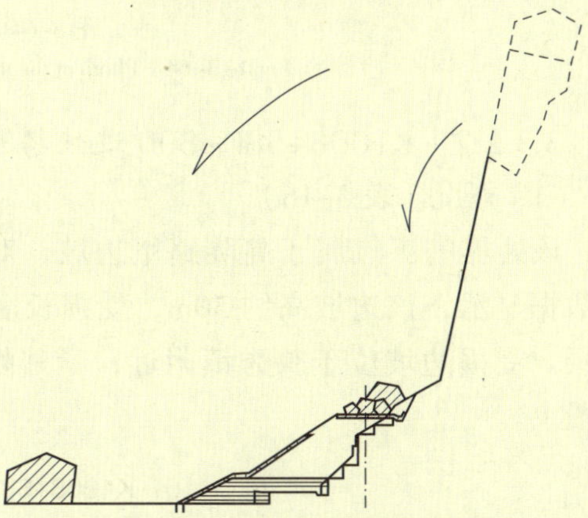

图 3–62　震害工点断面图

Figure 3–62　Sectional drawing of the damaged earth structure

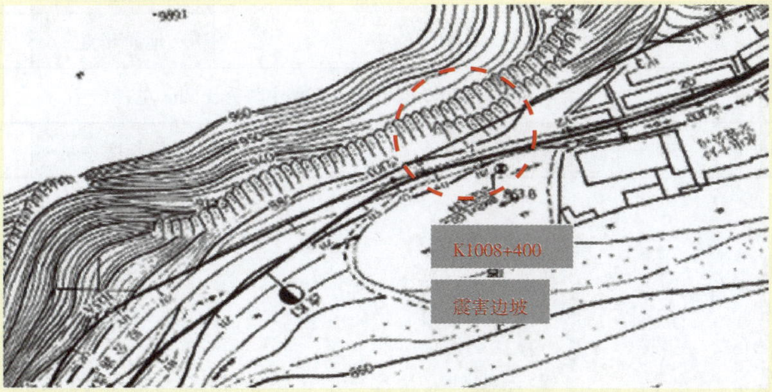

图 3–63　路线平面图

Figure 3–63　Plan map of routes

（2）震害简述

汶川地震产生的强震动持续时间较长，高陡边坡在地震力作用下，陡坡高处的加速度放大效应相当明显，由此造成边坡高处巨大岩石抛射砸坏路基，落石最大约 125m³，坠落点距离边坡约 35m，越过 G213 和一侧的改道路基，其余落石均在砸落在 G213 路基上（图 3–64）。震后工程人员放弃对原路基的抢通修复，采用一侧的改道路线行车。

图 3-64 现场调查照片

Figure 3-64 Photo of the site investigated after the earthquake

3.3.2.2 K1008+580~800 边坡垮塌

（1）概况（表 3-16）

该处震害工点属于高陡路堑边坡，对其进行了挂网喷浆防护措施的处理。现场测量数据显示，该边坡高约 50m，受损长度 65m，坡度 50°，周围岩土特征为石质山薄土层。受损边坡位于映秀镇附近，紧邻岷江，距离震中 1.5km 左右，位于该路段的曲线段上。

表 3-16 K1008+580~+800 挂网喷浆防护概况

Table 3-16 Overview of wire mesh and shotcret protection at K1008+580~+800

<table>
<tr><td rowspan="3">里程桩号</td><td rowspan="3" colspan="3">K1008+580~800</td><td>类型</td><td>高陡路堑边坡</td></tr>
<tr><td>防护措施</td><td>挂网喷浆</td></tr>
<tr><td>地质环境</td><td>石质山薄土层</td></tr>
<tr><td>断层关系</td><td colspan="5">位于断层下盘，离震中映秀 1.5km 左右</td></tr>
<tr><td>坡高（m）</td><td>50</td><td>坡度（°）</td><td>50</td><td>受损长度（m）</td><td>65</td></tr>
<tr><td colspan="3">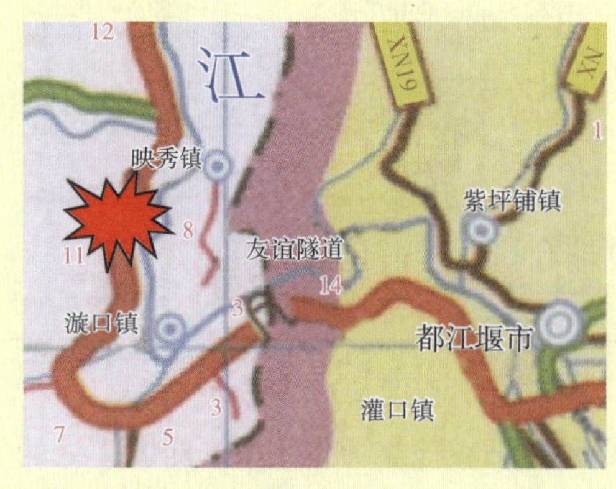

图 3-65 震害方位
Figure 3-65 Position of the seismic hazard site</td><td colspan="3">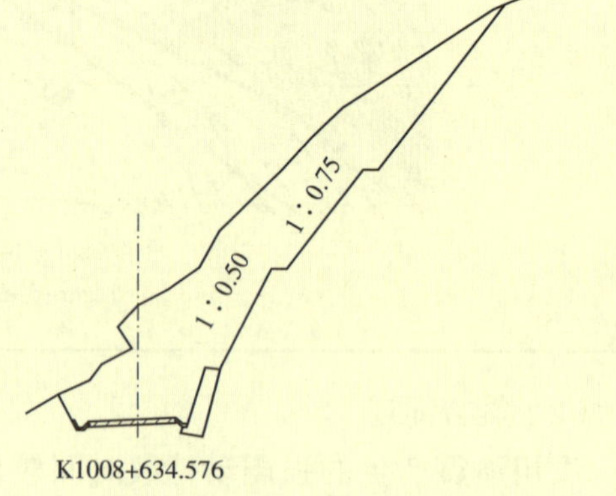

图 3-66 震害工点断面图
Figure 3-66 Sectional drawing of the damaged earth structure</td></tr>
</table>

（2）震害简述

该工点接近震中，在竖向与水平地震波共同影响作用下，陡坡高处的加速度放大效应相当明显。由于采取了挂网喷浆护坡，其坡面稳定性相对提高；但该段边坡直线段与弯曲段凸出段挂网喷浆所提供的支护能力未能抵抗住地震作用而导致山体失稳，近而发生了大面积滑坡，弯曲段凹段挂网喷浆并未出现震害（图 3–67、图 3–68）。由此说明挂网喷浆在高烈度地区的护坡性能并不太理想。震后工程人员放弃对原路基的抢通修复，采用一侧的改道路线行车。

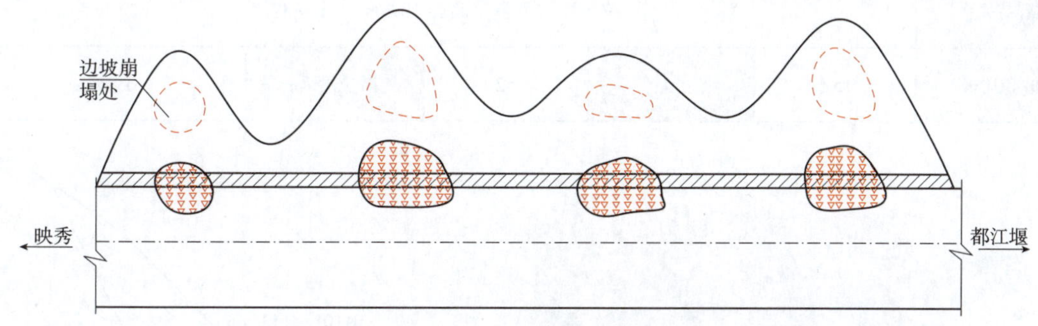

图 3–67 震害工点示意图

Figure 3–67 Schematic diagram of the damaged earth structure

图 3–68 现场震害照片

Figure 3–68 Photo of the site investigated after the earthquake

3.3.2.3 K1012+140 边坡滑坡

（1）概况（表 3–17）

该处震害工点属于路堑边坡，对其进行了喷射混凝土防护的处理。现场测量数据显示，该边坡高约 15.5m，属于单级边坡，受损长度 19.58m，坡度 52°，周围岩土特征为石质山土层薄。

受损边坡位于映秀镇附近，距离震中映秀仅 4km 左右，紧邻岷江，与断层的垂直距离为 5 km 左右，位于该路段的曲线段上。

表 3-17 K1012+140 灰浆防护概况

Table 3-17 Overview of mortar protection at K1012+140

里程桩号	K1012+140			类型	路堑边坡
				防护措施	喷射混凝土或无网喷浆
路线走向	SE 20			地质环境	石质山土层薄
断层关系	位于断层下盘，离震中映秀 4km 左右				
坡高（m）	15.5	坡度（°）	52	受损长度（m）	19.58

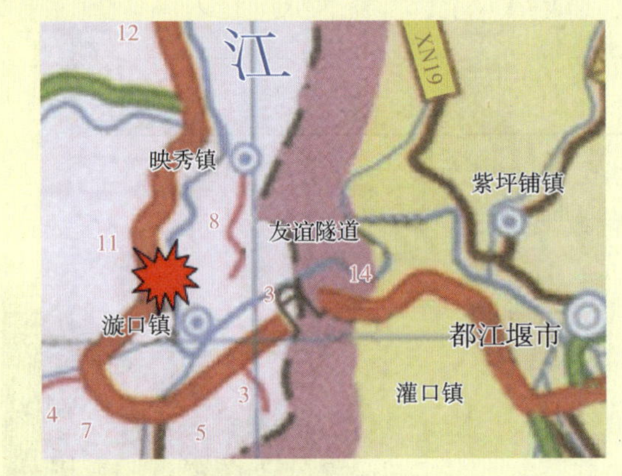

图 3-69 震害方位

Figure 3-69 Position of the seismic hazard site

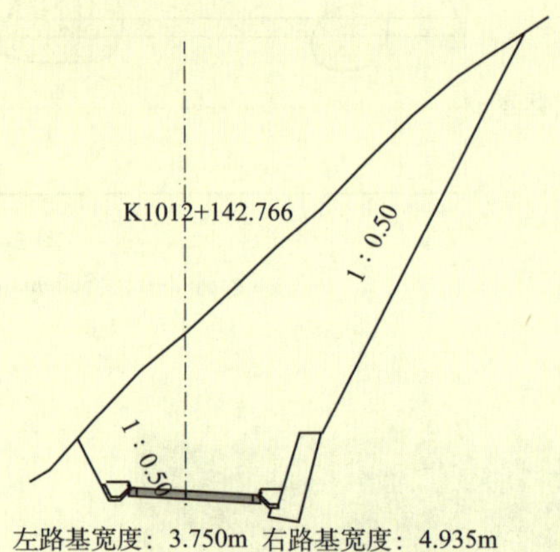

图 3-70 震害工点断面图

Figure 3-70 Sectional drawing of the damaged earth structure

（2）震害简述

该工点与震中的距离 4km，距离震中较近且在曲线段路上。在竖向与水平地震波共同影响作用下，该边坡的加速度放大效应明显。虽然该边坡采用了灰浆防护，稳定性相对较高，但该边坡坡度较大，其表面又有一层风化剥蚀层，灰浆防护所提供的支护能力未能抵抗住地震作用导致的山体失稳，从而发生了全坡体滑坡（图 3-71、图 3-72）。由此说明素混凝土喷浆对风化剥落岩体的抗震支护效果并不理想。震后工程人员对滑坡体进行了清理，使该路在抗震救灾中得以起到了重要的作用。

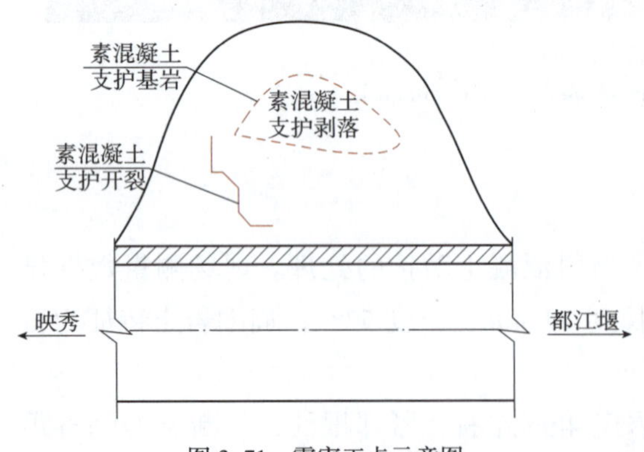

图 3-71 震害工点示意图

Figure 3-71 Schematic diagram of the damaged earth structure

图 3-72　现场震害照片

Figure 3-72　Photo of the site investigated after the earthquake

3.3.2.4　K1029+700 边坡滑坡

（1）概况（表 3-18）

该处震害工点属于高陡路堑边坡，对其进行了 SNS 主动式柔性防护网和挂网喷浆混凝土防护措施处理。根据现场测量数据，该边坡高约 50m，属于单级边坡，坡度 65°，周围岩土特征为石质山薄土层。

该处工点位于断层下盘，离震中映秀 7.5km 左右，位于该路段的曲线段上。

（2）震害简述

在竖向与水平地震波共同影响作用下，陡坡高处的加速度放大效应相当明显。该边坡采取了挂网喷浆混凝土护坡的防护措施，在部分区域又进一步用 SNS 主动式柔性防护网进行加固，其稳定性较高。从震后破坏情况来看，采用主动防护网防护的区域没有遭受破坏，而没有主动网的喷浆防护的区域发生小型滑坡（图 3-75、图 3-76）。该工点情况进一步说明了挂网喷浆所提供的支护能力未能抵抗住大震作用导致的山体失稳，从而发生喷浆覆盖的边坡产生裂缝和小面积滑坡。由此反映出在高烈度地区，单采取挂网喷浆防护措施还满足不了大震下边坡的稳定要求，应适当考虑在危险路段采用多种防护措施共同来提高边坡的稳定性。

3.3.2.5　K1023+700 SNS 主动网防护整体拔出

（1）概况（表 3-19）

该处震害工点属于高陡路堑边坡，对其进行了 SNS 主动式柔性防护网防护措施的处理。根据现场勘查资料，该边坡是单级边坡，坡高 19m，坡长 20m，坡度 70°，周围岩土特征为石质山土层薄。该段路为半挖半填路基。该处工点紧邻岷江，距离震中 7km 左右，位于该路段的直线段上。

表 3-18 K1029+700 挂网防护概况

Table 3-18 Overview of wire mesh protection at K1029+700

里程桩号	K1029+700			类型	高陡路堑边坡
防护措施	SNS 主动式柔性防护网和挂网喷浆混凝土			地质环境	石质山土层薄
断层关系	位于断层下盘，离震中映秀 7.5km 左右				
坡高（m）	50	坡度（°）	65	受损长度（m）	250

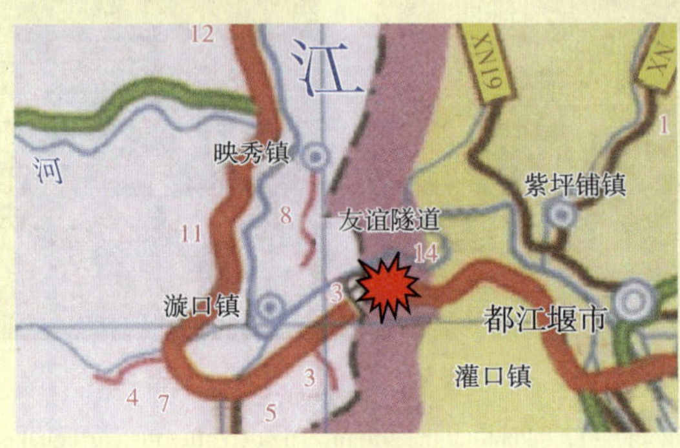

图 3-73 震害方位

Figure 3-73 Position of the seismic hazard site

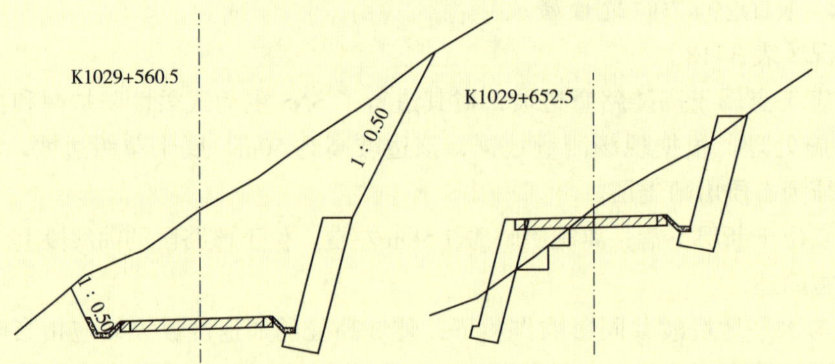

图 3-74 断面图

Figure 3-74 Sectional drawing of the damaged earth structure

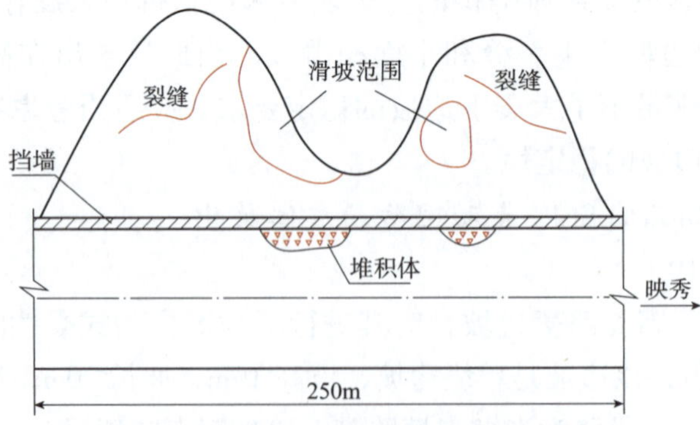

图 3-75 震害工点示意图

Figure 3-75 Schematic diagram of the damaged earth structure

a）部分完好防护

b）滑坡

c）大面积裂缝

图 3-76　现场震害照片

Figure 3-76　Photo of the site investigated after the earthquake

表 3-19　K1023+700SNS 主动式柔性防护网防护概况

Table 3-19　Overview of active flexible protective at K1023+700

里程桩号	K1023+700			类型	高陡路堑边坡
路线走向	NE 195°	防护措施	SNS 主动式柔性防护网	地质环境	石质山土层薄
坡高（m）	19	坡度（°）	70	震害长度（m）	20
断层关系	位于断层下盘，离震中映秀 7km 左右				

图 3-77　震害方位

Figure 3-77　Position of the seismic hazard site

图 3-78　剖面图

Figure 3-78　Sectional drawing of the damaged earth structure

（2）震害简述

该工点接近震中，在竖向与水平地震波共同影响作用下，边坡高处的加速度放大效应明显。该处边坡在坡顶附近采用了 SNS 主动式柔性防护网护坡，其坡面抗震稳定性相对较高。但在地震中防护网产生了震害，主动网整体拔出，同时边坡上面有少量的岩石崩塌（图 3-79、图 3-80）。该工点与上一工点对比可以看出，在危险路段单独采用某一类型的防护措施在大震下的抗震效果并不理想，而采用复合

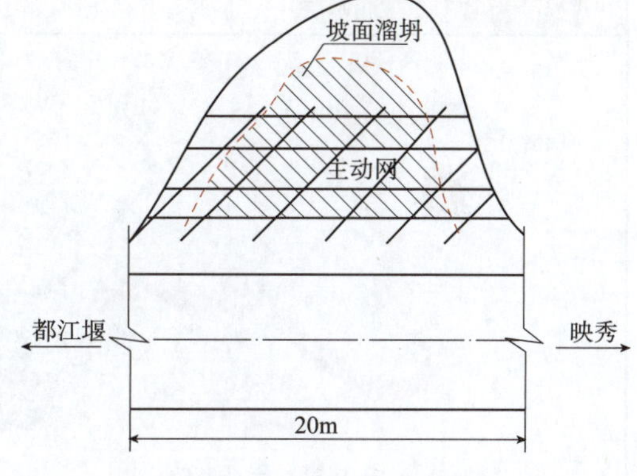

图 3-79　震害工点示意图

Figure 3-79　Schematic diagram of the damaged earth structure

措施或者框架锚杆（索）进行护坡收到了较好的抗震效果。

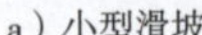
a）小型滑坡

b）边坡崩塌处

c）主动网震害

图 3-80 现场调查图

Figure 3-80 Photo of the site investigated

3.3.3 路基本体工点 Construction sites of subgrade

3.3.3.1 K1009+080 路基沉陷开裂

（1）概况（表 3-20）

该震害工点属于填方路基。路基宽度 7.5m，行车道宽度 6.5m，土肩宽度 2×0.5m。路面结构形式为：天然砂砾底基层（27cm），水泥稳定碎石基层（22cm），细粒式沥青混凝土面层（5cm）。

受损边坡位于映秀镇附近，紧邻岷江，距离震中 1.8km 左右，位于该路段的直线段上。

表 3-20 K1009+080 路基概况

Table 3-20 Overview of subgrade at K1009+080

里程桩号	K1009+080			类型	路堤路基
断层关系	位于断层下盘，离震中映秀 1.8km 左右			与发震断裂夹角	0°
路基宽（m）	7.5	行车道宽（m）	6.5	土肩宽（m）	0.5
一级坡度	1 ∶ 50		地质环境	石质山土层薄	
路基材料	面层	沥青混凝土面层采用 AC-13 或 AC-16 型密级配沥青混凝土混合料			
	基层	基层结构形式为水泥稳定碎石			
	底基层	底基层选用天然砂砾结构			

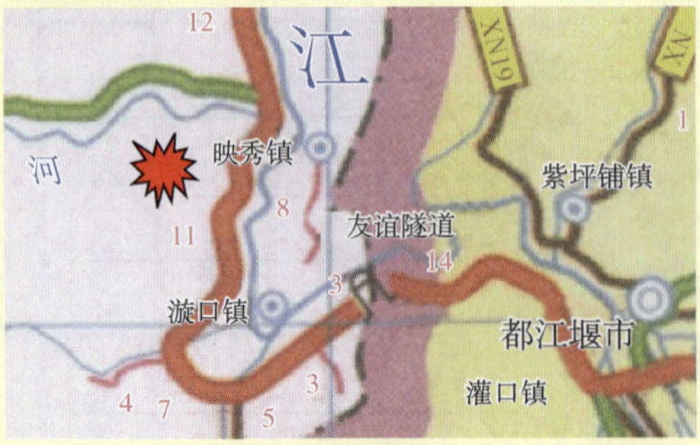

图 3-81 震害方位

Figure 3-81 Position of the seismic hazard site

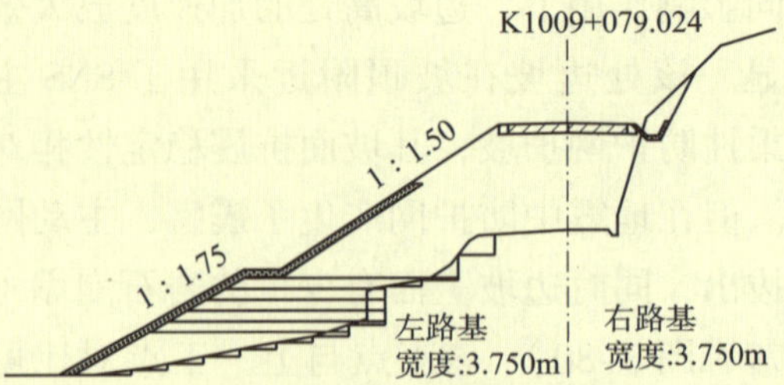

图 3-82 断面图

Figure 3-82 Sectional drawing of the damaged earth structure

（2）震害简述

受地震作用，该处路基土体产生塑性变形，外侧路基产生沉陷。沉陷量约为 50cm，沉陷面积达 40m²。同时路基表面由于不均匀沉陷发生开裂，多为沿路线方向的纵向开裂，宽度在 5~15cm 范围内（图 3-83、图 3-84）。另外，边沟与路基本体开裂，裂缝宽度约 20cm。震后工程人员放弃该路段抢修，采用改道抢通保通。

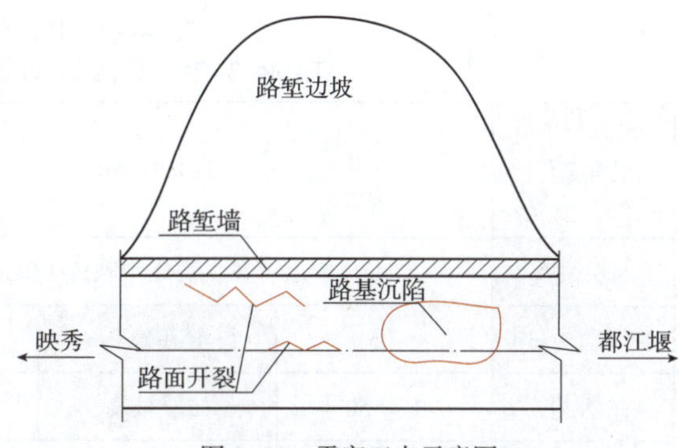

图 3-83　震害工点示意图

Figure 3-83　Schematic diagram of the damaged earth structure

图 3-84　现场调查图

Figure 3-84　Photo of the site investigated

3.3.3.2　K1008+980 路基沉陷开裂

（1）概况（表 3-21）

该震害工点属于路堤路基。路基宽度 7.5m，行车道宽度 6.5m，土肩宽度 2×0.5m。路面结构形式为：天然砂砾底基层（27cm），水泥稳定碎石基层（22cm），细粒式沥青混凝土面层（5cm）。受损边坡位于映秀镇附近，紧邻岷江，距离震中 1.9km 左右，位于该路段的直线段上。

（2）震害简述

该处路基在地震作用下，表面由于不均匀沉陷发生开裂。裂缝沿路线方向的延伸，长度为 20.9m，裂缝宽度平均值为 20cm（图 3-87、图 3-88）。震后该路段未发生严重震害，不影响通车可以继续使用。

3.3.3.3　K3+508 路基整体滑移

（1）概况（表 3-22）

该震害工点属于路堤路基。路基宽度 7.5m，行车道宽度 6.5m，土肩宽度 2×0.5m。路面结构形式为：天然砂砾底基层（27cm），水泥稳定碎石基层（22cm），细粒式沥青混凝土面层（5cm）。

受损路堤本体位于都江堰附近，距离都江堰市 3.5km 左右，位于该路段的直线段上。

表 3-21 K1008+980 路基概况

Table 3-21 Overview of subgrade at K1008+980

里程桩号	K1008+980			类型	路堤路基
				地质环境	石质山土层薄
断层关系	位于断层下盘，离震中映秀 1.9km 左右			与发震断裂夹角	0°
路基宽（m）	7.5	行车道宽（m）	6.5	土肩宽（m）	0.5
一级坡度	1 ∶ 50	二级坡度	1 ∶ 75		
路基材料	面层	沥青混凝土面层采用 AC-13 或 AC-16 型密级配沥青混凝土混合料			
	基层	基层结构形式为水泥稳定碎石			
	底基层	底基层选用天然砂砾结构			

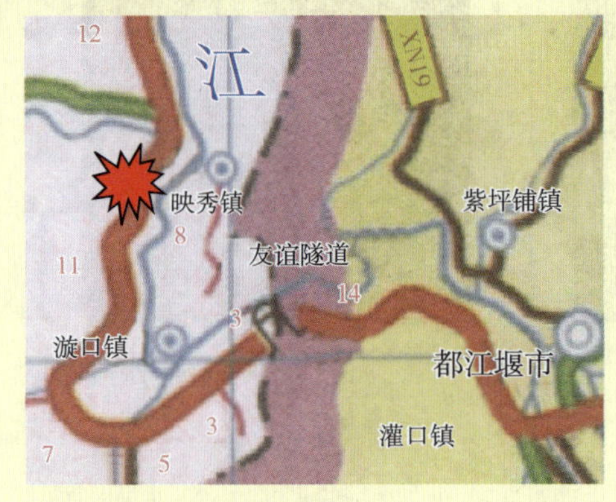

图 3-85 震害方位

Figure 3-85 Position of seismic hazard site

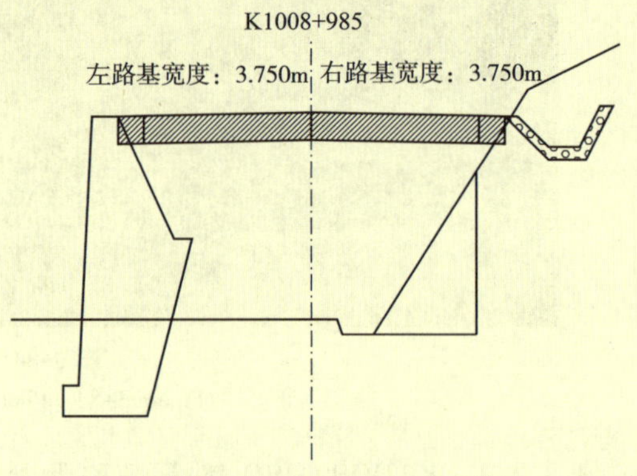

图 3-86 剖面图

Figure 3-86 Sectional drawing of the damaged earth structure

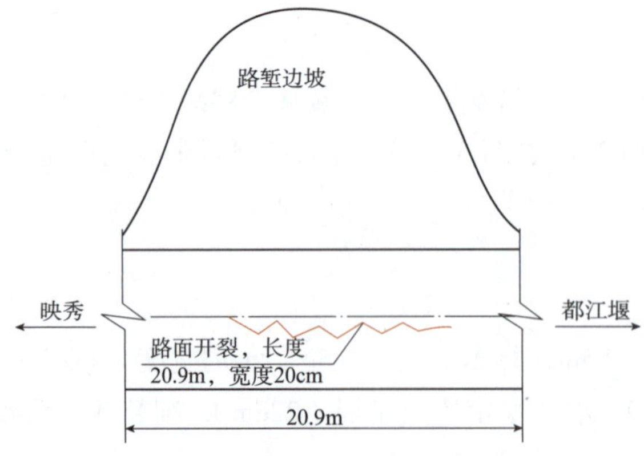

图 3-87 震害示意图

Figure 3-87 Schematic diagram of the damaged earth structure

图 3-88 现场调查图

Figure 3-88 Photo of the site investigated

表 3-22　K3+508 路基概况

Table 3-22　Overall situation of subgrade at K3+508

里程桩号	K3+508			类型	路堤路基
				地质环境	石质山土层薄
断层关系	位于断层下盘，离都江堰为 3.5km 左右			与发震断裂夹角	8.8°
路基宽（m）	7.5	行车道宽（m）	6.5	土肩宽（m）	0.5
一级坡度	1 ∶ 50	二级坡度	1 ∶ 75		
路基材料	面层	沥青混凝土面层采用 AC-13 或 AC-16 型密级配沥青混凝土混合料			
	基层	基层结构形式为水泥稳定碎石			
	底基层	底基层选用天然砂砾结构			

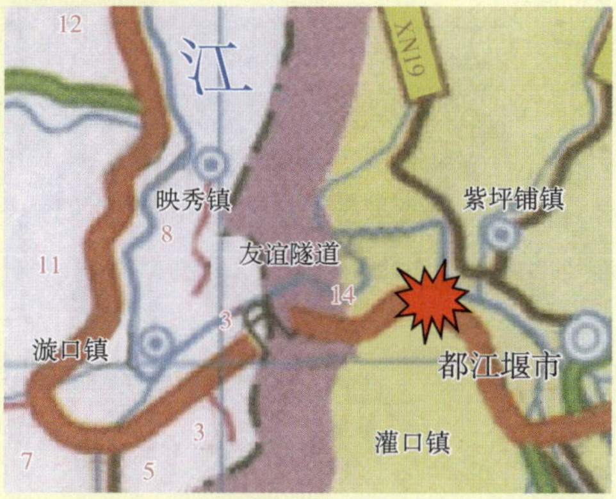

图 3-89　震害方位

Figure 3-89　Position of seismic hazard site

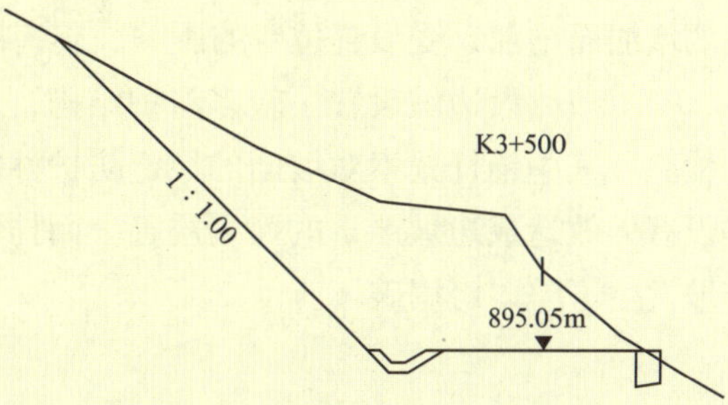

图 3-90　剖面图

Figure 3-90　Sectional drawing of the damaged earth structure

（2）震害简述

该处路基受地震作用，外侧路堤坡整体产生滑移，整体滑移量的平均值为 20cm，滑移线路总长为 27.2m；但路基表面并未发生开裂、沉降等变形特征（图 3-91、图 3-92）。

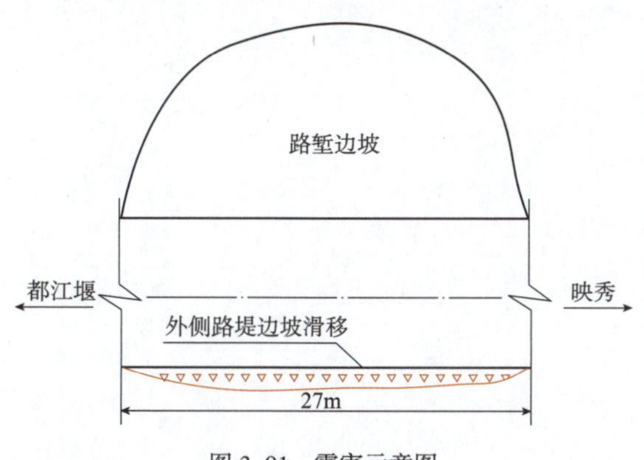

图 3-91　震害示意图

Figure 3-91　Schematic diagram of the damaged earth structure

图 3-92　现场调查图

Figure 3-92　Photo of the site investigated

3.4 小结 Summary

国道 G213 都江堰至映秀段属于汶川地震中公路破坏最为严重的路段，也是震后抢通保通的重要路段。该路段的震害主要有以下一些特点。

（1）震害严重，受损路段数量大。都江堰至映秀路段穿越了龙门山断裂段，离震中映秀非常接近。从地震局公布的烈度图可知，该路段穿越了 IX、X、XI 三个高烈度区，而该路段挡墙实际按Ⅷ度设防进行设计，致使地震破坏的数量较大。

（2）该路段支挡结构震害较严重。支挡结构破坏比达到了 40%，其中绝大部分以重力式挡土墙为主。柔性支挡结构如桩板墙和加筋土挡墙体现了优良的抗震性能，值得今后在高烈度区公路设计工作中借鉴。

（3）由该路段挡墙的设计资料与震害调查资料进行的统计结果表明，挡墙的震害随墙高的增加而增加，受设置位置的影响，震害的路肩墙平均墙高大于路堑墙墙高。

（4）该路段边坡设置了较多防护结构，各类防护结构的抗震性能在地震中受到了很好的检验。其中锚杆锚索对坡面的稳定防护性能较为良好，虽然发生了局部的结构破坏，但并没有失效造成边坡严重的垮塌震害。而挂网喷浆则在地震作用下震害较多，且有多处随边坡发生了整体垮塌破坏。

第 4 章　国道 G213 映秀至汶川段路基震害
Chapter 4　Subgrade seismic hazards of national road G213 between Yingxiu and Wenchuan section

4.1　概述 Overview

4.1.1　线路概况 Outline of route

映秀至汶川公路，位于四川盆地西北，龙门山脉中南段，系国道 317 线（成都至那曲）、213 线（兰州至云南磨憨）共用段，是促进阿坝州经济发展的重要通道，也是通往世界著名旅游景点九寨沟、黄龙的旅游线路。线路（K26+051.59）起自映秀镇岷江左岸，途径石马巷、经银杏、绵虒镇，止于汶川县城北与原国道 213 线相接（终点 K81+200）。路线里程 56.192km，其中映秀至罗圈湾段 17.251km 为高速公路，罗圈湾至大坝段为 28.195km，大坝至汶川为 10.746km，为二级公路（图 4–1）。

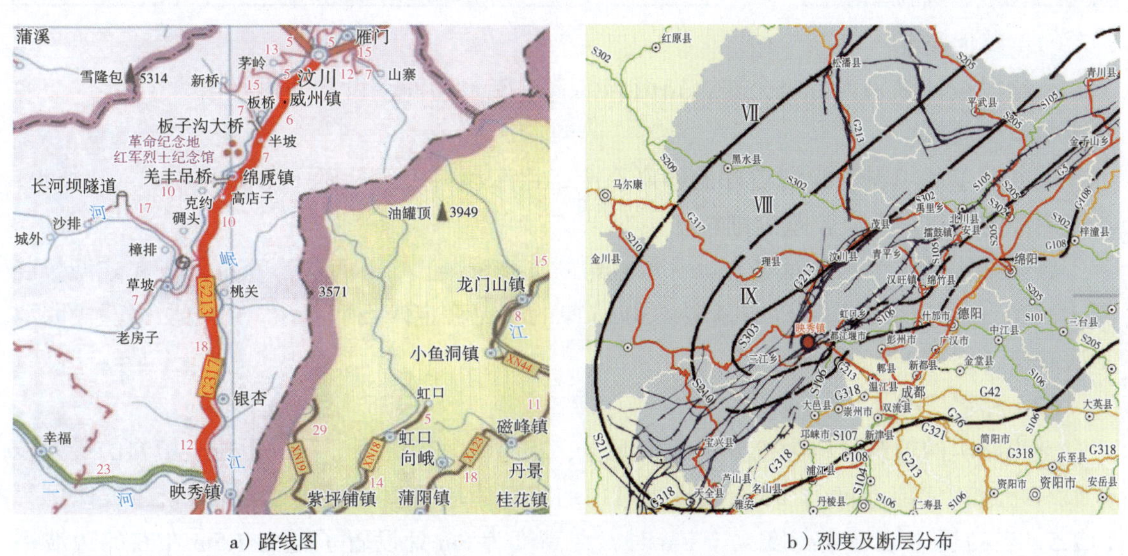

a）路线图　　b）烈度及断层分布

图 4–1　映秀—汶川公路路线图

Figure 4–1　Map of route between Yingxiu to Wenchuan–du jiangyan section

本线路处于低中山区，海拔在 900~1 325m 之间，相对高差 425m。所处区域的地势自西北向东南倾斜，域内基本构造格架为龙门山构造带，大部分线路位于龙门山中央断裂带与龙门山后山断裂带之间，区域内断层较为发育，整体在龙门山中央断裂带上盘。

按 2001 年 8 月国家地震局在此地区的地震复核报告，场地基本烈度为Ⅷ度，设计地震动加速度峰值为 0.1g，地震动反应谱特征周期为 0.4s。在汶川地震中，该段路实际烈度在Ⅸ ~ Ⅺ度之间。

4.1.2 路基概况 Outline of subgrade

国道 G213 映秀—汶川段线路起自映秀镇岷江左岸（K26+051.59）。本路段为二级公路设，路面类型为沥青混凝土路面，设计速度为 40km/h。路基宽度 8.5m，行车道宽度 7m，路肩带加固为 2×0.75m，停车视距为 40m。路拱横坡度 2%，路肩横坡 2%。山坡路段上的半挖半填路基地面横坡较陡，路基临河或陡岩，一般按护肩路基、挡土墙路基、浸水挡土墙路基进行设计，其具体技术经济指标见表 4–1。

表 4–1 路基本体具体技术经济指标

Table 4–1 Specific technological and economic indicators for subgrade

线路名称	国道 G213 映秀—汶川段	公路等级	二级
路基宽度	8.5m	设计速度	40km/h
路面类型	沥青混凝土路面	路拱横坡	2%
路肩横坡	2%	停车视距	40m

（1）路面概况

该路段设计级别为二级公路，路面为沥青混凝土路面，设计使用年限为 12 年，交通量为中型交通量。

填方路基的填料为级配较好的卵砾石土，路床填料一般是砾（角砾）类土、砂类土，路堤底部的填料是土质较差的细粒土。

路面结构形式为：上面层为 4cm 厚细粒式沥青混凝土，下面层为 6cm 厚中粒式沥青混凝土，20cm 厚的水泥稳定碎石基层，30cm 厚的水泥稳定碎石底基层，在石质路堑段取消了底基层，增加 12cm 的调平层。

（2）路堤概况

全线路堤的填筑材料为挖方中的砂泥岩、花岗岩、碎块石土等，粗粒土填料的最大粒径没有超过压实层厚度的 2/3。该段线路中的路堤边坡垂直高度小于 8m 时，边坡比例为 1∶1.5，当路堤边坡垂直高度大于 8m 时，在高度为 8m 处设置了宽为 1.5m 左右的边坡平台，平台向路基外侧设置了 3% 的横坡，平台以下的边坡比例为 1∶1.75。

（3）路堑概况

该段线路的路堑边沟外侧设置了护面矮墙及 2.0m 宽的碎落平台。对于边坡较陡的困难路段取消了碎落平台。边坡为堆积土或碎石土时，一般以 6~8m 为一级，每级设置 1.5m 宽的边坡平台，并有一级护面墙防护；边坡为完整砂岩、灰岩、花岗岩时，一般以 15~20m 为一级，每级间设置 1.5m 宽的边坡平台。

4.1.3　路基防护工程概况 Outline of protection projects for subgrade

（1）支挡类

该路段中共有 129 处支挡结构，总长度 12 280.62m。其中，重力式挡土墙 124 处，总计长度为 11 816.62m，包括衡重式路肩墙 79 处，长度为 8 712.72m；仰斜式路肩墙 28 处，长度为 1 628.9m；仰斜式路堑墙 17 处，长度为 1 475m。仰斜式锚杆挡墙共计 1 处，长度为 283m。加筋土挡墙共计 3 处，总长度 130m。桩基托梁挡墙 1 处，总长度 51m（表 4-2）。

表 4-2　支挡结构具体分类统计表

Table 4-2　Detailed classification table of retaining structures

类　型	重力式挡墙			加筋土	桩基托梁	仰斜式锚杆挡墙	总计
	衡重式路肩	仰斜式路堤	仰斜式路堑				
数量（处）	79	28	17	3	1	1	129
长度（m）	8 712.72	1 628.9	1 475	130	51	283	12 280.62
长度百分比（%）	71	13	12	1	0.4	2	100

①路堑墙具体设置情况

当土质路堑边坡高度小于 10m 时，作一级路堑挡墙；石质路堑边坡高度小于 10m 时，在坡脚处设 1.5m 左右的碎落台。土质边坡高度大于 10m 小于 20m 时，在坡脚处设护面墙防护，且有一级路堑挡墙，边坡上部有放坡；石质边坡高度大于 10m 小于 20m 时，一般有一级高度为 2m 的内挡墙，坡脚有 1.5m 宽的碎落台，上部放坡。

②路肩墙设置具体情况

当填方高度小于 10m 时，一般采用衡重式、仰斜式挡墙防护。当路堤高度大于 10m，地形横坡较陡一般采用桩基托梁挡墙、锚杆挡墙防护，横坡较平缓一般加筋土挡墙防护。

（2）边坡防护类

在该路段上，边坡防护总数量为 473 处，总长度为 47 967.94m。

护肩墙防护总量为 74 处，总长度为 1 848.2m，平均墙高为 1.78m。2m 高的护肩墙占 40 处，长度为 1 261.3m；1.5m 高的护肩墙有 11 处，长度为 346m；1m 高的护肩墙占 18 处，长度为 230.9m。

实体护坡有 7 处，总长度为 749m，护坡平均高度为 3.99m（最高 6.5m，长 280m，最低 1.8m，长 15m）。

拱形护坡为 156 处，高度在 2.2~15.35m 之间，总长度为 21 746m，平均护坡高度为 5.26m。

植草防护为 80 处，长度为 9 856.04m，高度范围在 0.8~2.0m 之间，平均高度为 1.63m。

护面墙防护为 124 处，高度在 2~8m 之间，总长度为 10 644.7m，平均墙高为 6.5m。

挂网植草防护为 32 处，高度在 1.2~9.5m 之间，总长度为 3 124m，平均高度为 5.77m（表 4-3）。

表 4-3 边坡防护的类型
Table 4-3 Types of slope protections

防护类型 / 具体参数	护肩墙	实体防护	拱形护坡	植草防护	护面墙	挂网植草
数量（处）	74	7	156	80	124	32
高度范围（m）	1~2	1.8~6.5	2.2~15.3	0.8~2.0	2.0~8.0	1.2~9.5
平均高度（m）	1.78	3.99	5.26	1.63	6.5	5.77
总长度（m）	1 848.2	749	2 1746	9 856.04	10 644.7	3 124
长度百分比（%）	3.9	1.5	45.3	20.5	22.2	6.5

该路段高陡边坡设置的防护设施主要以挂网喷浆、SNS 式柔性主动网、SNS 被动式柔性防护网以及锚喷、锚索支护为主。

①填方边坡防护

在调查中发现填方边坡小于或等于 2.0m 时，一般为植草防护；填方边坡高度大于 2.0m 时，一般为拱形护坡防护（其上一般有植草）。

②挖方边坡防护

根据调查，一般路堑边坡采用实体式护面墙、路堑墙与三维植被网植草相结合的方式进行防护。当路堑边坡高度小于 10m 时，一般在护面矮墙及边沟外侧设置 2.0m 宽的边坡平台，放缓边坡（边坡开挖比为 1∶1）至原地面，在整平坡面的基础上，锚固铺挂绿色三维植被网后，进行液压喷播植被防护。三维植被网技术要求：抗剪断强度大于 3.2kN，厚 18mm，密度 430kg/m^2。当高度大于 10m 时，一般对边坡进行分级设置边坡平台，坡面采用护面墙或者三维植被网生态防护。

4.1.4 调查震害概况 Outline of investigated seismic hazards

国道 G213 映秀至汶川路基震害长度、震损部位、震害情况及震害结构类型具体见表 4-4。

表 4-4 国道 G213 映秀—汶川震害概况
Table 4-4 Overview of seismic hazards between Yingxiu to Wenchuan section on national road G213

编号	长度（m）	受损部位	震害情况	震害结构类型
1	87.8	路堑	山体崩塌	挂网
2	63.1	路基本体	路基沉降及边坡开裂，最大开裂宽度为 5cm	路基本体
3	109	路基本体	路堑边坡整体崩塌掩埋路基	路基本体
4	300	路基本体	路堑边坡整体崩塌掩埋路基	路基本体
5	16.5	路堤边坡	拱形骨架外移 20cm，路肩石外移 65cm，下沉 30cm	拱形护坡
6	174	路堑边坡中上部及挡墙	坡面垮塌，部分挡墙被砸毁	重力式挡墙
7	150	路堑边坡	锚头失效，框架梁及节点震害	锚杆框架梁
8	282.7	路堑边坡中上部及挡墙	坡面垮塌，挡墙鼓胀 5cm	重力式挡墙

续上表

编号	长度（m）	受 损 部 位	震 害 情 况	震害结构类型
9	37.6	路肩墙	路肩外移 3cm	重力式挡墙
10	53.3	路肩墙	墙顶外移 50cm	重力式挡墙
11	136.6	路堑边坡	网被冲破	主动式柔性防护网
12	87.8	路基	路堑边坡崩塌掩埋路基	路基本体
13	115	路堑边坡	山体崩塌，用被动防护网防护	被动式柔性防护网
14	293	路堑边坡及路堑墙	坡面及挡墙垮塌	重力式挡墙
15	115	路堑边坡	锚头失效，框架梁及节点断裂	框架梁
16	493	路堑边坡中上部	边坡垮塌、挡墙被砸坏	重力式挡墙
17	115	路堑边坡	锚头失效，框架梁及节点断裂	框架梁
18	115	路堑边坡中上部	挡墙鼓胀	重力式挡墙
19	149.2	路基	路堑边坡整体崩塌掩埋路基	路基本体
20	224.5	路基	路堑边坡整体崩塌掩埋路基	路基本体
21	20	路基	路基外侧下沉，受损面积 52.2m²	路基本体
22	148	路堑墙及边坡	挡墙被砸坏	重力式挡墙
23	300	路堑边坡中上部	路堑边坡整体崩塌掩埋路基	路堑边坡
24	39	路肩墙	路肩外移 15cm，下沉 20cm	重力式挡墙
25	140	路堑边坡及挡墙	挡墙被落石砸坏	重力式挡墙
26	97	路堤边坡	拱形骨架护坡外移 18cm，下沉 30cm，路桥过渡段涵洞沿线路走向有贯通裂缝，涵洞底有裂缝	孔窗式护面墙
27	97	路肩墙	墙位移 18cm，下沉 30cm	重力式挡墙
28	88.2	路基	路堑边坡整体崩塌掩埋路基	路基本体
29	187	路基	路堑边坡整体崩塌掩埋路基	路基本体
30	249	路基	路堑边坡整体崩塌掩埋路基	路基本体
31	166.8	路基	路堑边坡整体崩塌掩埋路基	路基本体
32	120	路堑边坡	主动网被冲破	主动式柔性防护网
33	5.2	路肩墙	路肩侧移，局部垮塌	重力式挡墙
34	10	路肩墙	路肩侧移 12cm	重力式挡墙
35	150	路基	路堑边坡整体崩塌掩埋路基	路基本体
36	580	路基	路堑边坡整体崩塌掩埋路基	路基本体
37	546	上边坡上部	主动网拉坏	主动网
38	30	路堑墙	变形开裂，裂缝宽 2cm	重力式挡墙
39	42	路肩墙	路肩墙顶位移 17cm	重力式挡墙
40	205	路堑墙	墙面开裂，伸缩缝外错	重力式挡墙
41	205	路堤边坡顶	路堤边坡开裂下沉，防撞护栏外倾	无防护
42	215	路堑上边坡	网被冲破，外侧防撞护栏被砸坏 40m 长	主动网

续上表

编号	长度（m）	受损部位	震害情况	震害结构类型
43	215	上边坡	大型山体崩塌	无防护
44	140	路堑上边坡	坡顶崩塌，砸坏护面墙顶，框架护坡大部分也坏	路堑护面墙＋框架护坡
45	90	路堑上边坡	崩塌砸坏框架护坡的框架，护面墙顶部分被砸	护面墙＋框架护坡
46	290	路堑上边坡	网被冲破	主动网
47	109	路堑上边坡	崩塌体下滑，路边有石笼挡墙	无防护
48	125	路肩墙	路肩墙顶位移 7~26cm，已做浆砌块石支撑	重力式挡墙
49	40	路肩	路肩开裂，下沉	路基本体
50	120	路堑上边坡	上边坡崩塌砸坏护面墙局部	被动网＋护面墙
51	120	路堑上边坡	主动网喷浆部分砸坏，碎石流挤出，部分松动	锚杆＋主动网＋喷浆护坡
52	225	路堑上边坡	崩塌	无防护
53	10	路堑边坡	崩塌砸坏路肩，滑移	无防护
54	109	路堑上边坡	上边坡滑塌	无防护
55	400	路堑上边坡	上边坡崩塌，掩埋路基	无防护
56	200	路堑上边坡	上边坡崩塌掩埋路基	无防护
57	200	路堑上边坡	上边坡崩塌	无防护
58	60	路堑上边坡	崩塌，新修了石笼挡墙	无防护
59	220	路堑边坡中上部	飞石砸坏挡墙＋开裂	重力式挡土墙
60	215	路堑上边坡	山体崩塌掩埋路基	路基本体
61	55	路堑边坡中上部	落石砸坏路堑墙及侧护栏	重力式挡墙
62	55	路堑墙	挡墙被砸坏	重力式挡墙
63	50	路堑边坡及路堑墙	坡顶崩塌落石砸坏墙顶，主动网部分被冲坏	主动网＋路堑墙
64	20	路堤边坡及路肩	路堤边坡拱形护坡开裂，路肩开裂、下沉	路基本体
65	77	路堑墙	则桑大桥映秀侧崩塌，墙顶垮塌	重力式挡墙
66	10	路肩墙	路肩开裂下沉	重力式挡墙
67	20	桥台路基	锥体护坡开裂，路肩开裂下沉	路基本体
68	70	路堑边坡	主动网局部被拉坏（玉龙电冶厂大桥汶川侧）	主动网
69	77	路堑上边坡	冰水堆积台地滑塌	无防护
70	8	路肩墙	路肩开裂	路基本体

4.2 震害统计分析 Statistical analysis of seismic hazards

国道 G213 映秀至汶川路段主要位于龙门山中央断层的上盘，该路段路基震害主要表现为路面沉陷开裂、支挡结构外移、垮塌、变形开裂、边坡滑坡崩塌掩埋路基、坡面防护垮塌、开裂等震害（图 4-2）。

a）K37+350路肩挡墙垮塌

b）K40+100路堑挡墙倾斜垮塌

c）K34+140路堑边坡崩塌

d）K30+980边坡滑坡掩埋路基

图 4-2　典型工点震害图

Figure 4-2　Map of typical damaged earth structure

4.2.1　总体统计 General statistical analysis

现场调查将路基震害细分为路基本体震害、支挡结构震害以及边坡震害。据对震害数量的统计可以看出，支挡结构受损长度 2 706m，震害共计 22 处，占该路段震害路基总数的 31%；路基边坡震害受损长度为 5 052.9m，震害工点共计 27 处，占该路段震害路基的 39%；路基本体震害长度 2 677m，共计为 21 处震害工点，约占该路段震害总数的 30%，如图 4-3 所示。

据调查统计，接近 20% 的路基震害属于严重和损毁震害，破坏程度较高，另外有 78% 的震害为轻中度级别（图 4-4）。支挡结构、路基本体和路基边坡的破坏程度统计详见表 4-5。

表 4-5 路基震害程度分类情况

Table 4-5 Classification of subgrade seismic hazard

数量/百分比 破坏程度 结构类型	路基本体		支挡结构		边坡		总体	
A 级轻微震害	14 处	67%	10 处	45%	14 处	52%	38 处	54%
B 级中度震害	4 处	19%	6 处	27%	7 处	26%	17 处	24%
C 级严重震害	3 处	14%	3 处	14%	4 处	15%	10 处	15%
D 级损毁震害	0 处	0%	3 处	14%	2 处	7%	5 处	7%

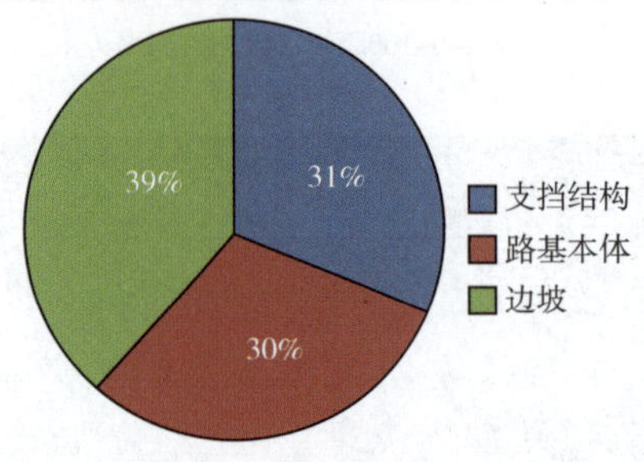

图 4-3 总体震害关系图

Figure 4-3 Relationships between total seismic hazards

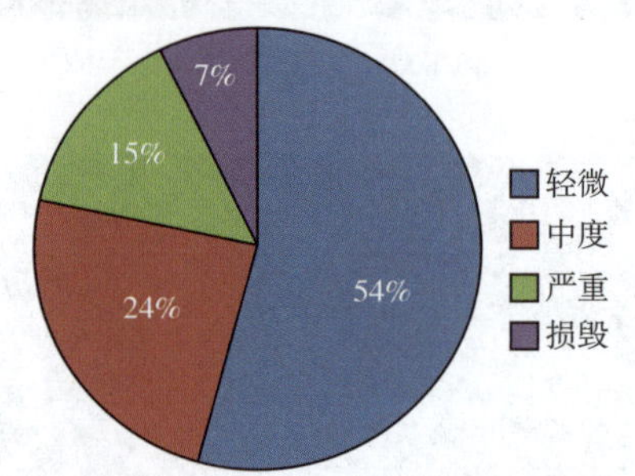

图 4-4 总体损害程度分布图

Figure 4-4 Distribution of extent of seismic hazards

4.2.2 分类统计 Classified statistical analysis

根据对路基本体、支挡结构、边坡防护结构震害工点进行的调查，现对调查工点所在的边坡条件、周围岩土特征、路基形式、路线走向、路基本体震害类型、支挡结构类型及外形特征、边坡防护形式特征以及震害特征等内容作进一步介绍。

（1）支挡结构

调查中有震害的挡墙总计为 22 处，其中重力式挡墙为 21 处，1 处桩板式挡墙（抗滑桩）遭受震害，共计受损长度 2 706m。震害形式主要表现为垮塌类震害、下沉类震害、墙顶位移类震害、变形开裂类震害、膨胀类震害、剪断类震害、砸坏类震害等。

①震害挡墙类型

按结构形式分类，受损挡墙中绝大部分为重力式挡墙，并且主要是采用浆砌片块石砌筑的挡墙，此外有 4 处采用片 / 卵石混凝土砌筑的挡墙。除此以外还有 1 处桩板式挡墙（抗滑桩）。

路堑墙 12 处，其中 1 处为桩板墙，其余为重力式挡土墙。重力式挡土墙砌筑方法为浆砌片块石砌筑。

路肩墙 10 处，全部为重力式挡墙，其中浆砌片块石砌筑 6 处，片 / 卵石混凝土砌筑 4 处。

②砌筑类型

震害挡墙以浆砌片块石砌筑为主，有 17 处震害，另外片 / 卵石混凝土 5 处（包括 1 处抗滑桩），统计比例如图 4–5 所示。

③地基土类型

震害挡墙所在地基主要以土质为主。岩质地基上震害有 5 处，土质地基上震害有 12 处，上土下岩地基震害 5 处，统计比例如图 4–6 所示。

④路基形式

震害工点所在路基分别为路堑、路堤和半挖半填式路基三类。支挡震害发生在挖方路基上数量相对较多。其中路堑挡墙震害 10 处，路肩挡墙震害 10 处，半挖半填 2 处。统计比例如图 4–7 所示。

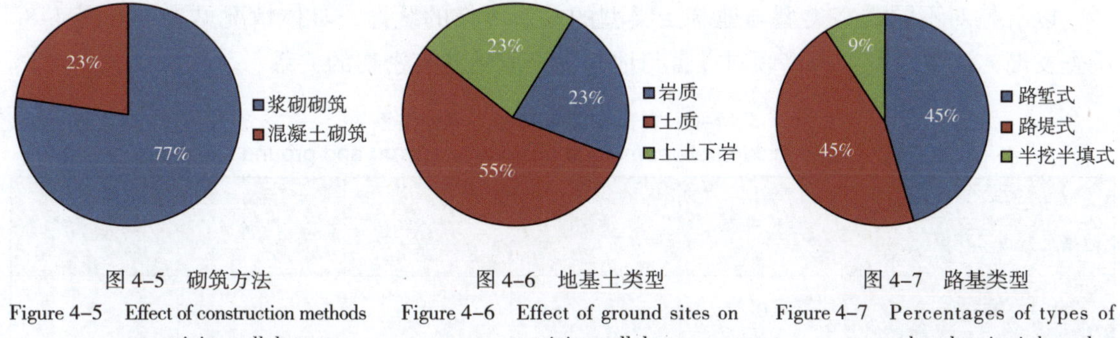

图 4–5　砌筑方法

Figure 4–5　Effect of construction methods on retaining wall damage

图 4–6　地基土类型

Figure 4–6　Effect of ground sites on retaining wall damage

图 4–7　路基类型

Figure 4–7　Percentages of types of subgrade seismic hazard

⑤挡墙震害类型

挡墙震害主要分为垮塌、变形开裂、倾斜以及剪切四类震害，其震害产生的原因是由于地震动所引起的墙后土压力增大及地基条件承载力降低等因素所致。

a. 垮塌类震害

经调查，国道 G213 公路映秀至汶川段有 3 处挡墙发生不同程度的垮塌震害。该类震害主要表现为挡墙墙身垮塌。其主要原因为墙后土体在地震作用下土压力作用急剧增大，超过挡墙材料强度以及地基承载力不足，从而导致墙体垮塌。

垮塌挡墙中路堑墙 2 处，路肩墙 1 处。所在地基土为岩质 1 处，土质 2 处。

b. 变形开裂类震害

经调查，有 3 处挡墙发生不同程度的变形开裂震害。该类震害主要表现为挡墙墙身出现裂缝、鼓胀现象。其主要原因为墙后土压力作用增大，导致挡墙墙身变形，此外砌筑砂浆的强度与施工质量局部不足也是导致震害的原因之一。

变形开裂的挡墙均为路堑墙，所在地基条件为：土质 1 处，上土下岩 2 处。变形开裂类震害中伴随产生倾覆震害 2 处、局部外鼓 1 处。

c. 倾斜类震害

调查中有 9 处挡墙发生不同程度的倾斜震害。该类震害主要表现为挡墙墙身向外倾斜，墙顶产生位移等现象。其主要原因为地震中墙后土压力作用增大，超出挡墙抗倾极限，从而导致震害。产生倾斜的挡墙中，均为路肩墙，所在地基土多为土质地基。在倾斜类震害中没有伴随发生其他类型震害。

d. 剪切类震害

调查中有 1 处挡墙发生不同程度的剪切震害。该类震害主要表现为挡墙墙身被剪断，剪断上半部分移出。发生该类震害的主要原因为墙后土压力作用超出挡墙抗剪强度极限，从而导致震害。发生剪切震害的挡墙均为路堑墙，周围岩土为土质类。

e. 其他类震害

其他类震害有 6 处，具体包括 2 处挡墙施工缝错台，3 处边坡落石将挡墙砸坏以及 1 处挡墙面板脱落。这几类震害挡墙均为路堑墙，其中 4 处所在地基土为岩质，其余为上土下岩地基。

以下是对不同震害类型与地基土类型的关系所作的统计，具体情况见表 4-6 图 4-8。调查发现，该路段发生挡墙倾斜震害与地基为土质地基有密切的关系。

表 4-6 震害类型与地基土类型关系

Table 4-6 Relationship between types of seismic hazard and ground site class

震害类型 / 地基土类型	变形开裂	剪断	倾斜	垮塌	其他震害
岩质（处）	0	0	0	1	4
土质（处）	1	1	8	2	0
上土下岩（处）	2	0	0	0	2
总计（处）	3	1	9	3	6

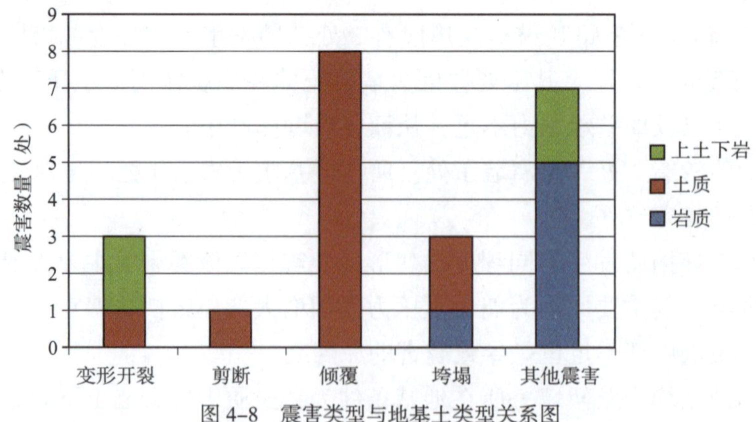

图 4-8 震害类型与地基土类型关系图

Figure 4-8 Relationship between types of seismic hazard and ground site class

（2）路基边坡

调查中发现有震害的路基边坡 27 处，总计受损长度为 5 052.9m。其中边坡防护结构震害长度为 2 892.9m，包括护面墙防护、挂网防护、水泥混凝土预制块骨架防护、灰浆防护和锚杆索五大类。震害主要表现为垮塌、开裂下沉以及挂网防护震害。

震害边坡中路堑边坡约占 90%。岩质边坡占震害总数的 22%，土质边坡占震害总数 33%，上土下岩边坡占 45%。

①受损防护类型

挂网类防护，分别为 SNS 主动式柔性防护网和 SNS 被动式柔性防护网，主要发生边坡垮塌、挂网被冲破等震害。

护面墙防护，分为实体式护面墙与孔窗式护面墙，主要发生坍塌开裂震害。

锚杆索框架类防护，主要发生锚头脱落损坏和框架梁及结点断裂。

骨架类防护，大多为混凝土预制块框架，主要发生垮塌震害。

灰浆防护，采用的是喷射混凝土形式，主要发生喷浆开裂、剥落震害。

②震害类型

a. 垮塌类震害

国道 G213 都江堰至映秀段震害调查记录中，有 20 处路基边坡发生垮塌震害，占震害类型总数的 74.1%。震害发生在土质类边坡较多，岩质边坡较少。其中岩质边坡占 20%，土质边坡占 30%，上土下岩占 50%。

发生垮塌的防护形式中，SNS 主动式柔性防护网占 33.3%，SNS 被动式柔性防护网占 14.8%。

b. 裂缝类震害

调查中，发生裂缝类震害的边坡防护结构有 1 处，占总数的 4%，主要表现为结构表面开裂，产生裂缝。

c. 剥落类震害

产生剥落类震害的防护结构有 1 处，约占总数的 4%，主要表现为结构表面受损，发生局部脱落等现象。

d. 砸坏类震害

产生砸坏类震害的边坡防护结构有 3 处，占总数的 11.1%，主要表现为防护栏被砸坏，路肩砸坏。其主要原因是边坡崩塌防护结构在岩石巨大的冲击力下被砸坏。

e. 其他类震害

除上述震害特征外，防护结构遭受的震害主要为喷浆下部脱空、喷浆下沉、错台锚杆索锚头脱落等。

③路段走向与与断裂带夹角

将震害工点所在线路的走向与断裂带直线进行比较，得出走向与断裂带直线的夹角的关系，如图 4-9 所示。

从直方图中大致可以看出，虽然分布与支挡结构相比递减特征不明显，但震害数量整体随着与发震断裂夹角的增大呈下降趋势。

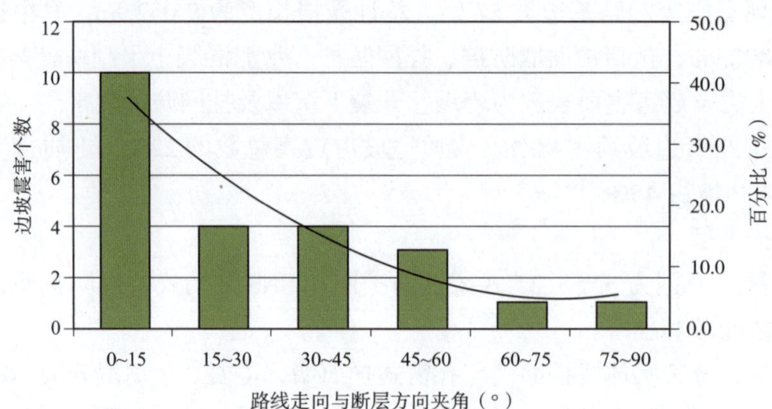

图 4–9 路线走向与断层方向的夹角和边坡震害个数的关系

Figure 4–9 Relationship of the angle (between route direction and fault line) and seismic hazard quantity

④路基防护（支挡结构、边坡防护）震害比

根据设计资料和现场调查资料，对该路段路基防护工程的震害比进行了统计分析。虽然从统计的数量上边坡防护要多于支挡工程的震害量，但从统计的长度比和数量比来看，该路段边坡防护工程的破坏率（长度比、数量比均为 0.06）要远小于支挡工程的破坏率（长度比 0.22，数量比 0.17）（图 4–10）。

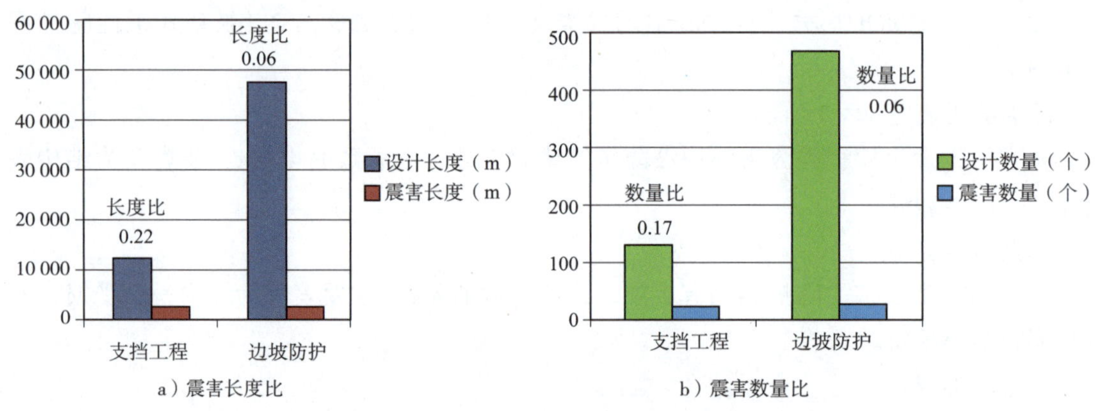

图 4–10 G317 映秀—汶川路基防护工程震害概况

Figure 4–10 Overview of seismic hazards for subgrade protection projects between Yingxiu and Wenchuan on national road G213

（3）路基本体

在本次调查中，震害的路基本体共有 21 处，主要发生掩埋、路基沉陷、路面开裂震害以及错台震害四类。

按受损位置划分，发生在本体的震害共 14 处，桥台路基受损 3 处，上边坡受损 2 处，路肩路堤受损 2 处；其中震害路基所在位置为坡脚 15 处，在山腰 6 处（图 4–11）。

按路基本体所在地质环境划分，石质上覆盖薄土层上路基震害 8 处，石质上覆盖厚土层震害 2 处，土质环境下路基本体震害 11 处（图 4–12）。

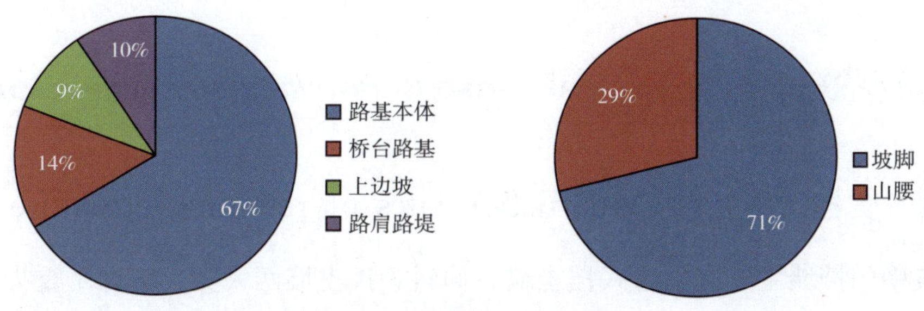

图 4-11　路基震害位置比例图

Figure 4-11　Scaled drawing of the position of subgrade seismic hazard

路基本体震害受损特征如下：

①掩埋类震害

经调查，国道 G213 公路映秀至汶川段有 14 处路基本体发生不同程度的掩埋震害。该类震害产生的主要原因是由于汶川地震产生的强震动持续时间长，高陡边坡在地震作用下，陡坡高处的加速度放大效应相当明显，由此造成高处边坡滑移并掩埋路基，土方量达几千立方米甚至更多，一时难以清除，使公路处于瘫痪状态。

掩埋路基的土质边坡有 8 处，岩质边坡 5 处，岩体上覆盖厚土层边坡 1 处。

②沉陷震害

经调查，国道 G213 公路映秀至汶川段有 4 处路基本体发生不同程度的路基沉陷震害。路基由于受地震作用，土体产生塑性变形，导致路基填土或者地基土发生凹陷。路基沉陷常常会伴随发生开裂、错台等震害。

③变形开裂类震害

经调查，国道 G213 公路映秀—汶川段有 3 处路基本体发生不同程度的变形开裂震害。该类震害主要表现为路基本体出现裂缝、鼓胀现象。其产生的主要原因是由于在地震动的作用下，路基本体受力不均，导致土体产生不均匀的变形，使路基本体产生变形开裂。

④错台震害

此外，调查中有 1 处路基本体发生错台震害。各类震害特征与震害数量如图 4-13 所示。

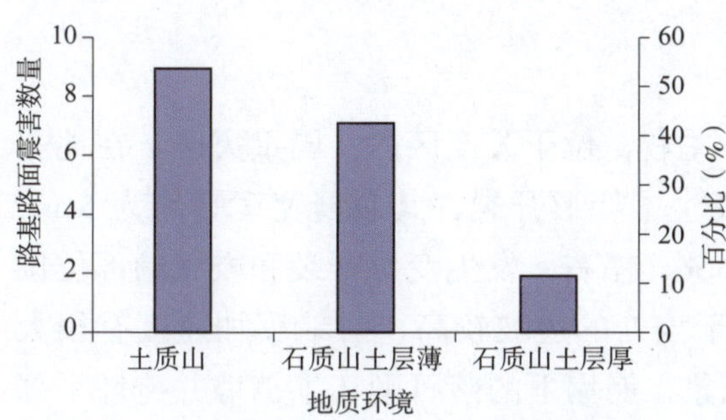

图 4-12　路基本体地质环境与震害数量关系图

Figure 4-12　Relationship between geological environments and quantity of subgrade seismic hazards

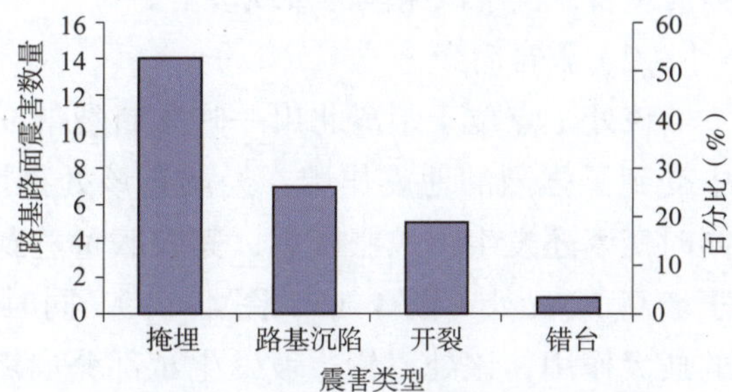

图 4-13　路基本体震害类型与震害数量关系图

Figure 4-13　Relationship for type and quantity of subgrade seismic hazards

4.3 典型震害工点 Typical construction sites of seismic hazards

4.3.1 支挡结构工点 Construction sites of retaining structure

该路段中的挡墙主要有衡重式挡土墙、仰斜式挡土墙两大类，都属于重力式挡土墙。在这两类挡墙设计时墙身采用了 M7.5 砂浆片石，M10 砂浆勾缝；设计时要求片石抗压强度应不小于 30MPa。浸水挡土墙在水位以下部分采用 C15 的片卵石混凝土；常水位以上部分，在墙身的适当高度处布置了 PVC 管泄水孔。墙背回填采用砂砾石、砂岩碎屑等透水性好的填料；浸水墙则全部采用透水性好的填料。挡墙的沉降缝，其间距一般为 10~15m，缝宽 2cm，用沥青麻絮沿内、外、顶三边塞填，深度不小于 10cm。两类挡墙的底部、顶部和墙面外层，用大块石砌筑，砌筑时采用错缝砌筑。

4.3.1.1 K37+350 路堑挡墙变形开裂

（1）概况（表 4–7）

震害挡墙位于公路的左侧，其轴线位于岷江 III 级阶地阶坎前缘，高于岷江河床约 35m，外侧坡度 30° ~45° 的斜坡，坡面植被稀少。地层岩性：上部为人工填筑块碎石土，厚约 1.5m，下部主要为第四系中更新统漂卵石土，成分以花岗岩、闪长岩为主，粒径在 8~30cm 之间，充填物为粉细砂，含量在 10%~15% 之间，较为密实，无地表水或地下水埋藏较深。上部的人工填筑块碎石土极为松散，承载力低，厚度小，下部的漂卵石层厚度大，较为密实，承载力较高，是挡墙的持力层。

该处震害工点为仰斜式路堑挡墙，属重力式挡墙类。据设计资料，挡墙墙高 5m，长 35m，胸坡度为 1∶0.25，墙背坡度为 1∶0.05。该挡墙采用 M7.5 浆砌片石砌筑，石料强度为 30MPa。墙身每隔 10~15m 设置一道伸缩沉降缝，缝宽 2cm。

该处线路走向 NE12°，墙后边坡属于路堑边坡，经过调查，边坡属于单级的路堤边坡，坡高 294m，坡长 429.3m，平均坡度 42°。路基属于路堑路基。

该处工点距离银杏乡 1km 左右，位于北川—映秀断裂上盘，与北川断裂带垂直距离 9km 左右，位于该路段的直线段上。

（2）震害简介

该处工点位于距离北川—映秀断裂带 9km 左右，位于 X 度区内，属重灾区。在地震中受到了强烈的地震作用，经调查该处挡墙发生了变形开裂，其裂缝宽度平均为 5cm，同时挡墙还发生了鼓胀震害，其鼓胀量达到了 5cm 左右，发生变形开裂和鼓胀的部位位于墙高 1.5m 处（图 4–16、图 4–17）。同时由于该处的边坡较高，对地震加速度有很大的放大作用，该处路堑边坡发生了部分崩塌现象，崩塌下的落石砸坏了挡墙并掩埋了部分路基。

该处挡墙发生变形开裂的主要原因是地震动造成墙后土体土压力增大，土体产生沿破裂面向挡墙方向滑动的趋势，挡墙发生了变形开裂和鼓胀震害，边坡在地震动的影响下也发生了部分边坡失稳及崩塌现象。震后工程人员对掩埋的路基进行了处理，恢复了通车。

表 4-7　K37+350 路肩挡墙概况

Table 4-7　Overview of shoulder retaining wall at K37+350

里程桩号	K37+350		
类型	仰斜式路堑挡墙	地基土类型	土质
砌筑参数	M7.5 砂浆砌片石，石料强度不小于 30MPa，M10 砂浆勾缝	与断层关系	位于发震断裂上盘，距离北川—映秀断裂带 9km 左右
墙高	5m	挡墙埋深	2m
地层岩性	上部为人工填筑块碎石土，下部为第四系中更新统漂卵石土	挡墙持力层	第四系中更新统漂卵石土

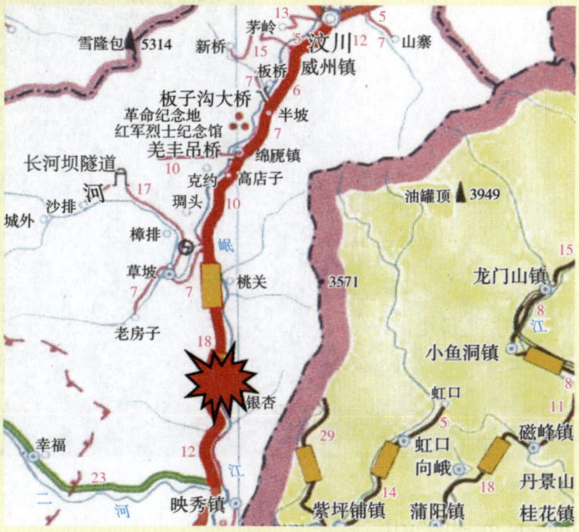

图 4-14　震害方位

Figure 4-14　Position of the seismic hazard site

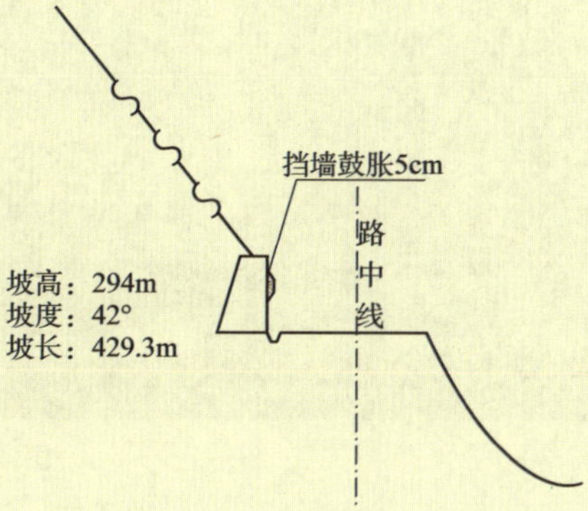

图 4-15　剖面图

Figure 4-15　Sectional drawing of the damaged earth structure

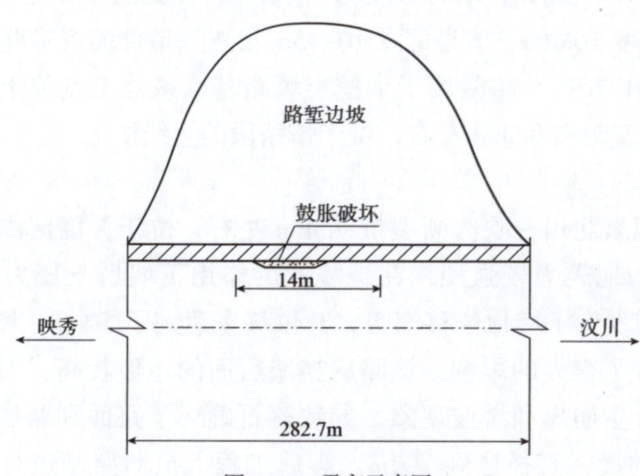

图 4-16　震害示意图

Figure 4-16　Schematic diagram of the damaged earth structure

4.3.1.2 K38+500 路肩挡墙墙顶位移

（1）概况（表 4–8）

该挡墙所在公路高于岷江河床约 35m，路堤边坡为 40° ~50° 的陡坡，局部有机耕道开挖形成的宽约 4m 的平台，路堑边坡基岩裸露，为坡高 326.33m 的陡崖，坡度达 70° ~80°（图 4–18）。地层岩性为：上部为厚约 4.5m 的人工填筑碎石土；下部为第四系中更新统的漂卵石土，成分以花岗岩和闪长岩为主，含有少量的变质岩类，粒径多在 8~30cm 之间，含有少量大于 50cm 的块石，充填物为粉细砂，较为密实。基岩为元古界黄水群上部岩组，为厚层状石英板岩，弱风化，岩相较为完整。无地表水，地下水埋藏较深。

图 4–17 现场调查图

Figure 4–17 Photo of the site investigated

该处震害工点为衡重式路肩挡墙，属于重力式挡墙类。由勘察资料得该挡墙高 7m，坡度为 81°，胸坡度为 1：0.25，墙背坡度为 1：0.05，详见图 4–19。该挡墙采用 7.5 号浆砌片石砌筑，石料强度 30MPa。墙身每隔 10~15m 设置一道伸缩沉降缝，缝宽 2cm。

该处线路走向 NE 70° 。路基属于半挖半填路基。该处工点位于北川—映秀断裂上盘，与北川断裂带垂直距离 9.5km 左右，位于该路段的直线段上。

（2）震害简介

该处工点位于距离北川—映秀断裂带 9.5km 左右，位于Ⅹ度区内，该地区属于重灾区，在地震中受到的地震力较强烈，在地震波的作用下墙后土压力易超过挡墙抗倾极限，经调查该处挡墙发生了墙顶位移震害，其位移量达到了 50cm（图 4–22 和图 4–23），对挡墙的稳定性产生了很大的影响。该路肩挡墙后面的边坡较高，对地震加速度有明显的扩大作用，促使发生崩塌和滑坡现象，导致落石砸坏了路面和路肩，对行车产生了很大的影响，其落石的最大直径达到了 2m。震后工程人员对路基进行了清理，挡墙并未整体失稳。

表 4–8　K38+500 路肩挡墙概况

Table 4–8　Overview of shoulder retaining wall at K38+500

里程桩号	K38+500		
类型	仰斜式路堑挡墙	地基土类型	土质
砌筑参数	M7.5 砂浆砌片石，石料强度不小于 30MPa，M10 砂浆勾缝	与断层关系	位于发震断裂上盘，距离北川—映秀断裂带 9.5km 左右
墙高	7m	挡墙埋深	2m
地层岩性	上部为人工填筑块碎石土，下部为漂卵石土，基岩为石英板岩	挡墙持力层	漂卵石层和石英板岩

图 4–18　震害方位

Figure 4–18　Position of the seismic hazard site

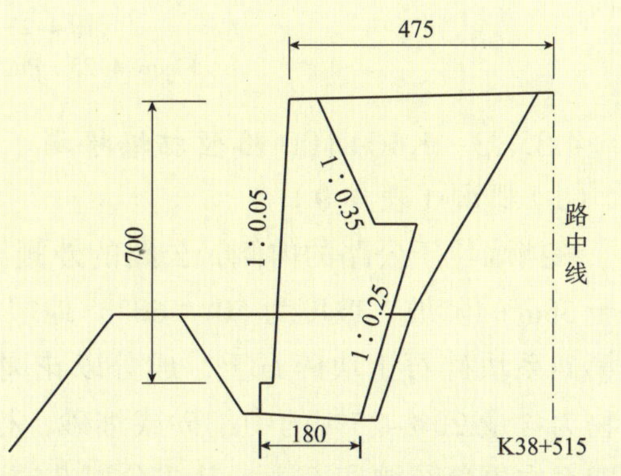

图 4–19　剖面图（尺寸单位：cm）

Figure 4–19　Sectional drawing of the damaged earth structure

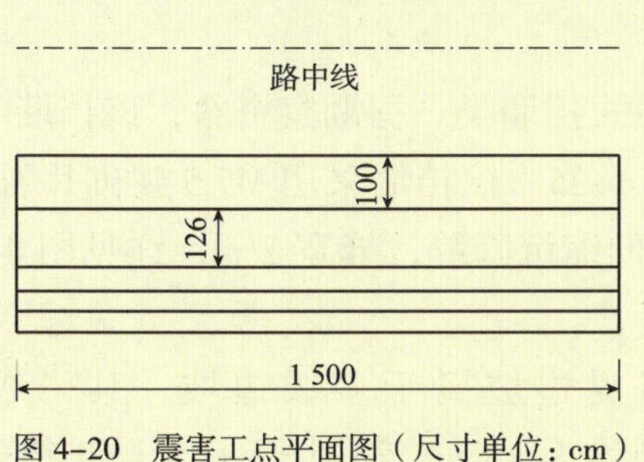

图 4–20　震害工点平面图（尺寸单位：cm）

Figure 4–20　Plan of the damaged earth structure

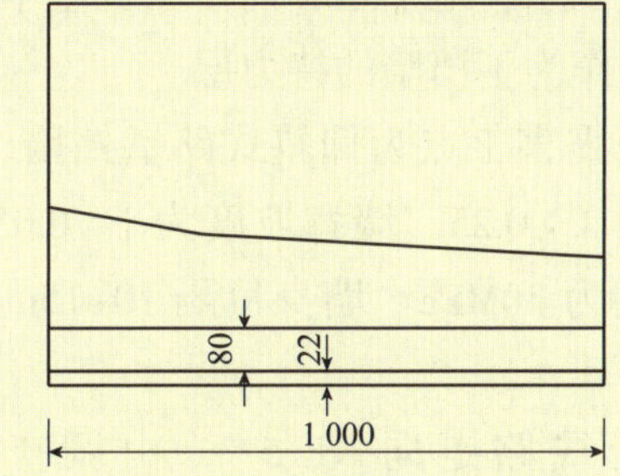

图 4–21　震害工点立面图（尺寸单位：cm）

Figure 4–21　Elevation drawing of the damaged earth structure

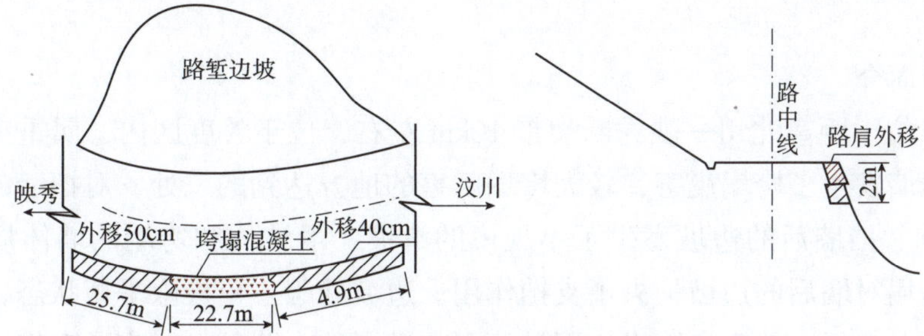

图 4–22　震害示意图

Figure 4–22　Schematic diagram of seismic hazard site

a）墙顶位移

b）砸坏

c）边坡崩塌

图 4-23 现场调查图

Figure 4-23 Photo of the site investigated

4.3.1.3 K40+100 路堑挡墙垮塌

（1）概况（表 4-9）

该挡墙位于公路的内侧，公路的外侧为岷江岸坡，高于岷江河床 7~9m，内侧为高度大于 30m 的陡坡，坡度为 50° ~68°。地层岩性为：上部为块碎石土，厚 1.2~1.5m；中部为第四系块碎石土块碎石土，成分以花岗岩、闪长岩为主，块径多在 6~20cm 之间，充填物为含量 20%~25% 的中细砂或细砂，松散 ~ 稍密，有架空现象，厚约 5.1m；下部为第四系中更新统漂卵石土，其成分以花岗岩、闪长岩为主，粒径 20~80cm 的漂石含量约 30%，6~20cm 的卵石含量约 45%，充填物为粉细砂，含量 15%~20%，较为密实。地表水主要为岷江水，地下水和河水水位基本一致。中部的块碎石土土层较厚，承载力较大，经过处理后作为了挡墙的持力层。

该处震害工点为仰斜式路堑挡墙，属于重力式挡墙类。据勘察资料，该挡墙高 8m，胸坡度为 1：0.25，墙背坡度为 1：0.05，详见图 4-25。该挡墙采用 M7.5 浆砌片石砌筑，石料强度为 30MPa。墙身每隔 10~15m 设置一道伸缩沉降缝，缝宽 2cm，详见图 4-26 和图 4-27。

该处线路走向 NE 5°，由调查挡墙后路堤边坡属于多级边坡，其一级高度 89.18m，二级高度 32.02m，长度 293m，坡度平均为 43°，该边坡无任何防护措施。该处工点位于北川—映秀断裂上盘，与北川断裂带垂直距离 10km 左右，位于该路段的直线段上。

（2）震害简介

该处工点位于距离北川—映秀断裂带 10km 左右，位于Ⅹ度区内，属重灾区，经调查该处重力式挡墙发生了垮塌震害，较大垮塌震害的地方达到的三处，对挡墙的稳定性产生了很大的影响。挡墙后的边坡发生了小规模的滑坡，滑坡体和垮塌的墙体局部掩埋了路基。挡墙的垮塌对墙后的边坡失去了支挡作用，边坡处于一个极限平衡状态，这对坡体和路基本体都是一个很大的安全隐患，而且落石布满了整个路基，对交通有较大的阻碍作用（图 4-28 和图 4-29）。

表 4–9　K40+100 路肩挡墙概况

Table 4–9　Overview of shoulder retaining wall of K40+100

里程桩号	K40+100		
类型	仰斜式路堑挡墙	地基土类型	岩质
砌筑参数	M7.5 砂浆砌片石，石料强度不小于 30MPa，M10 砂浆勾缝	与断层关系	位于发震断裂上盘，距离北川—映秀断裂带 10km 左右
墙高	8m	挡墙埋深	1.5m
地层岩性	上部为块碎石土，中部为第四系块碎石土块碎石土，下部为第四系中更新统漂卵石土	挡墙持力层	第四系块碎石土块碎石土

图 4–24　震害方位

Figure 4–24　Position of seismic hazard site

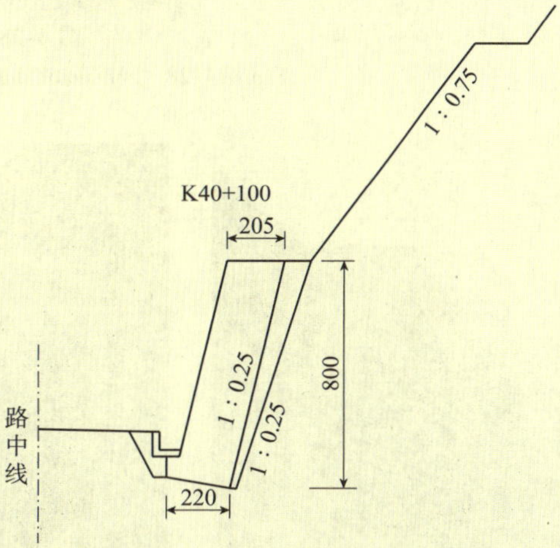

图 4–25　剖面图（尺寸单位：cm）

Figure 4–25　Sectional drawing of the damaged earth structure

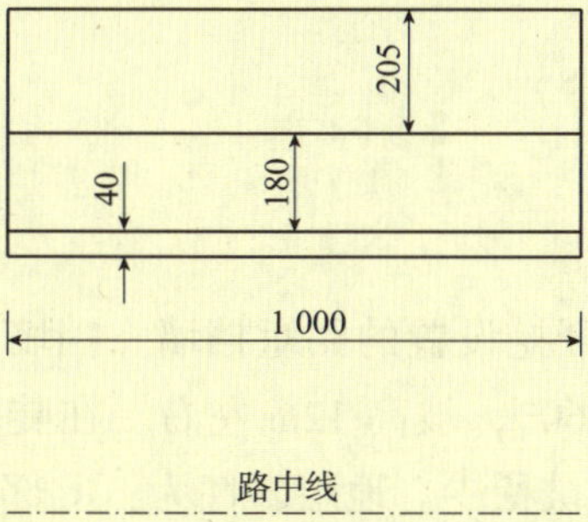

图 4–26　震害工点平面图（尺寸单位：cm）

Figure 4–26　Plan of the damaged earth structure

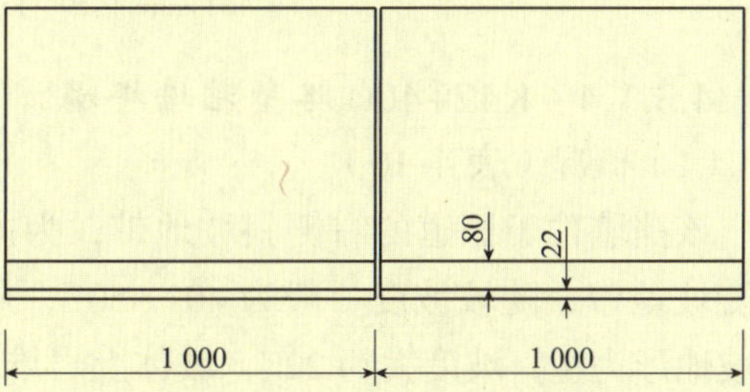

图 4–27　震害工点立面图（尺寸单位：cm）

Figure 4–27　Elevation drawing of the damaged earth structure

该处重力式挡墙垮塌震害主要原因是地震动造成墙后土体土压力增大，超过了挡墙的抗倾斜和抗剪切的强度，故出现了挡墙垮塌现象；路堑边坡较高对地震波有一个放大作用，突然的地震动使边坡发生了小范围的滑坡，产生了少量的落石，掩埋了部分的路基。据调查，该处的路基还未整体失稳，震后工程人员对该处的落石和垮塌体进行了清理。

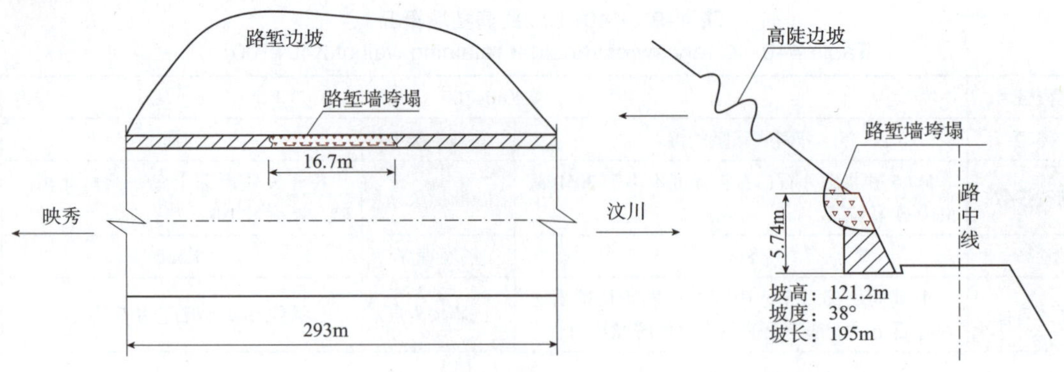

图 4–28　震害示意图

Figure 4–28　Schematic diagram of the damaged earth structure

a）挡墙侧面垮塌

b）挡墙下部垮塌

c）少部分滑坡

图 4–29　现场调查图

Figure 4–29　Picture of Field Survey

4.3.1.4　K42+400 路堑挡墙垮塌

（1）概况（表 4–10）

该挡墙位于国道的右侧斜坡地带，为内侧边坡开挖设置的路堑挡墙。挡墙的轴线位于陡坡地带，陡坡坡度一般为 40° ~50°，局部达到 60°，坡高 12m 左右。在陡坡以上以斜坡地形为主，坡度大约 22°，坡体上岩堆发育，植被稀少。地层岩性为：上部为崩坡积体，为角砾土、碎石土等，松散，厚度 1.5~2m；下部基岩为晋宁—澄江期第四期花岗岩，岩石坚硬，弱风化，岩体多呈块碎状镶嵌结构，除表层 0.5~1.0m 厚的风化层较为破碎外，岩体相对较为完整。由于地形陡峻，地下水埋藏较深。上部人工填筑土松散，厚度薄；下部的第四期花岗岩较完整，为挡墙的持力层。

该处震害工点为衡重式路堑挡墙，属于重力式挡墙类。据勘察资料，该挡墙高 11m，胸坡度为 1：0.25，墙背坡度为 1：0.05。该挡墙采用 M7.5 浆砌片石砌筑，石料强度为 30MPa。墙身每隔 10~15m 设置一道伸缩沉降缝，缝宽 2cm。

该处线路走向与主断层几乎平行，由调查资料可知墙后路堤边坡属于单级边坡，坡高

175m，平均坡度为 39°，边坡无防护。

该处工点距离罗圈湾大桥 200m 左右位于北川—映秀断裂上盘，与北川断裂带垂直距离 12km 左右，位于该路段的直线段上。

表 4-10　K41+200 路堑挡墙概况

Table 4-10　Overview of cutting retaining wall at K41+200

里程桩号	K42+200		
类型	仰斜式路堑挡墙	地基土类型	土质
砌筑参数	M7.5 砂浆砌片石，石料强度不小于 30MPa，M10 砂浆勾缝	与断层关系	位于发震断裂上盘，距离北川—映秀断裂带 12km 左右
墙高	11m	挡墙埋深	2.5m
地层岩性	上部为崩坡积土，下部为晋宁—澄江期第四期花岗岩	挡墙的持力层	晋宁—澄江期第四期花岗岩

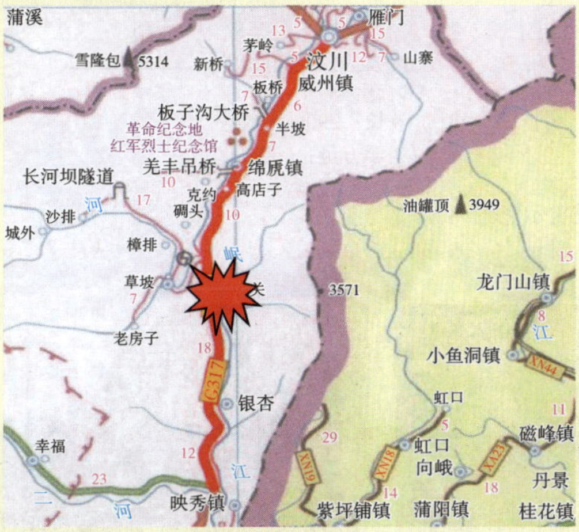

图 4-30　震害方位

Figure 4-30　Position of the damaged earth structure

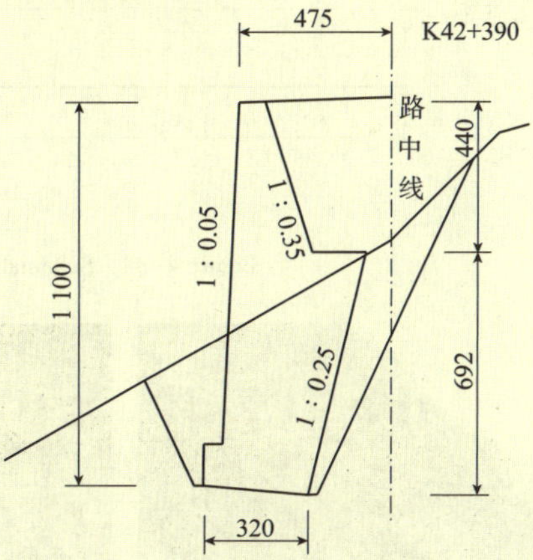

图 4-31　剖面图（尺寸单位：cm）

Figure 4-31　Sectional drawing of the damaged earth structure

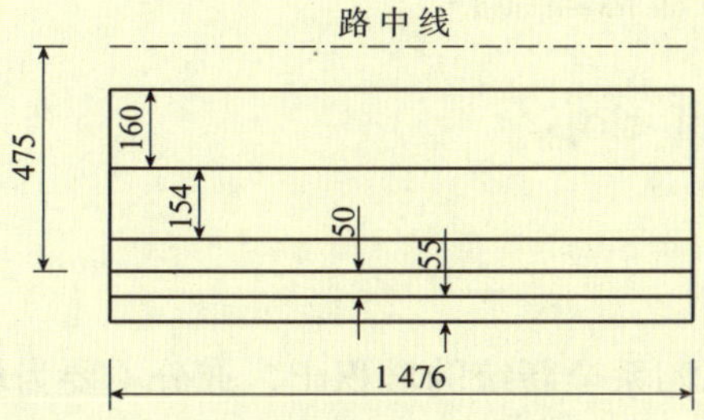

图 4-32　震害工点平面图（尺寸单位：cm）

Figure 4-32　Plan of the damaged earth structure

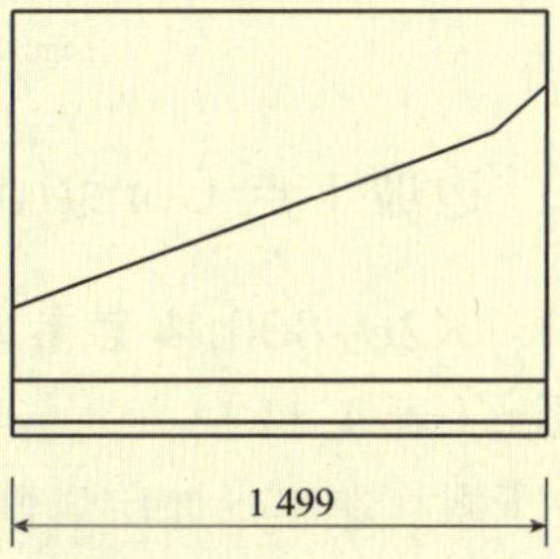

图 4-33　震害工点立面图（尺寸单位：cm）

Figure 4-33　Elevation drawing of the damaged earth structure

（2）震害简介

该处工点位于距离北川—映秀断裂带 12km 左右，位于Ⅹ度区内，在地震中受到的地震力较强烈，该挡墙发生了垮塌、变形开裂类震害，对挡墙的稳定性产生了很大的影响。垮塌发生在整个断面上，面积达到了整个挡墙面积的45%，变形开裂的裂缝平均宽度为5cm，发生在挡墙1.5m处左右，挡墙还发生了局部的鼓胀变形，鼓胀量平均10cm。由于该边坡没有任何的防护措施，坡度较陡，坡高较高，在地震中发生了崩塌和滑坡震害，滑坡体掩埋了路基，崩塌的块石部分砸坏了挡墙（图4–34和图4–35）。

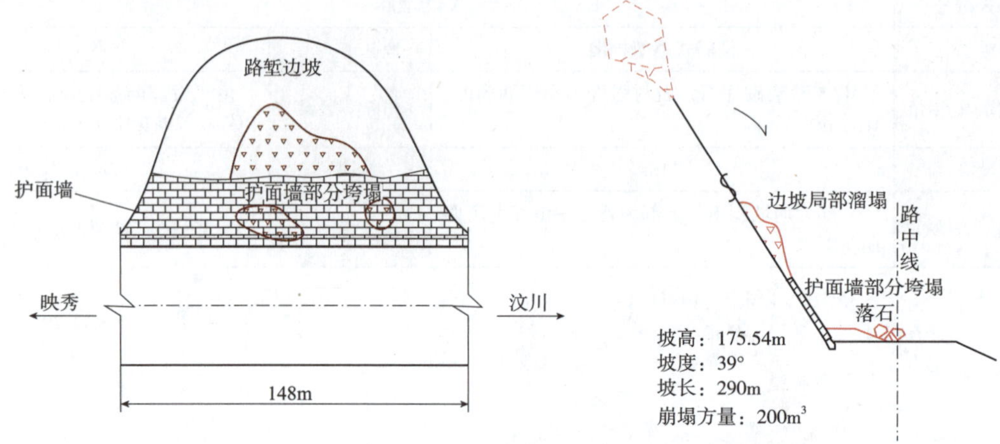

图4–34　震害示意图

Figure 4–34　Schematic diagram of the damaged earth structure

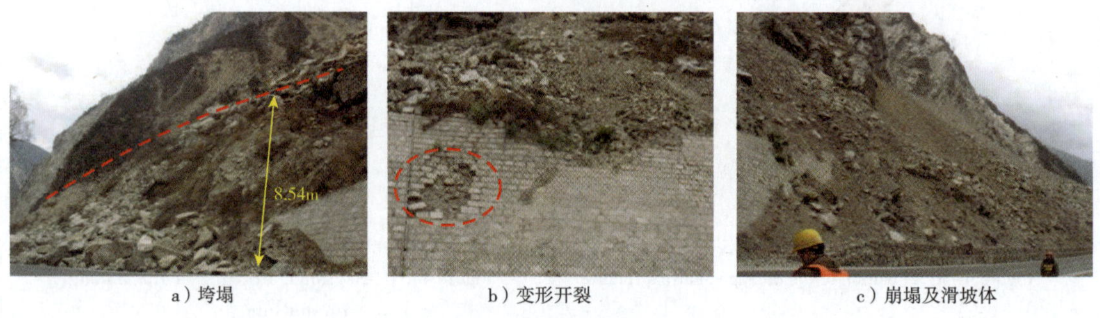

a）垮塌　b）变形开裂　c）崩塌及滑坡体

图4–35　现场调查图

Figure 4–35　Photo of the site investigated

4.3.2　边坡工点 Construction sites of slope

4.3.2.1　K26+800 路堑高边坡崩塌

（1）概况（表4–11）

边坡位于岷江左岸，地层岩性为：上部为第四系全新统的堆积土，成分主要为块碎石土、角砾岩等，较为松散，极不均一，厚度大约4m，高边坡处的堆积土大约1m厚；下部以第四系全新统冲洪积漂卵石土为主，其成分主要为花岗岩、闪长岩，粒径20~60cm的漂石含量30%~40%，5~20cm的卵石含量40%~50%，充填物为粉细砂，含量20%~25%，中密~密实；边坡的基岩为元古界晋宁—澄江第四期花岗岩，弱风化，完整性较好。

该处震害工点为路堑高边坡。根据现场测量数据该边坡属于单级边坡，高24.31m，平均坡度 68°，采用 SNS 主动式柔性防护网防护。该路段长 546m，与主断层夹角为 62°。经调查，该处路基属于半挖半填路基，路面为沥青混凝土路面。

受损边坡紧邻映秀镇，紧邻岷江，位于北川—映秀断裂上盘，距离震中 800m 左右，位于该路段的直线段上。

表 4-11　K26+800 SNS 主动式柔性防护网防护概况

Table 4-11　Overview of SNS active flexible protective at K26+800

防护措施	SNS 主动式柔性防护网			里程桩号	K26+800
与发震断裂夹角	62°			类型	高陡路堑边坡
断层关系	位于发震断裂上盘，离震中映秀 800m 左右				
坡高	24.31m	坡度	68°	受损长度	26.15m
地层岩性	上部为第四系全新统的崩坡堆积土，下部为第四系全新统冲洪积漂卵石土，基岩为元古界晋宁—澄江第四期花岗岩				

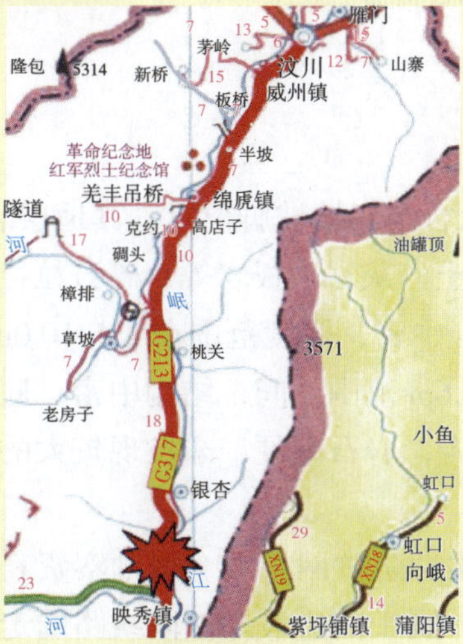

图 4-36　震害方位

Figure 4-36　Position of seismic hazard site

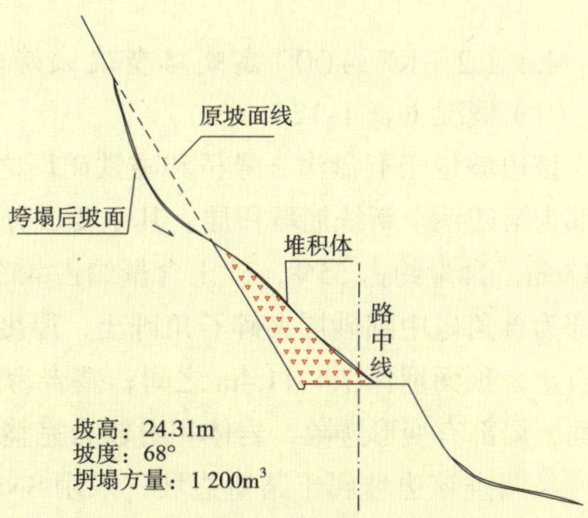

图 4-37　剖面图

Figure 4-37　Sectional drawing of the damaged earth structure

（2）震害简述

汶川地震产生的强震动持续大约 20s，该工点靠近震断层（仅距断层 800m），在竖向与水平地震波共同影响作用下，陡坡高处的加速度放大效应相当明显。由于在部分危险区域采取了 SNS 主动式柔性防护网护坡，抗震性相对较高，但在强震作用下主动网失效连同网后边坡岩石发生崩塌震害。崩塌的高度在 20m 左右，崩塌后掩埋了部分路基，主动网全部破坏（图 4-38 和图 4-39）。震后工程人员对掩埋的路基进行了清理，在抢通保通工程中对

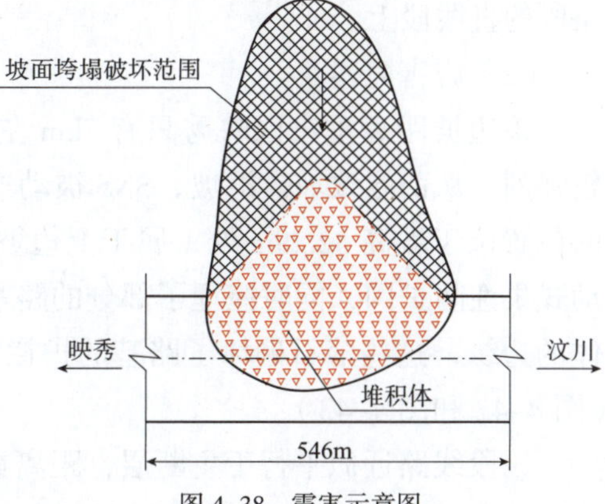

图 4-38　震害示意图

Figure 4-38　Schematic diagram of the damaged earth structure

崩塌后的边坡增设了新的主动网挂网防护。

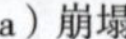

a）崩塌

b）崩塌位置

c）抢通后

图 4-39 现场调查图

Figure 4-39 Photo of the site investigated

4.3.2.2 K73+000 高陡路堑边坡滑坡

（1）概况（表 4-12）

该边坡位于七盘沟 2 号桥和磁铁矿厂之间的岷江右岸斜坡坡脚位置。其地层岩性为：上部为第四系全新统崩坡积层，其主要成分为块碎石土、灰岩、板岩等，碎石粒径一般为 2~15cm，含量约占 55%，砂土含量约占 45%，稍密 ~ 中密，厚度范围在 4.8~10.0m 之间；中部为含角砾中细砂层夹碎石角砾土，厚度在 1.44~6.6m 范围之间，结构中密；底部为漂卵石土，顶面埋深 7.4~11.4m 之间；基岩为白云质灰岩，岩石坚硬，未发现较大的不利组合面，局部有变形迹象，岩体相对较为完整。

经调查该边坡属于路堑边坡，采用 SNS 被动式柔性防护网护坡。据勘察资料，该边坡是单级的路堑边坡，坡高 175.9m，平均坡度 44°，属于高边坡。该段线路的走向与断层的间夹角为 12°，路基为半挖半填路基，沥青混凝土路面。

受损边坡紧邻岷江，距离重灾区汶川 7km 左右，位于北川—映秀断裂上盘，位于该路段的直线段上。

（2）震害简述

该边坡距离重灾区映秀只有 7km 左右，紧邻岷江，处于河谷地带。该地区的地震动较强烈，从而导致坡体滑坡，SNS 被动式柔性防护网整体震害，失去防护作用，边坡滑坡的位置位于坡高 32.29m 处，属于上边坡滑坡。滑坡产生的滑坡体掩埋了大部分的 SNS 被动式柔性防护网，同时掩埋了部分的路基，阻塞了交通。在滑坡时有大量的块石处于滑坡体的边缘，这些落石砸坏了路基的护栏，使护栏的位移达到了 50cm，部分护栏已被砸穿（图 4-42 和图 4-43）。

该段线路近似平行于主断层，距离重灾区映秀只有 7km，高烈度、高震动从而引发了该边坡滑坡。震后工程人员对边坡进行了处理，将不稳定的滑坡体清除，对路面的堆积体进行了清理。

表 4-12　K73+000SNS 被动式柔性防护网护坡概况

Table 4-12　Overview of SNS passive flexible protective at K73+000

防护措施	SNS 被动式柔性防护网			类型	高陡路堑边坡
与发震断裂夹角	12°			里程桩号	K71+500
断层关系	位于主断层上盘，离重灾区汶川 7km 左右				
坡高	175.9m	坡度	44°	受损长度	165m
地层岩性	上部为第四系全新统崩坡积层，下部为第四系全新统坡积层				

图 4-40　震害方位

Figure 4-40　Position of seismic hazard site

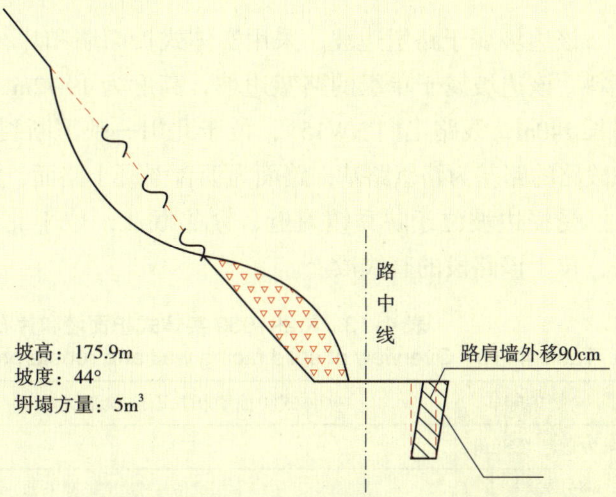

图 4-41　剖面图

Figure 4-41　Sectional drawing of the damaged earth structure

4.3.2.3　K29+950 路堑边坡滑坡

（1）概况（表 4-13）

该边坡位于岷江左岸，其地层岩性为：上部为第四系全新统堆积层，其主要成分为块碎石土，松散，架空明显，厚度大约 3m；其下为第四系上更新统含卵碎石角砾土，碎砾石成分以花岗岩、闪长岩为主，粒径在 3~20cm 之间，棱角状，充填物为粉质砂土，含量 20%~30%，有架空现象；基岩为晋宁—澄江期第四期花岗岩，岩石坚硬，岩体内发育四组裂隙，未发现较大的不利组合面，其弱风化带岩体呈块碎状镶嵌结构，岩体相对较为完整。

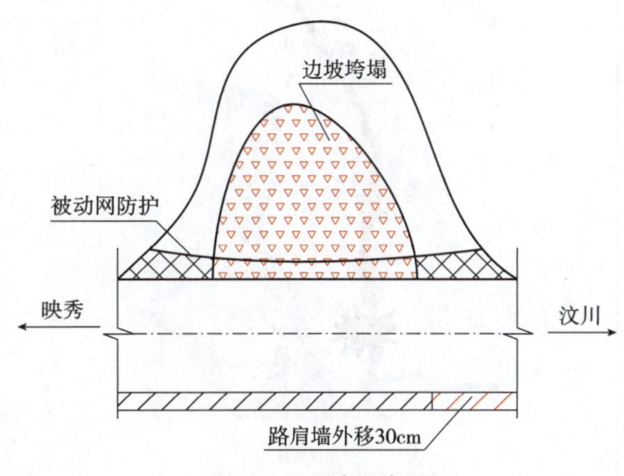

图 4-42　震害示意图

Figure 4-42　Schematic diagram of the damaged earth structure

图 4–43 现场调查图

Figure 4–43 Photo of the site investigated

该边坡属于路堑边坡，采用实体式护面墙和片石或预制块骨架防护措施护坡。据勘察资料，该边坡属于单级的路堑边坡，高度为 19.72m，坡长 26.42m，平均坡度 46°，该段线路长 140m，线路走向 NW15°，位于北川—映秀断裂走向 NE32°，与发震断裂夹角为 47°。该段路的路基为路堑路基，路面为沥青混凝土路面，周围环境为石质山土层薄。

受损边坡位于映秀镇附近，紧邻岷江，位于北川—映秀断裂上盘，距离震中 3km 左右，位于该路段的直线段上。

表 4–13 K 29+950 实体式护面墙和片石或预制块骨架防护概况

Table 4–13 Overview of solid facing wall and rubble/prefabricated block protection at K29+950

防护措施	实体式护面墙和片石或预制块骨架			类型	高陡路堑边坡
与发震断裂夹角	47°			里程桩号	K29+950
断层关系	位于发震断裂上盘，离震中映秀 3km 左右				
坡高	19.72m	坡度	46°	坡长	26.42m
地层岩性	上部为第四系全新统崩坡堆积层，下为第四系上更新统含卵碎石角砾土，基岩为晋宁—澄江期第四期花岗岩				

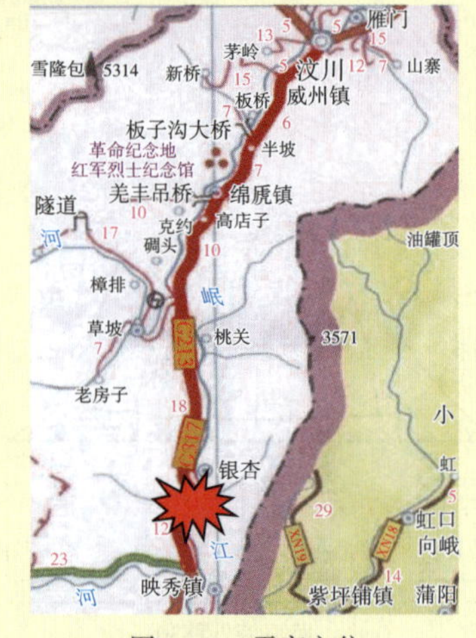

图 4–44 震害方位

Figure 4–44 Position of seismic hazard site

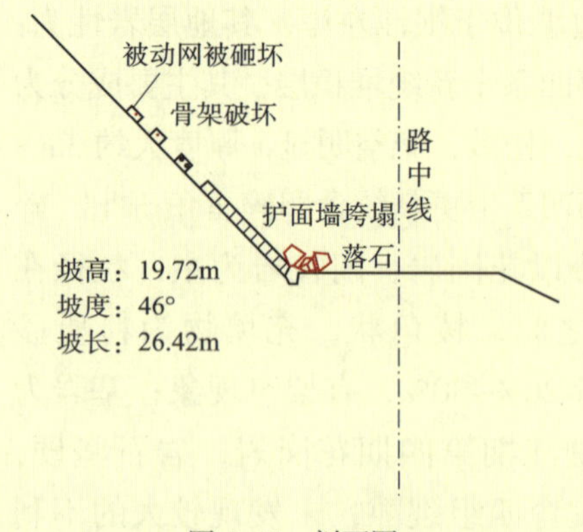

图 4–45 剖面图

Figure 4–45 sectional drawing of the damaged earth structure

（2）震害简述

该工点距离震中映秀仅 3km，处于 X 度区，属于极重灾区，由于这次地震地震产生的强震动持续时间较长，边坡所受的地震力作用较大，稳定性遭受了很大的威胁，在竖向与水平地震波共同作用影响下，边坡上部发生了崩塌震害。崩塌落石砸落在长 140m 的框架护坡和坡脚的护面墙上，造成不同程度的破坏。实体式护面墙由于本身抗震效果不显著，在墙后土体作用增大的情况下出现了部分垮塌、变形开裂、鼓胀震害等失稳现象（图 4-46 和图 4-47）。崩塌所产生的部分落石砸落到在了路面，对震后救援工作产生了较大的阻碍。震后工程人员在框架梁上端另设了被动网防护。

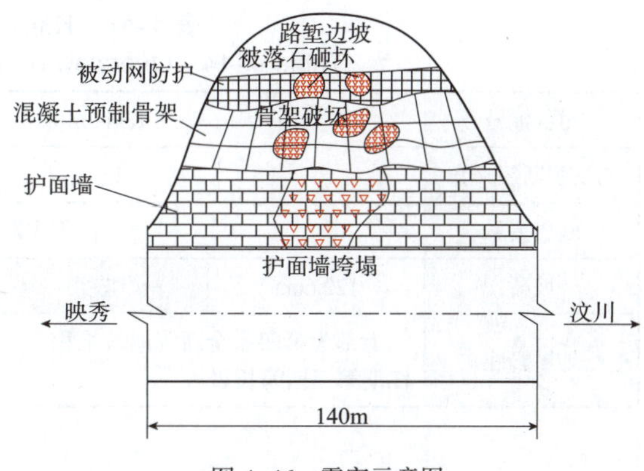

图 4-46　震害示意图

Figure 4-46　Schematic diagram of the damaged earth structure

a）整体护坡震害情况

b）实体式护面墙震害

c）框架梁震害

图 4-47　现场调查图

Figure 4-47　Photo of the site investigated

4.3.2.4　K34+140 高陡路堑边坡崩塌

（1）概况（表 4-14）

边坡位于岷江左岸，局部为陡崖，除少量灌木外，坡面植被发育较少，其地层岩性为：上部为第四系全新统堆积土，以碎石角砾土为主，极为松散，架空明显，厚约 3m；下部为第四系全新统冲洪积层，以漂卵石土为主，成分主要为花岗岩、闪长岩等，粒径多在 5~30cm 之间，部分大于 50cm，次圆状，充填物为细砂，含量 15%~25%，大部中密 ~ 密实，厚约 5m，该层中夹有厚薄不等的砂层透镜体；基岩为晋宁—澄江期第三期闪长岩，岩石坚硬，弱风化，除表部风化卸荷较为破碎外，岩体相对较为完整。

该边坡属于路堑边坡，坡面无防护措施。经调查该边坡属于单级的路堑边坡，高 122.66m，长 157.97m，平均坡度 51°，属于高陡边坡。该段路长 225m，线路走向与主断层之间的夹角为 18°。该段为路堤路基，沥青混凝土路面。

受损边坡紧邻岷江，距离银杏乡 500m 左右，位于北川—映秀断裂上盘，距离震中 8km 左右，位于该路段的直线段上。

表 4–14 K34+140 高陡边坡概况

Table 4–14 Overview of high cutting slope at K34+140

里程桩号	K34+140			类型	路堑边坡
与发震断裂夹角	18°			地质环境	石质山土层薄
断层关系	位于主断层上盘，离震中映秀 8km 左右				
坡高	122.66m	坡度	51°	受损长度	225m
地层岩性	上部为第四系全新统崩坡堆积土，中部为第四系全新统冲洪积漂卵石土层，基岩为晋宁—澄江期第三期闪长岩				

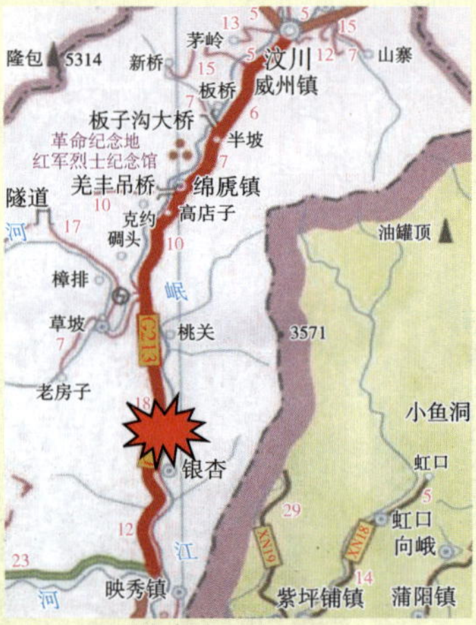

图 4–48 震害方位

Figure 4–48 Position of seismic hazard site

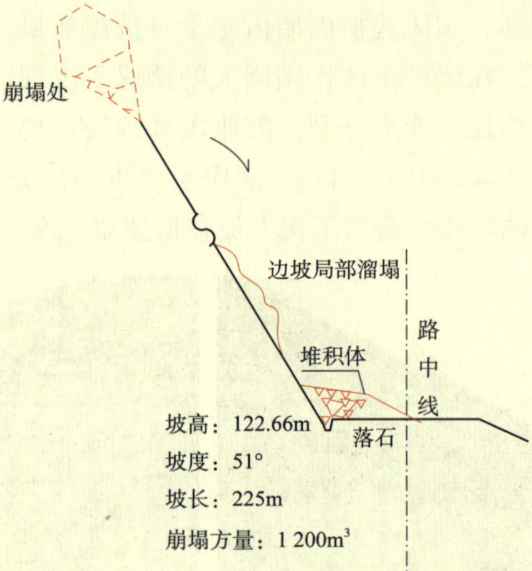

图 4–49 剖面图

Figure 4–49 Sectional drawing of the damaged earth structure

（2）震害简述

该边坡位处于北川—映秀断裂的上盘，与主断层近似平行，距离震中映秀仅 8km，属于Ⅸ度区。紧邻岷江，处于河谷地带，所受的地震动较强烈。由于地震力的突然作用，且强震持续时间较长，导致该高陡边坡失稳在上部出现了崩塌现象（图 4–50）。崩塌产生堆积体掩埋了部分路基，在长 225m 的路段上导致交了通阻塞。震后工程人员对该段路基进行了清理，对不稳定的边坡部分进行了清除。

4.3.3 路基本体工点 Construction sites of subgrade

4.3.3.1 K35+600 路基沉陷

（1）概况（表 4–15）

经调查该震害工点属于半挖半填路基，沥青混凝土路面。公路设计等级为二级，路基所处的位置位于山腰上，路基宽度 8.5m，行车道宽度 7m，土肩宽度 2 × 0.75m。路面结构形式为：细粒式沥青混凝土上面层为 4cm，中粒式沥青混凝土下面层为 6cm，水泥稳定碎石基层为 20cm，水泥稳定碎石底为 30cm。由调查资料可得周围的环境为石质山土层薄。该线路走向与发震断裂走向间的夹角为 3°，近似平行。受损边坡紧邻岷江，距离震中映秀 6km 左右，位于北川—映秀断裂的上盘，位于该路段的直线段上。

a）震后边坡

b）崩塌后的堆积体

图 4–50　现场调查图

Figure 4–50　Photo of the site investigated

表 4–15　K35+600 路基概况

Table 4–15　Overview of subgrade at K35+600

里程桩号	K35+600			类型	半挖半填路基
				地质环境	石质山土层薄
断层关系	位于发震断裂上盘，离震中映秀 6 km 左右			与发震断裂夹角	NE3°
路基宽	8.5m	行车道宽	7.0m	土肩宽	0.75m
路基材料	面层	沥青混凝土面层采用 AC–13 或 AC–16 型密级配沥青混凝土混合料			
	基层	基层结构形式为水泥稳定碎石			
	底基层	底基层选用天然砂砾结构			
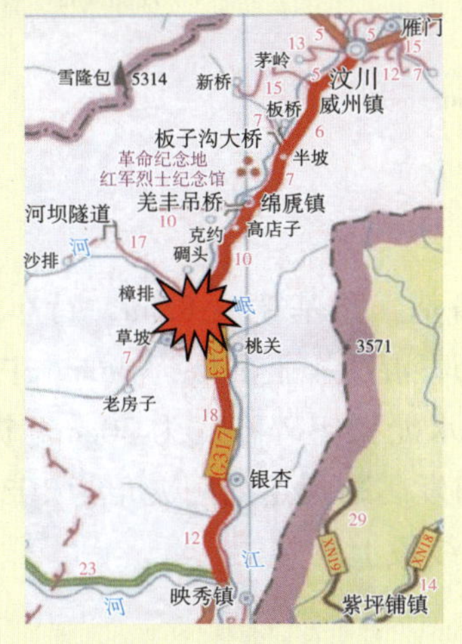 图 4–51　震害方位 Figure 4–51　Position of seismic hazard site			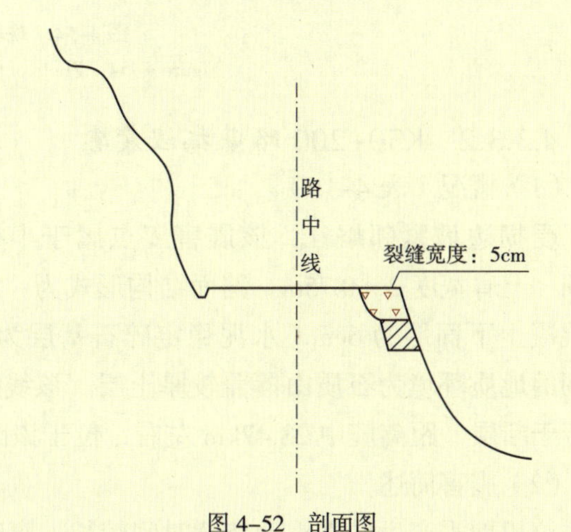 图 4–52　剖面图 Figure 4–52　Sectional drawing of the damaged earth structure		

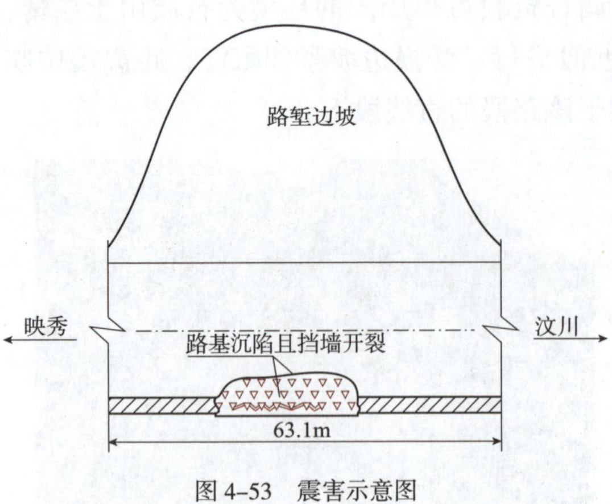

图 4–53 震害示意图

Figure 4–53 Schematic diagram of the damaged earth structure

（2）震害简述

该路基本体位于 IX 度区，距离震中映秀仅约 6km，路线走向平行于发震断裂，地震动较强烈，受地震作用力较大，导致了路基本体失稳、路肩墙和基底下沉，由此引发了一系列的震害现象：路基本体的外侧出现沉陷震害，沉陷的最大量达到 8cm，路基沉陷引起了路基外侧产生裂缝，平均宽度 5cm。由于内侧边坡基本无防护措施，在地震中产生了部分崩塌，崩塌的块石砸向路基，对路基结构造成了一定损伤（图 4–53 和图 4–54）。

a）路基沉陷开裂

b）路基开裂

c）崩塌落石

图 4–54 现场调查图

Figure 4–54 Photo of the site investigated

4.3.3.2 K50+200 路基掩埋震害

（1）概况（表 4–16）

受损边坡紧邻岷江，该震害工点属于半挖半填路基。路基宽度 8.5m，行车道宽度 7.0m，土肩宽度 2 × 0.75m。路面结构形式为：细粒式沥青混凝土上面层为 4cm，中粒式沥青混凝土下面层为 6cm，水泥稳定碎石基层为 20cm，水泥稳定碎石底为 30cm。据调查，周围的地质环境为石质山覆盖较厚土层。该线路走向与发震断裂走向间夹角为 10°，近似平行于断层。距离震中 23.47km 左右，位于该路段的直线段上。

（2）震害简述

汶川地震产生的强震动持续时间较长，高陡边坡在地震作用下，陡坡高处的加速度放大效应相当明显，由于边坡没有进行特殊防护措施，造成高处边坡滑移并掩埋路基，土方量达几万立方米，一时难以清除，使这条路处于瘫痪状态（图 4-57）。震后工程人员放弃对原路基的抢通修复，采用岷江对岸的改道路线行车。

表 4-16　K50+200 路基概况

Table 4-16　Overview of subgrade at K50+200

里程桩号	K50+200			类型	半挖半填路基
				地质环境	石质山土层厚
断层关系	位于断层下盘，离震中映秀 23.47km 左右			与断层夹角	10°
路基宽	8.5m	行车道宽	7.0m	土肩宽	0.75m
路基材料	面层	上面层为细粒式沥青混凝土，下面层为中粒式沥青混凝土			
	基层	基层结构形式为水泥稳定碎石			
	底基层	底基层选用水泥稳定碎石			

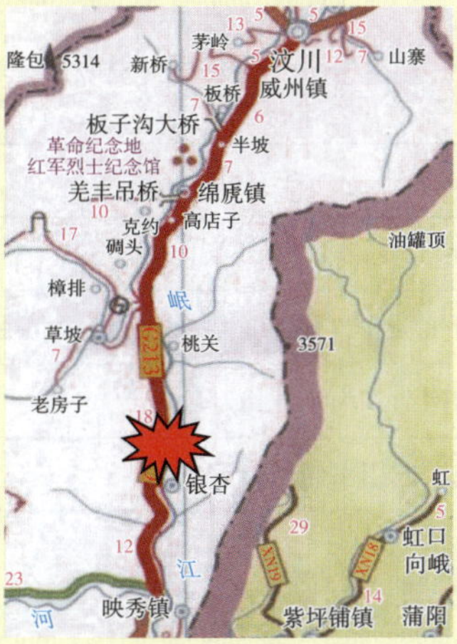

图 4-55　震害方位

Figure 4-55　Position of seismic hazard site

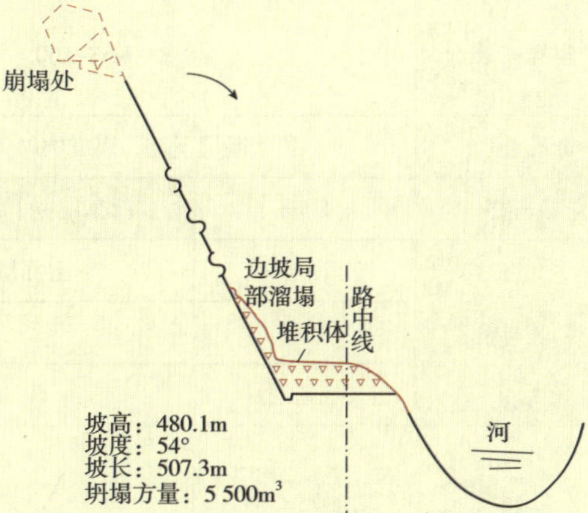

坡高：480.1m
坡度：54°
坡长：507.3m
坍塌方量：5 500m³

图 4-56　剖面图

Figure 4-56　Sectional drawing of the damaged earth structure

图 4-57　现场调查图

Figure 4-57　Photo of the site investigated

4.3.3.3　K58+160 路基变形开裂下沉

（1）概况（表 4–17）

受损边坡位于映秀镇附近，紧邻岷江，该震害工点属于半挖半填路基。路基宽度 8.5m，行车道宽度 7.0m，土肩宽度 2×0.75m。路面结构形式为：细粒式沥青混凝土上面层为 4cm，中粒式沥青混凝土下面层为 6cm，水泥稳定碎石基层为 20cm，水泥稳定碎石底为 30cm，在石质路堑段取消底基层，增加 12cm 的调平层。该线路走向与主断层走之间的夹角为 30°，周围的环境为石质山土层厚。距离震中 30km 左右，震害路段长 20m，位于该路段的直线段上。

（2）震害简述

该处路肩边坡在地震动作用下，出现了沉降开裂变形等震害特征，裂缝为一条，开裂裂缝长度达 20m，宽度平均为 10cm，同时在开裂的范围内发生了沉降震害，沉降量平均为 3cm（图 4–60 和图 4–61）。

表 4–17　K58+160 路基概况

Table 4–17　Overview of subgrade at K58+160

<table>
<tr><td rowspan="2">里程桩号</td><td rowspan="2" colspan="3">K58+160</td><td>类型</td><td>半挖半填路基</td></tr>
<tr><td>地质环境</td><td>石质山土层厚</td></tr>
<tr><td>断层关系</td><td colspan="3">位于断层下盘，离震中映秀 30km 左右</td><td>与断层夹角</td><td>30°</td></tr>
<tr><td>路基宽</td><td>8.5m</td><td>行车道宽</td><td>7.0m</td><td>土肩宽</td><td>0.75m</td></tr>
<tr><td rowspan="3">路基材料</td><td>面层</td><td colspan="4">上面层为细粒式沥青混凝土，下面层为中粒式沥青混凝土</td></tr>
<tr><td>基层</td><td colspan="4">基层结构形式为水泥稳定碎石</td></tr>
<tr><td>底基层</td><td colspan="4">底基层选用水泥稳定碎石</td></tr>
</table>

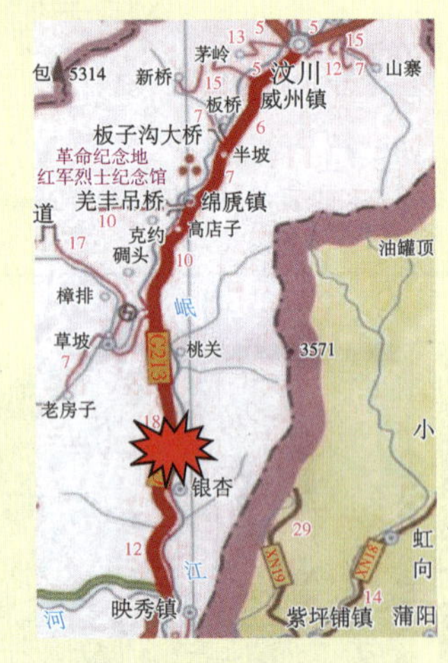

图 4–58　震害方位

Figure 4–58　Position of seismic hazard site

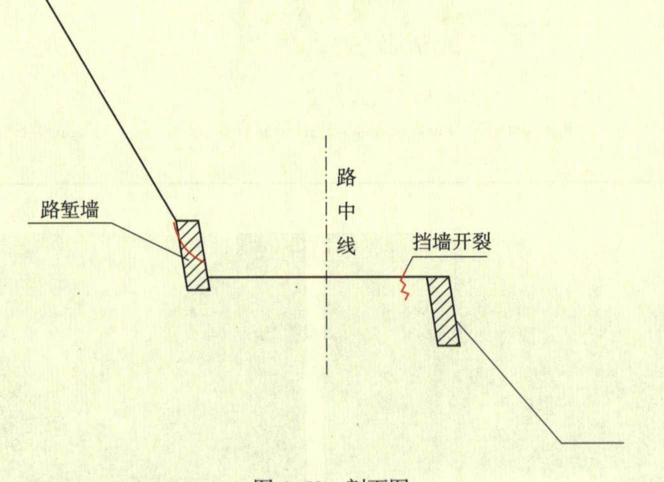

图 4–59　剖面图

Figure 4–59　Sectional drawing of the damaged earth structure

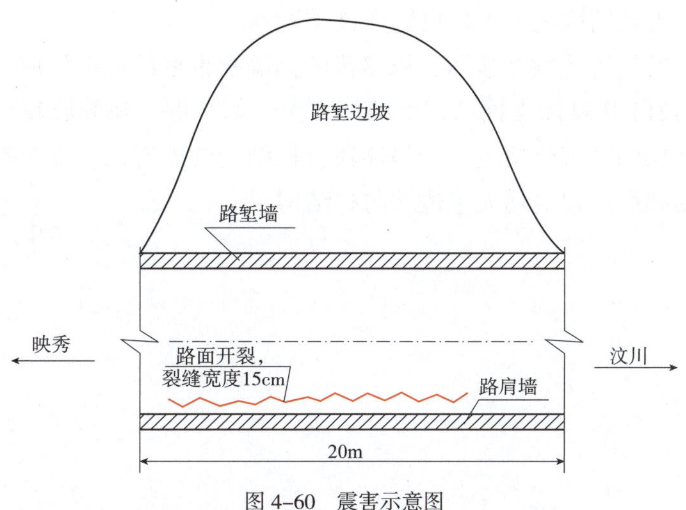

图 4-60　震害示意图

Figure 4-60　Schematic diagram of the damaged earth structure

图 4-61　现场调查图

Figure 4-61　Photo of the site investigated

4.4　小结 Summary

国道 G213 映秀—汶川段震害数量较大，由于靠近震中跨越了高烈度区地段，沿线公路震害严重。从该路段的现场调查结果能得到以下一些震害特点：

（1）公路紧邻岷江，两侧高山耸立，汶川地震中主要发生路基边坡震害，由于大面积的边坡崩塌、滑坡掩埋冲毁路基，造成大量路基本体被掩埋，震害数量与支挡结构震害相当。

（2）支挡结构地基土类型对震害的影响在该路段中表现明显，土质地基或土层覆盖较厚的上土下岩地基上发生的震害接近支挡结构震害总数的 80%，发生倾斜失稳、变形开裂、剪断等震害的支挡结构绝大多数设置在该类地基上。

（3）根据统计的震害比数据显示，该路段的挡墙震害率约为都江堰—映秀路段震害率的一半，即国道 G213 映汶段支挡结构的破坏规模比都江堰—映秀段较小。单独就映汶路而言，边坡防护结构的震害比要远小于该路段支挡结构的震害比，即路基防护结构中，支挡结构的震害规模和严重程度均大于边坡防护结构。

第 5 章　国道 G213 汶川至茂县段路基震害
Chapter 5　Subgrade seismic hazards of national road G213 between Maoxian and Wenchuan section

5.1　概况 Overview

5.1.1　线路概况 Outline of route

国道 G213 汶川—茂县段全长约 30km，公路等级为山岭重丘区三级公路。汶川地震中，汶茂段处于龙门山断裂带中段的 NE 向汶川—茂县断裂（又称龙门山后山断裂），该断裂位于草坡以北，延伸长度 500km，走向北 30°~45° 东，倾角 45°~80°，为压扭性逆冲断层。上盘（西北盘）向南仰冲，下盘相对向北俯冲，断层线多分叉闭合，并发育北东向分支断裂，该断裂是划分龙门山华夏系构造与小金弧形褶皱带的边界。断裂带以几条平行发育的主错带出现，由构造角砾岩、碎裂岩、构造透镜体、糜棱岩或断层泥组成（图 5-1）。

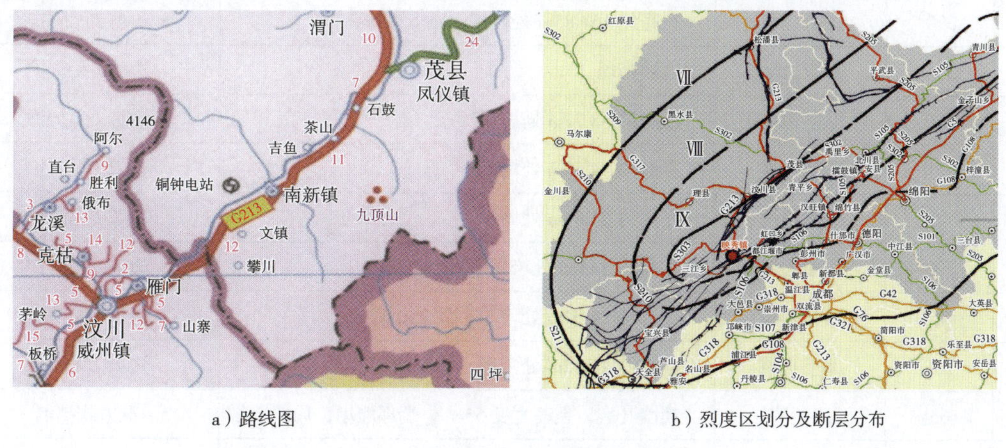

a）路线图　　b）烈度区划分及断层分布

图 5-1　汶茂路线图

Figure5-1　Map of route between Wenchuan and Maoxian section

按 2001 年 8 月国家地震局在此地区地震复核报告，场地基本烈度为Ⅶ度，设计地震动加速度峰值为 0.1g，地震动反应谱特征周期为 0.4s。在汶川地震中，该段路实际烈度为 X 度。

5.1.2　调查震害概况 Outline of investigated seismic hazards

国道 G213 汶川—茂县路段震害见表 5-1，表中显示出受损长度、部位、震害情况描述、震害结构类型等。

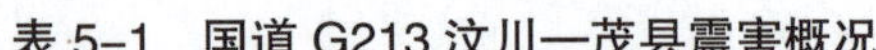

表 5-1 国道 G213 汶川—茂县震害概况

Table 5-1 Overview of seismic hazard on national road G213 between Wenchuan and Maoxian section

编号	长度（m）	受损部位	震 害 情 况	震害结构类型
1	50	路基及路肩墙	路基伸缩逢开裂 10cm，路肩墙长 15m 开裂宽 3cm	路基本体
2	280	路堑边坡	在高约 93.4m 处垮塌，约 20 000m³	边坡 / 无防护
3	61	外侧路肩	长 61m，开裂 9cm	路基本体
4	135	路堑边坡	在高约 185.4m 处垮塌	边坡 / 无防护
5	181	路堑边坡	在高约 34.17m 处垮塌，约 300m³	实体护面墙
6	17	路面	开裂长 17m，宽 7cm	路基本体
7	32	路堑墙	挡墙底部鼓出 10cm，开 5cm	重力式挡墙
8	300	路堑边坡	在高约 120.16m 处垮塌，约 50 000m³	边坡 / 无防护
9	90	路堑边坡	在高约 8.4m 处垮塌	边坡 / 无防护
10	410	路堑边坡	在高约 70.98m 处垮塌，约 3000m³	边坡 / 无防护
11	90	路堑边坡	在高约 41.87m 处垮塌	边坡 / 无防护
12	620	路堑边坡	在高约 41.87m 处垮塌	边坡 / 无防护
13	620	路堑边坡	边坡垮塌	边坡 / 无防护
14	290	路堑边坡	在高约 164.85m 处垮塌，约 6 000m³	边坡 / 无防护
15	256	路堑边坡	边坡垮塌	边坡 / 无防护
16	170	路堑边坡	在高约 48.77m 处垮塌	边坡 / 无防护
17	60	路堑边坡	在高约 34.53m 处垮塌	边坡 / 无防护
18	60	路堑边坡	在高约 21.85m 处垮塌	边坡 / 无防护
19	200	路堑边坡	在高约 34.6m 处垮塌	边坡 / 无防护
20	55	路堑边坡	在高约 34.04m 处垮塌，约 250m³	边坡 / 无防护
21	165	路堑边坡	在高约 20.02m 处垮塌，零星崩塌落石	边坡 / 无防护
22	63	路堑墙	挡墙开裂，裂缝宽度 55cm，端部垮塌，局部鼓胀	重力式挡墙
23	158	路堑墙	挡墙部分段落垮塌	重力式挡墙
24	55	路堑墙	墙体变形开裂，宽度为 15cm	重力式挡墙
25	10	桥台锥坡	路桥过渡段，桥台出现裂缝	路堤边坡
26	99	路堑边坡	山体崩塌坍塌掩埋路基	路基本体
27	40	路基	山体崩塌坍塌掩埋路基	路基本体
28	100	路基、路肩	山体崩塌坍塌掩埋路基，路基外侧沉陷 10cm，浆砌卵石路肩鼓胀	路基本体
29	163.5	路基	山体崩塌坍塌掩埋路基	路基本体

续上表

编号	长度（m）	受损部位	震　害　情　况	震害结构类型
30	232	路基	山体崩塌坍塌掩埋路基	路基本体
31	50	路基	山体崩塌坍塌掩埋路基	路基本体
32	30	路堑墙	坡体垮塌砸毁挡墙上部	重力式挡墙
33	122	路基	山体崩塌坍塌掩埋路基	路基本体
34	102	路堑墙	墙顶位移 47cm，局部发生鼓胀	重力式挡墙
35	50	路肩墙	路肩外移 25cm，垮塌，路基下沉，局部鼓胀 18cm	重力式挡墙
36	60	路肩墙	路基外侧沉陷 20cm，路肩外移 25cm，垮塌	路基本体
37	75.4	路堑边坡	山体崩塌坍塌掩埋路基	路堑边坡
38	53.6	路堑边坡	山体崩塌坍塌掩埋路基	路堑边坡
39	10	涵洞处路肩	涵洞侧路肩墙垮塌	路基本体
40	182.6	路堑墙	路堑墙局部垮塌	重力式挡墙
41	19.7	路堑墙	挡墙中部鼓胀开裂，开裂宽度 43cm	重力式挡墙
42	80	路堑墙及边坡	挡墙局部被砸毁	重力式挡墙
43	200	路基	山体崩塌坍塌掩埋路基	路基本体
44	168.7	路基	山体崩塌坍塌掩埋路基、路堑墙局部被砸坏	路基本体
45	800	路基	山体崩塌坍塌掩埋路基	路基本体
46	172.5	路基	山体崩塌坍塌掩埋路基	路基本体
47	225.6	路基	山体崩塌坍塌掩埋路基	路基本体
48	90.3	路堑墙	挡墙局部被砸毁	重力式挡墙
49	24.3	路基	路基外侧沉陷 10cm	路基本体
50	39.8	路基	路基外侧沉陷 20cm	路基本体
51	14.6	路堑墙及路基	挡墙开裂，外移 4cm，下部鼓胀。下部向外移，上部向内移；路面开裂	重力式挡墙
52	42.5	路基	路基塌方	路基本体
53	76.7	路堑墙	挡墙横向开裂，鼓胀	重力式挡墙
54	18	路面	路面隆起	路基本体
55	315	路基	山体崩塌坍塌掩埋路基	路基本体
56	75	路基	山体崩塌坍塌掩埋路基	路基本体
57	184.7	路基	山体崩塌坍塌掩埋路基	路基本体
58	103	路基	山体崩塌坍塌掩埋路基	路基本体
59	251.4	路基	山体崩塌坍塌掩埋路基	路基本体

5.2 震害统计分析 Statistical analysis of seismic hazards

本段线路位于龙门山中央断裂的上盘，在汶川地震作用下，路基主要发生边坡滑坡、崩塌、掩埋路基、支挡结构变形开裂、垮塌倾斜等震害（图 5-2~ 图 5-5）。

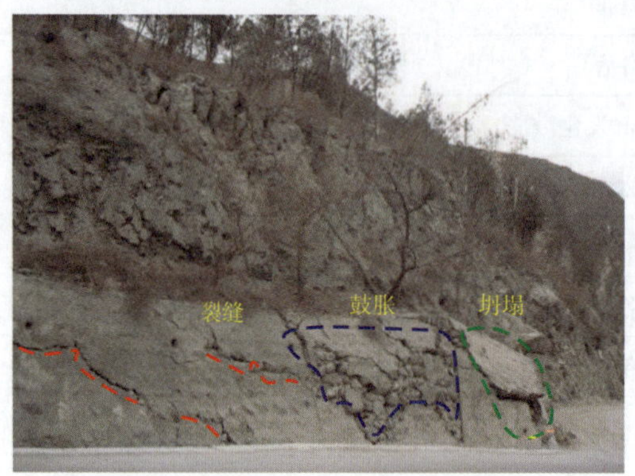

图 5-2 变形开裂、鼓胀、坍塌震害

Figure5-2 Seismic hazards such as deformation，crack，swell and collapse

图 5-3 变形开裂震害

Figure 5-3 Deformation and cracking seismic hazard

图 5-4 边坡崩塌震害

Figure 5-4 Slope collapse seismic hazard

图 5-5 路基隆起震害

Figure 5-5 Subgrade upheaval seismic hazard

5.2.1 总体统计分析 General statistical analysis

国道 G213 汶川—茂县段路基工程震害共 59 处，包括路基本体震害 28 处，支挡结构震害 13 处；路基边坡震害为 18 处。该路段路基工程震害主要以路基本体结构震害为主（图 5-6）。

如统计图 5-7 所示，该路段路基震害主要发生 B 级（中度）震害，占震害总数的 44%；其次 A 级（轻微）震害和 C 级（严重）震害各占 25% 和 29%；此外发生了 1 处 D 级（损毁）震害。

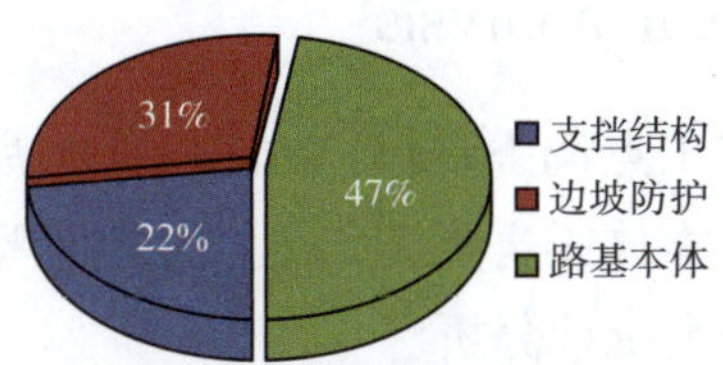

图 5-6　总体震害关系图

Figure 5-6　Relationships among seismic hazards

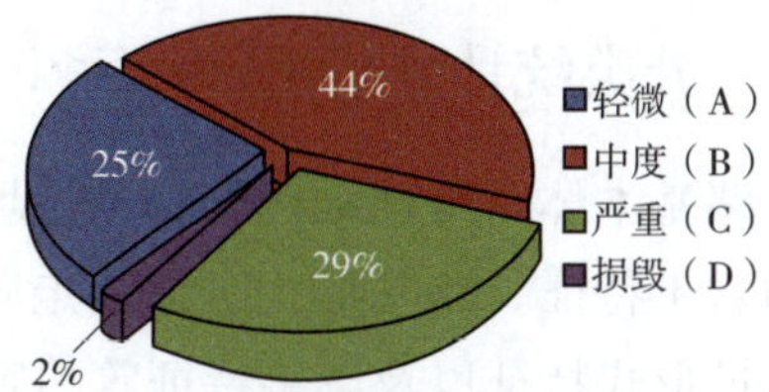

图 5-7　总体损害程度分布图

Figure 5-7　Distribution of extent of subgrade seismic hazard

该路段本体结构震害与路基整体相似，以 B 级震害为主，依次为 C 级震害和 A 级震害（图 5-8）；支挡结构主要发生 B、C 级震害，占支挡震害总数的 64%，其次为 A 级震害，占支挡震害总数的 12%。另外有 1 处支挡结构发生 D 级震害（图 5-9）；边坡震害中，以 A、C 级震害为主（图 5-10）。虽然本体震害数量最大，但支挡结构震害程度更为严重（图 5-11）。路基震害程度分类情况见表 5-2。

表 5-2　路基震害程度分类情况

Table 5-2　Classification of seismic hazard extent on subgrade

破坏程度 / 数量 / 百分比 / 结构类型	路基本体		支挡结构		边坡		总体	
A 级轻微震害	7 处	25%	2 处	12%	6 处	35%	15 处	25%
B 级中度震害	13 处	46%	6 处	35%	7 处	41%	26 处	44%
C 级严重震害	8 处	29%	5 处	29%	4 处	24%	17 处	17%
D 级损毁震害	0 处	0%	1 处	6%	0 处	0%	1 处	2%

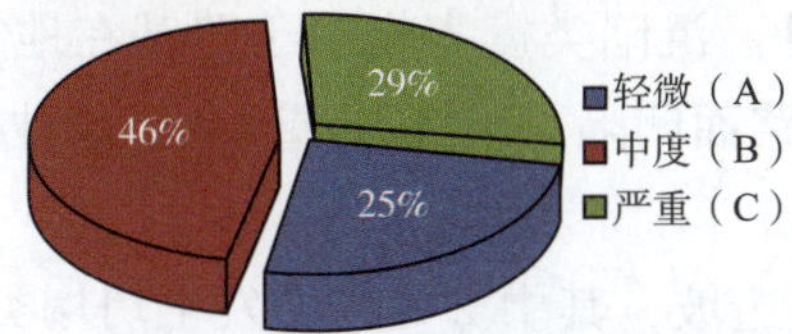

图 5-8　路基本体震害程度

Figure 5-8　Extent of seismic hazard on subgrade

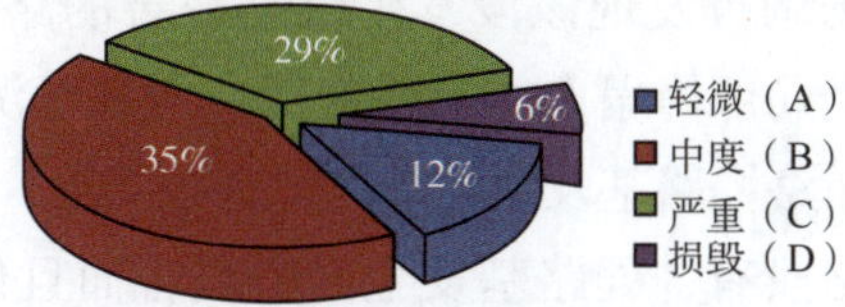

图 5-9　支挡结构震害程度

Figure 5-9　Extent of seismic hazard on retaining structure

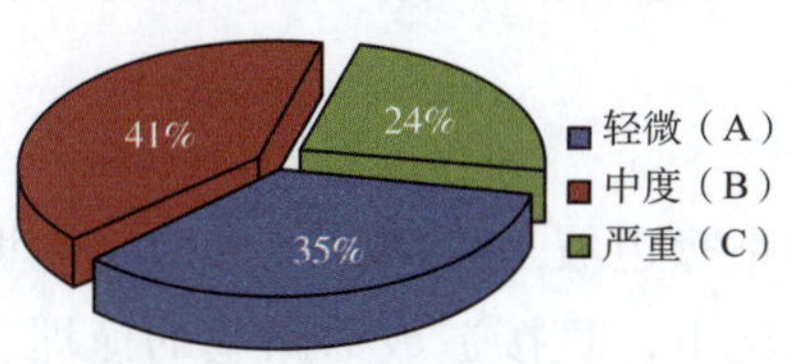

图 5-10　边坡防护震害程度

Figure 5-10　Extent of seismic hazard on slope

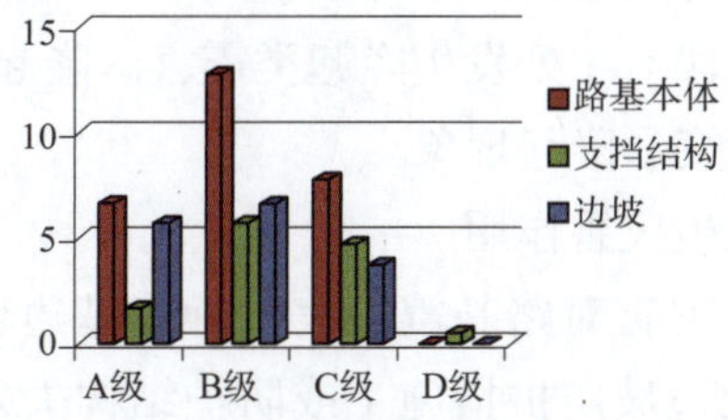

图 5-11　路基结构震害程度

Figure 5-11　Extent of seismic hazard on subgrade structure

5.2.2 分类统计分析 Classified statistical analysis

根据对路基本体、支挡结构、路基边坡的震害工点调查资料，本节对工点所在的边坡条件、周围岩土特征、路基形式、路线走向、路基本体震害类型、支挡结构类型及外形特征、边坡防护形式特征以及震害特征等内容进行分类统计分析。

（1）路基本体震害

国道 G213 汶川至茂县段发生路基本体震害共 28 处。

路基本体受损主要发生在半挖半填路基。按照路基形式进行统计，半挖半填式路基震害 20 处，路堑路基受损 5 处，此外还有 3 处路堤路基发生震害。

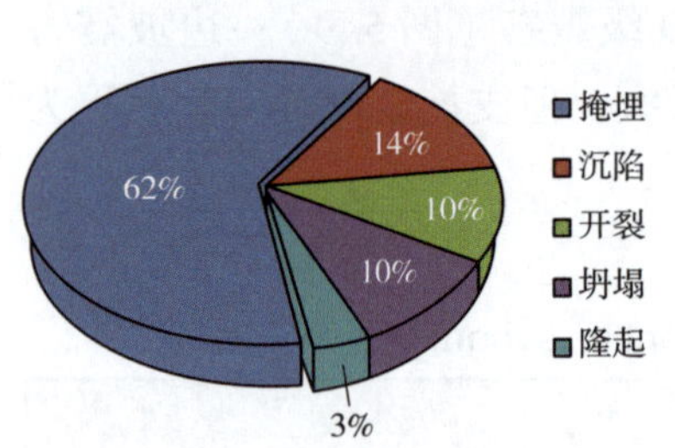

图 5-12 路基本体震害类型

Figure 5-12 Types of seismic hazard on subgrade

按照受损位置进行统计划分，震害主要发生在路基本体结构上，另外路面路肩处也有少量震害。据统计有 24 处震害位于路基本体位置，4 处位于路肩路堤位置（包括涵洞处路肩 1 处），此外路面位置受损 2 处。其中有 2 处路基本体与路肩同时发生了震害。

震害的路基主要位于山腰处，个别位于坡脚处。

该段路基本体遭受的震害主要为路堑边坡垮塌造成的路基掩埋，且属于次生灾害类，地震直接作用造成的结构损伤相对较少（图 5-12）。

①地震直接作用

国道 G213 汶川至茂县路段公路由地震直接作用造成的路基本体震害分为沉陷、开裂、坍塌、隆起四类。

现场调查发现该段发生沉陷震害的路基有 4 处。沉陷类震害指由于路基在地震作用下，发生局部垮塌，或者路基所在地基下沉产生的路面凹陷，出现空洞现象。该种震害主要发生在路堤路基及半挖半填式路基处。

该路段有 3 处路基发生开裂震害而且位于路堑边坡，其中 2 处伴随发生坍塌类震害。开裂类震害指路基产生不均匀变形，导致路面产生开裂现象。

该路段发生坍塌类震害 3 处，其中 2 处伴随发生开裂震害。坍塌类震害主要表现为路堤路基局部失稳，产生垮塌。

该路段有 1 处发生隆起类震害。隆起类震害表现为在地震动作用下路基土体间相互挤压，产生变形隆起现象。

②次生灾害作用

次生灾害对路基震害表现为路基边坡（多为路堑边坡）垮塌，造成滑坡掩埋损毁路基。在无边坡防护措施（或防护结构失效）的情况下，直接造成对路基的掩埋、砸坏震害。该汶川至茂县段路基本体共发生掩埋类震害 18 处。

（2）支挡结构震害

国道 G213 汶川至茂县段发生支挡结构震害共 13 处。

按结构形式划分，受损的 13 处挡墙均为重力式挡墙，主要是采用浆砌片块石砌筑。其中 85% 为路堑墙（上挡），15% 为路肩墙（下挡）。

震害挡墙所在地基土主要为土质、岩质以及上土下岩三类。该路段挡墙周围地基土以土质为主，占支挡结构震害总数的 83%。

将挡墙所在处路基分为路堑、路堤和半挖半填式路基三类统计，发生在半挖半填路基上有 11 处挡墙震害、路堑上有 1 处震害，路堤上有 1 处震害。

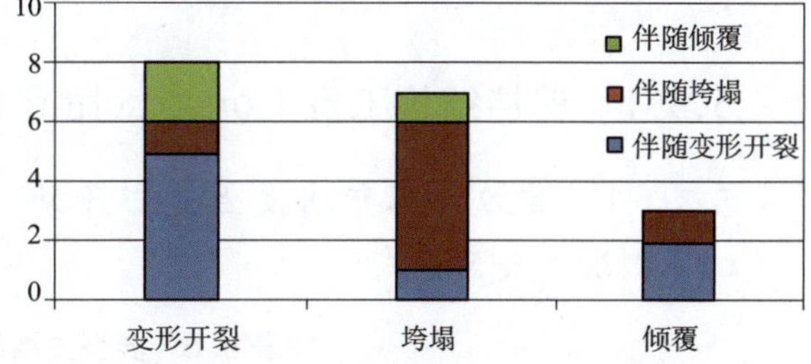

图 5-13　震害类型数量与各类伴随震害关系

Figure 5-13　Relationship between quantity and types of seismic hazards

挡墙震害大致分为变形开裂、垮塌（冲毁）及倾斜三类震害（图 5-13）。震害机理为地震动引起的墙后土体作用急剧增大，导致挡墙失稳。另外，次生灾害如滑坡、落石是导致支挡结构震害的另一大原因。

①变形开裂类震害

经调查，国道 G213 公路汶川—茂县段有 7 处挡墙发生不同程度的变形开裂震害。该类震害主要表现为结构墙身墙面出现裂缝、鼓胀现象。其主要原因是由于墙后土压力作用增大，墙身产生变形。此外，砌筑砂浆的强度与施工质量局部不足也是受损原因之一。

变形开裂挡墙中路堑墙 6 处，路肩墙 1 处。有 6 处挡墙所在地基土为土质，1 处地基土为上土下岩。挡墙发生某类震害的同时，也可能伴随产生其他类型的震害特征，变形开裂挡墙中伴随发生倾斜震害 2 处，墙顶局部垮塌 1 处。

②垮塌类震害

经调查，有 7 处挡墙发生不同程度的垮塌震害。该类震害主要表现为墙后边坡滑塌、挡墙墙身垮塌。其原因主要是在地震作用下，土压力瞬间增大或者边坡整体滑移导致墙后推力超过挡墙材料强度以及抗滑极限，从而导致垮塌。

垮塌挡墙中路堑墙 6 处，位于路堑路基上；路肩挡墙 1 处，位于半挖半填路基上。发生震害的挡墙所在地基土主要为土质，7 处垮塌挡墙中伴随发生倾斜震害 1 处，开裂鼓胀震害 1 处。

③倾斜类震害

调查中有 3 处挡墙发生不同程度的倾斜震害。该类震害主要表现为挡墙墙身向外倾斜，墙顶产生位移现象。其主要原因由于墙后土压力超出挡墙抗倾斜极限。

产生倾斜的 3 处挡墙中，路肩墙 2 处，路堑挡墙 1 处。3 处所在地基土为土质类地基。

（3）路基边坡震害

汶川至茂县路段上，震害的路基边坡共计 18 处，其中 17 处震害发生在路堑边坡上，另外 1 处发生在路堤边坡。从边坡地质情况进行统计分类，震害主要发生在上土下岩类型的边坡上，具体震害数量 12 处，另外 6 处震害发生在岩质边坡上。由于该段震害的边坡基本属于无防护结构的边坡（只有 3 处为护面墙，无抗震性能），其震害特征主要为垮塌类震害，表现为山体滑坡、崩塌等现象。

5.3 典型震害工点 Typical construction sites of seismic hazards

5.3.1 支挡结构工点 Construction sites of retaining structure

5.3.1.1 重力式路堑墙发生变形开裂、鼓胀、垮塌震害

（1）概况（表 5-3）

表 5-3 典型支挡结构工点 I 概况

Table 5-3 Overview of typical retaining structure at work point I

类 型	重力式路堑挡墙	地质环境	石质山土层薄
砌筑参数	M7.5 砂浆砌片石，石料强度不小于 25MPa，M10 砂浆勾缝	墙高	2.14m
与断层关系	位于北川—映秀断裂上盘，与汶川—茂县断裂在一条直线上		

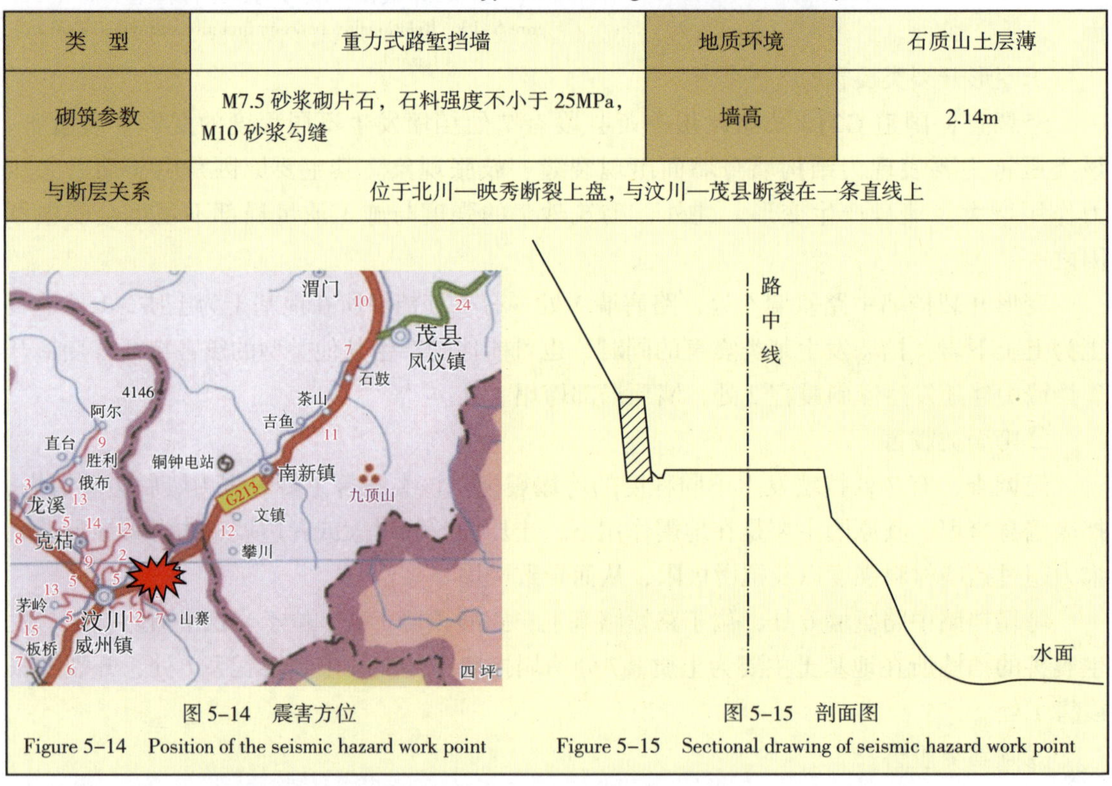

图 5-14 震害方位

Figure 5-14 Position of the seismic hazard work point

图 5-15 剖面图

Figure 5-15 Sectional drawing of seismic hazard work point

该处震害工点为衡重式挡墙，属于重力式挡墙类。墙高 2.14m，墙胸坡度为 1 : 0.25，墙背坡度为 1 : 0.05。该挡墙采用 M7.5 浆砌片石砌筑，石料强度大于 25MPa。墙身每隔 10~15m 设置一道伸缩沉降缝，缝宽 2cm。墙后属于单级的路堑边坡，坡高为 7.06m，平均坡度 65°，该处路基为路堑路基，沥青混凝土路面，周围地质环境为石质山土层薄。该处工点距离汶川县城约 1km，位于北川—映秀断裂上盘。与压扭性逆冲断层汶川—茂县断裂（又称龙门山后山断裂）几乎在同一条直线上，与其距离约为 1km。

（2）震害情况

该段路处于汶川—茂县断裂上，位于北川—映秀断裂的上盘，地震动较强烈，在地震力的作用下，墙后土压力增大挡墙发生了变形开裂、鼓胀、垮塌震害。在挡墙的伸缩缝处产生了一个宽 55cm 的纵向裂缝，在长 53m 的挡墙上有不同宽度的横向裂缝，平均宽度达 10cm；墙身多处有鼓胀作用，挡墙端部长约 10m 范围内发生垮塌震害，该部分挡墙完全震坏，失去防护功能，挡墙震害产生的块石崩落到路面上，对交通产生了一定影响。震后工程人员对该挡墙进行调查，发现其基本稳定，没有对其进行修复。具体的震害情况如图 5-16 和图 5-17 所示。

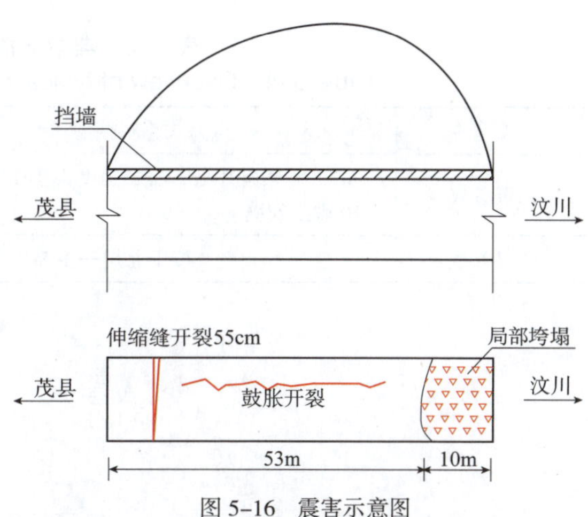

图 5-16　震害示意图

Figure 5-16　Schematic diagram of the damaged earth structure

a）整体震害

b）变形开裂

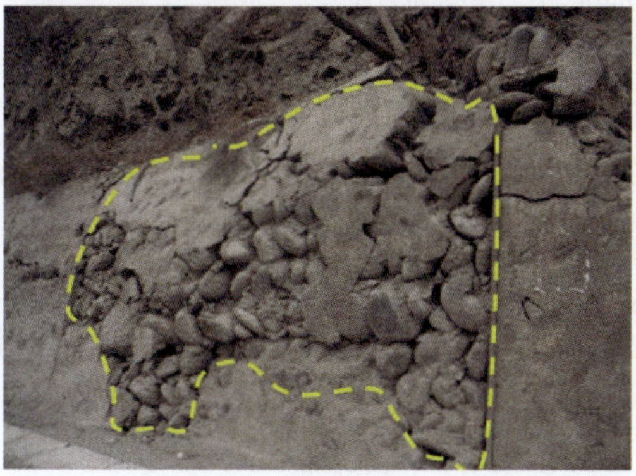

c）鼓胀

d）垮塌

图 5-17　现场调查照片

Figure 5-17　Photos of the site investigated

5.3.1.2 重力式路堑墙发生墙顶位移、鼓胀震害

（1）概况（表 5-4）

表 5-4 典型支挡结构工点 II 概况

Table 5-4 Overview of typical retaining structure at work point II

类型	重力式路堑挡墙	地基土类型	土质
砌筑参数	M7.5 砂浆砌片石，石料强度不小于 25MPa，M10 砂浆勾缝	墙高	1.78m
断层关系	位于北川—主断层上盘，与汶川—茂县断裂在一条直线上		

图 5-18 震害方位

Figure 5-18 Position of the seismic hazard site

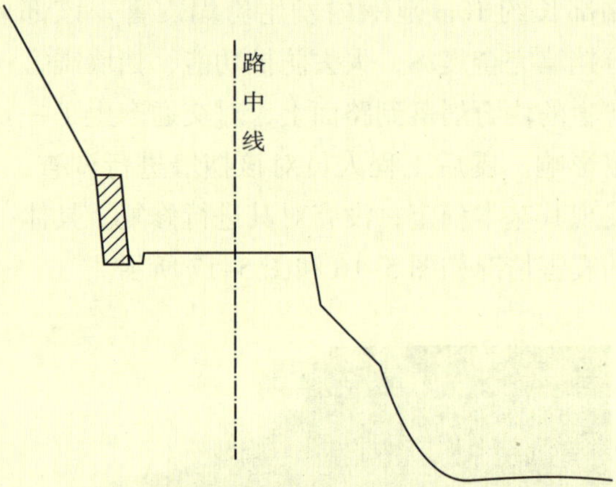

图 5-19 剖面图

Figure 5-19 Sectional drawing of the damaged earth structure

该处震害工点为衡重式挡墙，属于重力式挡墙类，浆砌片块石砌筑。该挡墙墙高 1.78m，墙胸坡度为 1∶0.25，墙背坡度为 1∶0.05。该挡墙采用 M7.5 浆砌片石砌筑，石料强度为 25MPa。墙身每隔 10~15m 设置一道伸缩沉降缝，缝宽 2cm。墙后边坡属于单级的路堑边坡，坡高为 92.07m，平均坡度 39°，该处路基为路堑路基，沥青混凝土路面，周围地质环境为土质山。

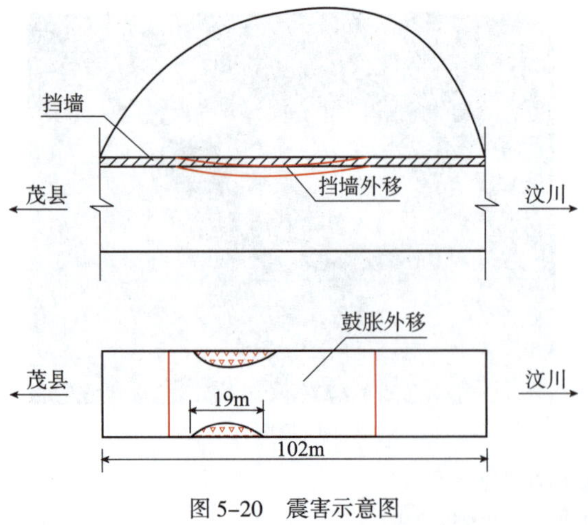

图 5-20 震害示意图

Figure5-20 Schematic diagram of the damaged earth structure

该处工点距离汶川县城约 5.3km，线路走向为 NE73°，地基土类型为土质。与压扭性逆冲断层汶川—茂县断裂（又称龙门山后山断裂）几乎平行，与其的距离约为 1km。

（2）震害概况

该段路处于汶川—茂县断裂上，位于北川—映秀断裂的上盘，地震动较强烈，在地震力的作用下墙后土压力增大，挡墙发生了墙顶位移、鼓胀震害。墙顶产生的位移量达到 47cm，产生位移的挡墙长度约为 19m，发生位移的挡墙下部有鼓胀震害的产生，

对挡墙的稳定性产生了影响（图 5–20 和图 5–21）。调查发现，挡墙已基本稳定，震后没有对该挡墙进行修复。

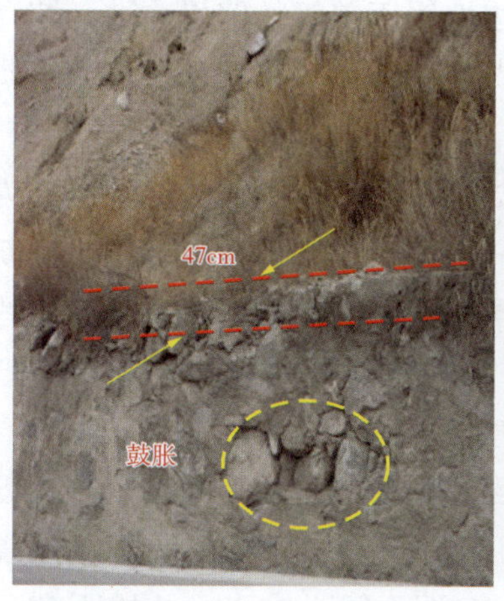

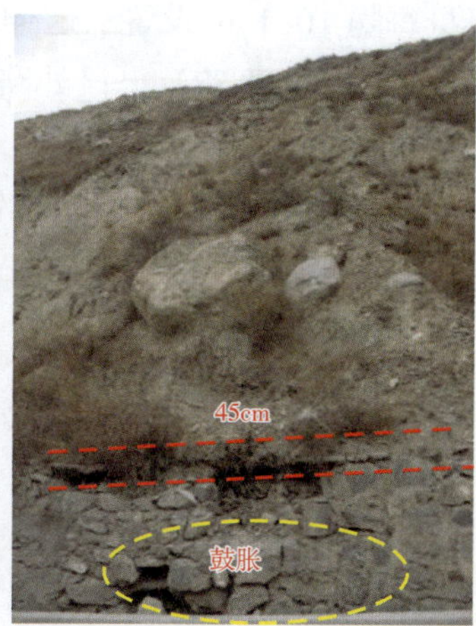

图 5–21　现场调查照片

Figure 5–21　Photos of the site investigated

5.3.1.3　重力式路肩墙发生垮塌、倾斜震害

（1）概况（表 5–5）

表 5–5　典型工点 III 概况

Table 5–5　Overview of typical retaining structure at work point III

类型	重力式路肩挡墙	地基土类型	土质
砌筑参数	M7.5 砂浆砌片石，石料强度不小于 25MPa，M10 砂浆勾缝	墙高	2.99m
断层关系	位于北川—映秀断裂上盘，与汶川—茂县断裂在一条直线上，垂直距离 1km		
图 5–22　震害方位 Figure 5–22　Position of the seismic hazard site		图 5–23　剖面图 Figure 5–23　Sectional drawing of the damaged earth structure	

该处震害工点为衡重式挡墙，属重力式挡墙类，浆砌片块石砌筑。墙高 3m，墙胸坡度为 1∶0.25，墙背坡度为 1∶0.05。该挡墙采用 M7.5 浆砌片石砌筑，石料强度为 25MPa。墙身每隔 10~15m 设置一道伸缩沉降缝，缝宽 2cm。墙后边坡属于单级的路堤边坡，坡高 27m，平均坡度 37°，该处路基为半挖半填路基，沥青混凝土路面，周围地质环境为石质山土层薄。

该处工点距离汶川县城约 5.3km，与北川—映秀断裂之间夹角为 36°，地基土类型为土质，位于北川—映秀断裂上盘，与压扭性逆冲断层汶川—茂县断裂（又称龙门山后山断裂）几乎在同一条直线上，与其垂直距离约为 1km。

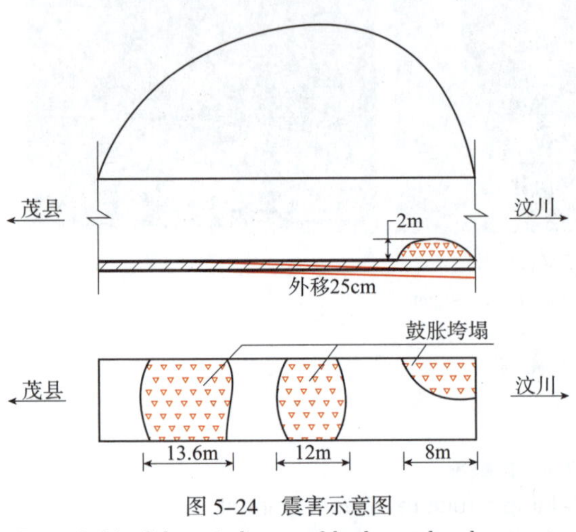

图 5-24 震害示意图

Figure 5-24 Schematic diagram of the damaged earth structure

（2）震害简介

该工点距离重灾区汶川约 1km，地震动较强烈，所受地震力影响较大，在地震力的作用下该挡墙在长 33.6m 长的距离上发生了垮塌震害，由于路肩墙的垮塌使路基的护栏发生了倾斜震害，倾斜量平均达到了 25cm，对路基的稳定性产生了影响（图 5-24 和图 5-25）。路肩挡墙发生垮塌部位的防护作用完全消失，使路基处于脱空的状态。

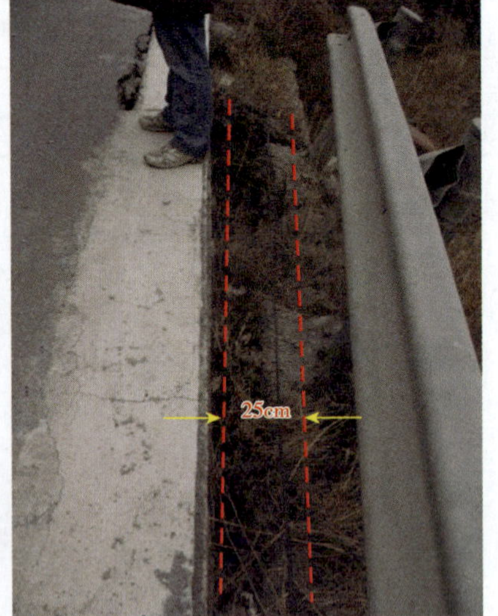

图 5-25 现场调查照片

Figure 5-25 Photos of the site investigated

挡墙发生垮塌震害的主要原因是墙后土压力作用大于挡墙的抗剪切和抗倾斜强度从而造成震害。可能是由于施工质量问题，挡墙的强度局部没有达到应有的强度。垮塌处的挡墙失去防护功能，虽然路基本体并未失稳，但急需修补。

5.3.2 边坡工点 Construction sites of slope

5.3.2.1 路堑高边坡崩塌

（1）概况（表 5-6）

该处震害工点为路堑高边坡。根据现场测量数据，该边坡属于单级边坡，高 93.4m，坡长 119.2m，平均坡度 49°，没采取任何防护措施。该路段长 280m，走向为 NE65°，位于北川—映秀断裂走向 NE32°，故与主断层夹角为 33°。经调查该处路基属于半挖半填路基，路面为沥青混凝土路面，周围环境为石质山土层薄。

受损边坡位于汶川附近，紧邻岷江，位于北川—映秀断裂上盘，位于该路段的直线段上。

表 5-6　典型边坡震害工点 I 概况

Table 5-6　Overview of typical slope seismic hazard at work point I

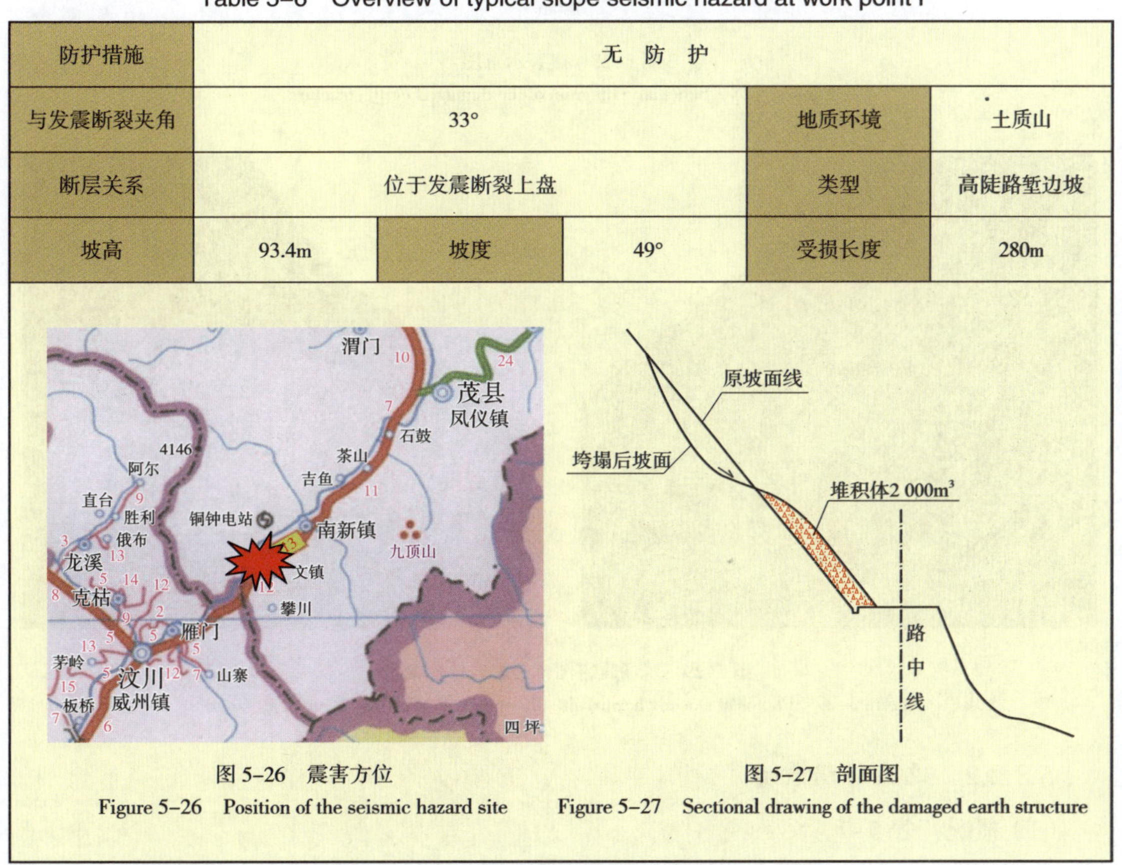

防护措施	无 防 护				
与发震断裂夹角	33°			地质环境	土质山
断层关系	位于发震断裂上盘			类型	高陡路堑边坡
坡高	93.4m	坡度	49°	受损长度	280m

图 5-26　震害方位

Figure 5-26　Position of the seismic hazard site

图 5-27　剖面图

Figure 5-27　Sectional drawing of the damaged earth structure

（2）震害简述

汶川地震产生的强震动持续时间较长，在竖向与水平地震波共同影响作用下，陡坡高处的加速度放大效应明显，加之坡面没采取相应防护措施，边坡抗震性能较差，从而使边坡发生了崩塌现象。崩塌高度在 0~40m 范围内，崩塌后掩埋路基，崩塌方量约为 2 000m³（图 5-28 和图 5-29）。

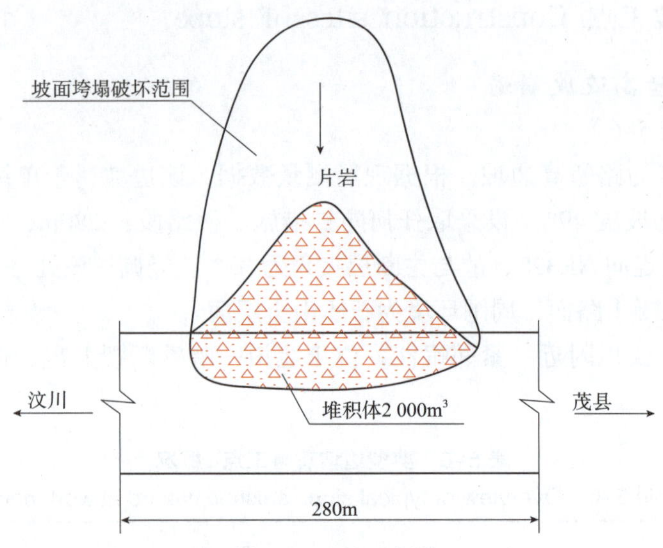

图 5-28 震害示意图

Figure 5-28 Schematic diagram of the damaged earth structure

图 5-29 现场震害图（崩塌岩体已清理）

Figure 5-29 Photos of seismic hazard site (the rock collapsed has been cleared out)

5.3.2.2 边坡垮塌震害

（1）概况（表 5-7）

该高陡路堑边坡，采用实体护面墙防护，防护长度为 410m，防护面积为 1 353m²，防护材料为浆砌片石。护面墙高度为 3.3m，墙厚 1.5m。该边坡为单级边坡，坡高 70.98m，坡度平均 36°。该边坡位于汶川附近，紧邻岷江；位于北川—映秀断裂上盘，在线路的直线段上，与发震断裂的夹角约为 27°，周围环境为石质山土层薄。

表 5–7 典型边坡震害工点 II 概况此基础上

Table 5–7 Overview of typical slope seismic hazard at work point II

防护措施	实体护面墙防护				
防护材料	浆砌片石			防护长度	410m
防护高度	3.3m			防护面积	1 353m²
与发震断裂夹角	27°			地质环境	石质山土层薄
断层关系	位于发震断层上盘			类型	高陡路堑边坡
坡高	70.98m	坡度	36°	受损长度	118.92m

图 5–30 震害方位

Figure5–30 Position of the seismic hazard site

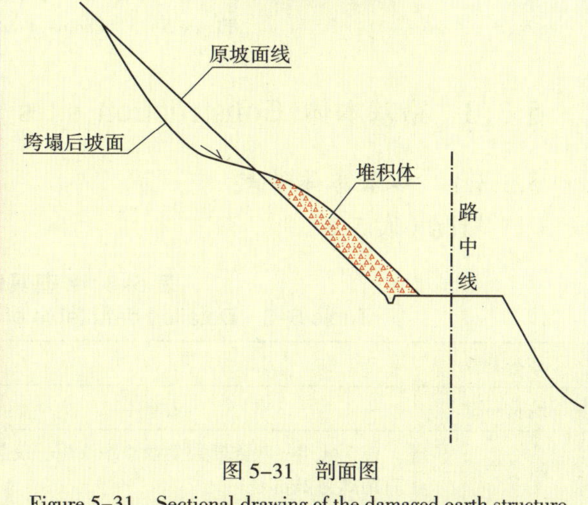

图 5–31 剖面图

Figure 5–31 Sectional drawing of the damaged earth structure

（2）震害简述

该工点处于Ⅸ度区，坡高达 70m，在地震作用下边坡顶部地震波放大现象明显，加之强震动持续时间长，最终导致边坡失稳发滑坡，塌方量为 30 000m³。由于护面墙无抗震能力，滑坡也造成了护面墙严重垮塌破坏，范围超过了 50m 宽，另外局部护面墙顶部被落石砸坏（图 5–32 和图 5–33）。

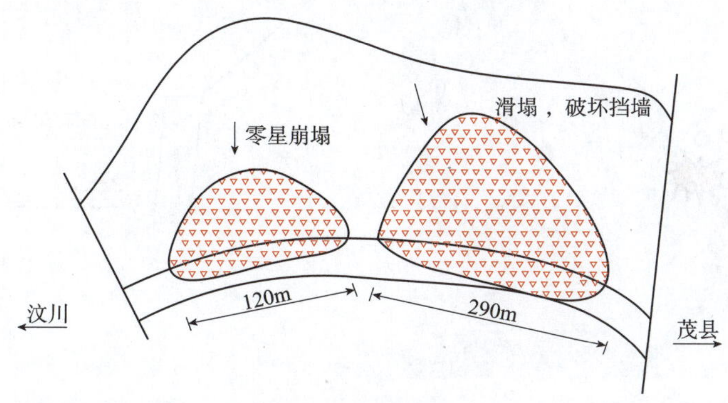

图 5–32 震害示意图

Figure 5–32 Schematic diagram of the damaged earth structure

图 5-33 现场调查照片

Figure 5-33 Photos of the site investigated

5.3.3 路基本体 Construction sites of subgrade

5.3.3.1 路基本体隆起

（1）概况（表 5-8）

表 5-8 路基具体信息表

Table 5-8 Detailed data table of subgrade seismic hazards

路基类型	路堑路基				
地质环境	土质山			公路等级	山丘三级
断层关系	位于北川—映秀断裂上盘，距汶川—茂县断裂垂直距离为 1km			与发震断裂夹角	70°
路基宽	8.0m	行车道宽	7m	土肩宽	0.5m
路基材料	面层	沥青混凝土面层采用 AC-13 或 AC-16 型密级配沥青混泥土混合料			
	基层	基层结构形式为水泥稳定碎石			
	底基层	底基层选用天然砂砾结构			

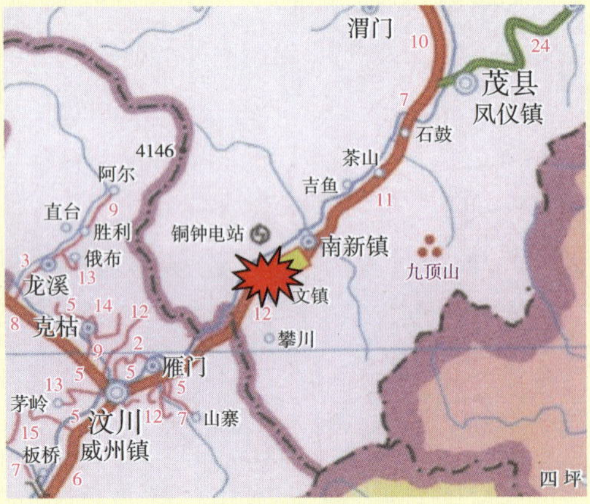

渭门 10 24 茂县 凤仪镇 7 石鼓 4146 茶山 阿尔 吉鱼 11 直台 9 胜利 铜钟电站 南新镇 九顶山 3 俄布 龙溪 13 文镇 8 克枯 5 14 12 12 攀川 9 2 5 5 雁门 13 5 芽岭 5 汶川 12 7 山寨 15 板桥 威州镇 7 6 四坪

图 5-34 震害方位

Figure 5-34 Position of the seismic hazard site

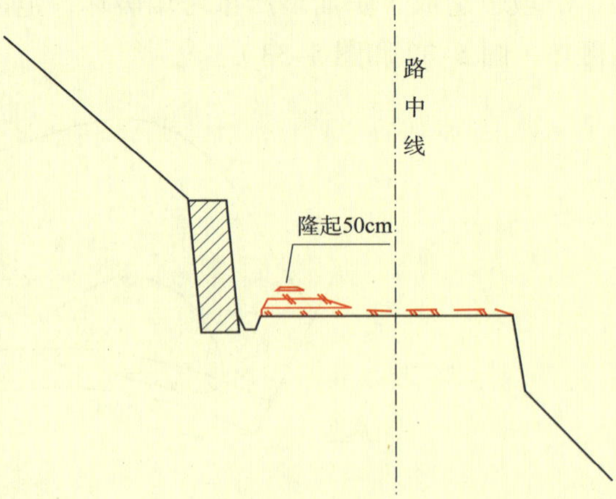

路中线

隆起50cm

图 5-35 剖面图

Figure 5-35 Sectional drawing of the damaged earth structure

该震害路基属于路堑路基，沥青混凝土路面。公路设计等级为三级，路基所处的位置位于山脚处，路基宽度 8.0m，行车道宽度 7m，土肩宽度 2×0.5m。路面结构形式为：细粒式沥青混凝土上面层为 5cm，水泥稳定碎石基层为 15cm，水泥稳定碎石底层为 22cm。

该处工点距离汶川县城约 10km，周围地质情况以土质为主，位于北川—映秀断裂上盘。该段线路走向与主断层走间的夹角为 70°，与压扭性逆冲断层汶川—茂县断裂（又称龙门山后山断裂）平行，与其垂直距离约为 1km。

（2）震害简述

该路基本体位于Ⅸ度区，属高烈度区域，所受的地震力强烈，路基本体发生隆起震害，在长 18m 的路基上隆起的高度达到 50cm，隆起部位处于路面的内侧。该处路基发生隆起的主要原因是在地震动长时间作用下，路基土体中受力不均，受到地震力的挤压，从而发生隆起震害。震后工程人员对该处路基进行了调查，除了路基内侧震害外，其他部分基本完好，震后可以继续通车。其具体的震害情况如图 5-36 和图 5-37 所示。

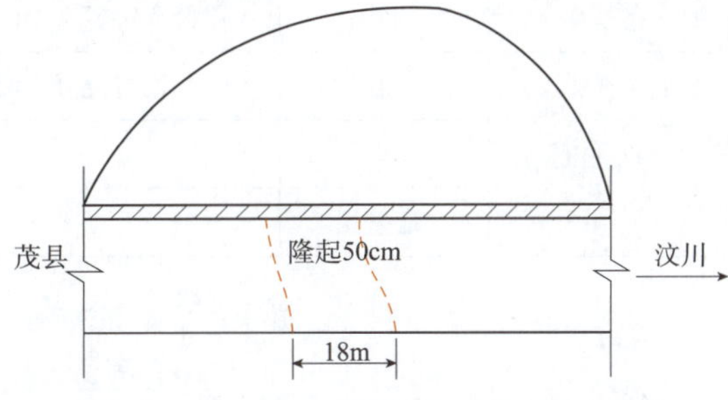

图 5-36　震害示意图

Figure 5-36　Schematic diagram of the damaged earth structure

图 5-37　现场调查图

Figure 5-37　Photos of the site investigated

5.3.3.2　路基本体坍塌

（1）概况（表 5-9）

经调查，该路基属于半挖半填路基，沥青混凝土路面。公路设计等级为三级，路基所处的位置位于山脚处，紧邻岷江，高于岷江 15m 左右。路基宽度 8.0m，行车道宽度 7m，土肩宽度 2×0.5m。路面结构形式为：细粒式沥青混凝土上面层厚 5cm，水泥稳定碎石基层为 15cm，水泥稳定碎石底为 22cm，周围的环境为土质山。该处工点位于北川—映秀断裂上盘，与主断层之间的夹角为 72°，与压扭性逆冲断层汶川—茂县断裂（又称龙门山后山断裂）近似重叠。

表 5-9 路基具体信息表

Table 5-9 Detailed data table of subgrade seismic hazards

路基类型	半挖半填路基			地质环境	土质山
				公路等级	山丘三级
断层关系	位于北川—映秀断裂上盘，距汶川—茂县断裂垂直距离为 1km			与断层夹角	72°
路基宽	8.0m	行车道宽	7m	土肩宽	0.5m
路基材料	面层	沥青混凝土面层采用 AC-13 或 AC-16 型密级配沥青混泥土混合料			
	基层	基层结构形式为水泥稳定碎石			
	底基层	底基层选用天然砂砾结构			

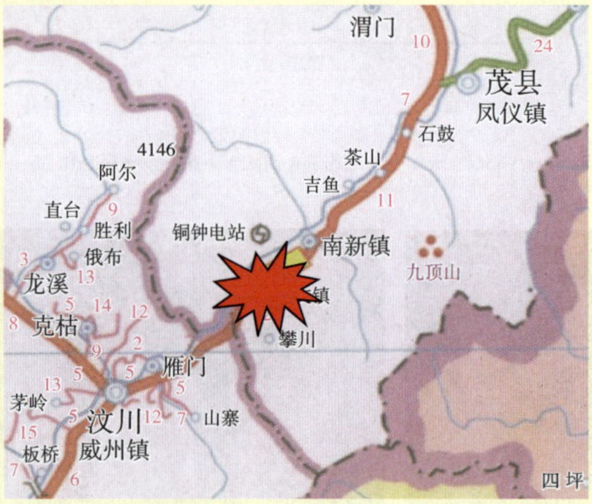

图 5-38 震害方位

Figure 5-38 Position of the seismic hazard site

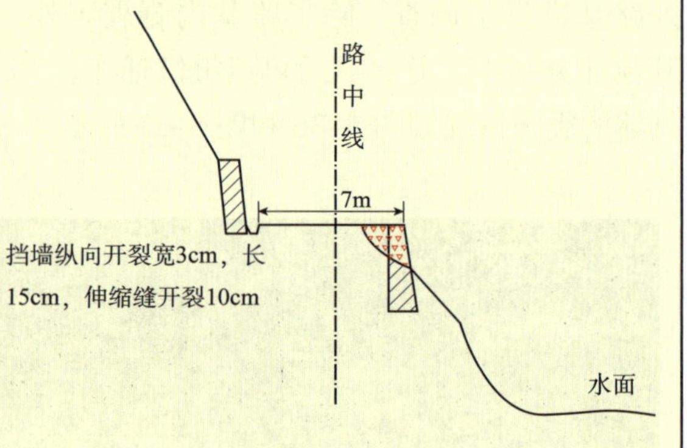

挡墙纵向开裂宽3cm，长15cm，伸缩缝开裂10cm

图 5-39 剖面图

Figure 5-39 Sectional drawing of detailed data table of subgrade seismic hazards

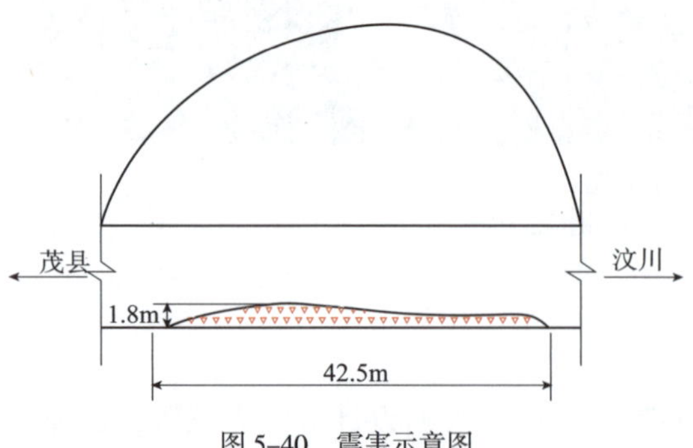

图 5-40 震害示意图

Figure 5-40 Schematic diagram of detailed data table of subgrade seismic hazards

（2）震害简述

该路基本体在汶川地震的主震中失稳，导致该路基垮塌，在长 42.5m 的路面上垮塌面积达 75m²，垮塌路面横向宽度约为 1.8m，垮塌部位位于靠近路肩墙一侧。该震害产生的主要原因是由于地震作用下路肩墙垮塌、下沉从而引起路基路肩部分垮塌。震后工程人员对该处进行了补救措施，调查时发现该路基未完全失稳，处于基本稳定状态。其具体情况如图 5-40 和图 5-41 所示。

图 5-41　现场调查图

Figure 5-41　Photos of the site investigated

5.3.3.3　路基本体下沉

（1）概况（表 5-10）

表 5-10　路基具体信息表

Table 5-10　Detailed data table of subgrade seismic hazards

路基类型	半挖半填路基			地质环境	土质山
				公路等级	山丘三级
断层关系	位于北川—映秀断裂上盘，距汶川—茂县断裂垂直距离为 1km			与断层夹角	28°
路基宽	8.0m	行车道宽	7m	土肩宽	0.5m
路基材料	面层	沥青混凝土面层采用 AC-13 或 AC-16 型密级配沥青混泥土混合料			
	基层	基层结构形式为水泥稳定碎石			
	底基层	底基层选用天然砂砾结构			

图 5-42　震害方位

Figure 5-42　Position of the seismic hazard site

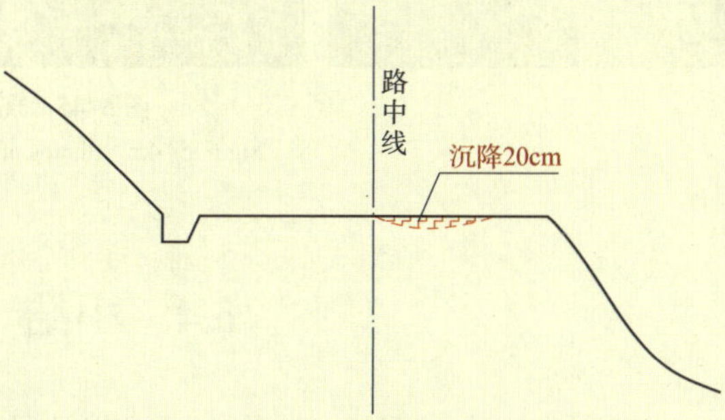

图 5-43　剖面图

Figure 5-43　Sectional drawing of detailed data table of subgrade seismic hazards

经调查该路基属于半挖半填路基，沥青混凝土路面。公路设计等级为三级，路基所处的位置位于山脚处，紧邻岷江。路基宽度 8.0m，行车道宽度 7m，土肩宽度 2×0.5m。路面结构形式为：细粒式沥青混凝土上面层为 5cm，水泥稳定碎石基层为 15cm，水泥稳定碎石底层为 22cm，在石质路堑段可取消底基层，增加 10cm 的调平层。由调查资料可知，周围的环境为土质山。该线路走向 NE60°，发震断裂走向 NE32°，之间的夹角为 28°。

该处工点地基类型为土质，位于北川—映秀断裂上盘。与压扭性逆冲断层汶川—茂县断裂（又称龙门山后山断裂）几乎在同一条直线上，与其垂直距离约为 1km。

（2）震害简述

该路基本体位于 IX 度区，该地区是高烈度、高震动区域，所受的地震力较大、较强烈，从而发生路基下沉震害，沉陷量达到 20cm，沉陷的路基长度为 39.8m，横向宽度约为 1m，沉陷位置位于靠近路堤一侧。该处的路基本体基本震害，处于基本稳定状态。

该处路基发生下沉震害的主要原因是地震作用下由于受力不同路基本体中的土体发生了相对位移，从而引起不同位置的土体位移量不同，产生了沉陷现象。震后工程人员对该路基进行了调查，其处于基本稳定状态，震害没有继续发展的趋势。其具体的震害情况如图 5-44 和图 5-45 所示。

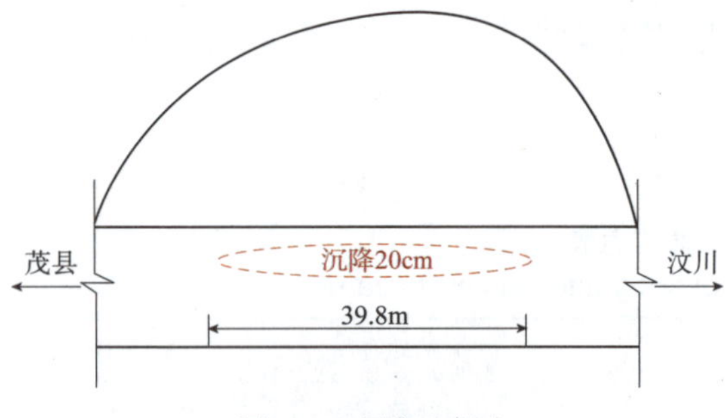

图 5-44 震害示意图

Figure 5-44 Schematic diagram of detailed data table of subgrade seismic hazards

图 5-45 现场调查图

Figure5-45 Photos of the site investigated

5.4 小结 Summary

在高烈度区内，国道 G213 汶川—茂县段的路基震害数量较少，震害相对较轻。根据该路段的统计分析，其路基震害特点如下：

（1）缺少防护措施的边坡崩塌滑坡掩埋路基是该路段较为典型的震害情况。路基边坡震害调查显示，该路段路基边坡防护结构较少，有部分护面墙防护，但均遭受不同程度的破坏。

（2）路基本体受地震直接作用产生的路面开裂、下沉等震害相对较少，且均发生在半填半挖路基上。而受次生地震灾害如边坡滑坡导致的掩埋震害占大多数。

（3）支挡结构在此路段产生的震害类型较少，主要为垮塌、变形开裂和倾覆。震害挡墙均为浆砌砌筑挡墙，该路段没有发现片（卵）石混凝土挡墙震害的现象。

第 6 章 S303 映秀至卧龙段路基震害
Chapter 6 Subgrade seismic hazard of provincial road S303 between Yingxiu and Wolong section

6.1 概况 Overview

6.1.1 线路概况 Outline of route

S303 映秀—卧龙公路，起于阿坝州汶川县映秀镇，经过耿达止于汶川县卧龙镇（卧龙行政特别区），全长约 45.65km，公路等级为二级（图 6-1）。2006 年 5 月四川省交通厅公路局对 S303 线映秀—日隆公路按山岭区二级公路标准进行加宽扩建，工期 2 年。2008 年 5 月 12 日汶川发生 8.0 级特大地震，即将建成完工的 S303 映秀—日隆改建工程在这次特大地震中遭到不同程度的震害。该段 80% 左右的道路被严重掩埋或损毁，原道路基本无法利用；其中耿达—卧龙段除局部路段受损较重，其余路段相对较轻。

映秀—卧龙段线路处于龙门山段上盘，线路走向为 SW30° ~SW90° 之间。在汶川地震中，该段路实际烈度在 IX~XI 度。

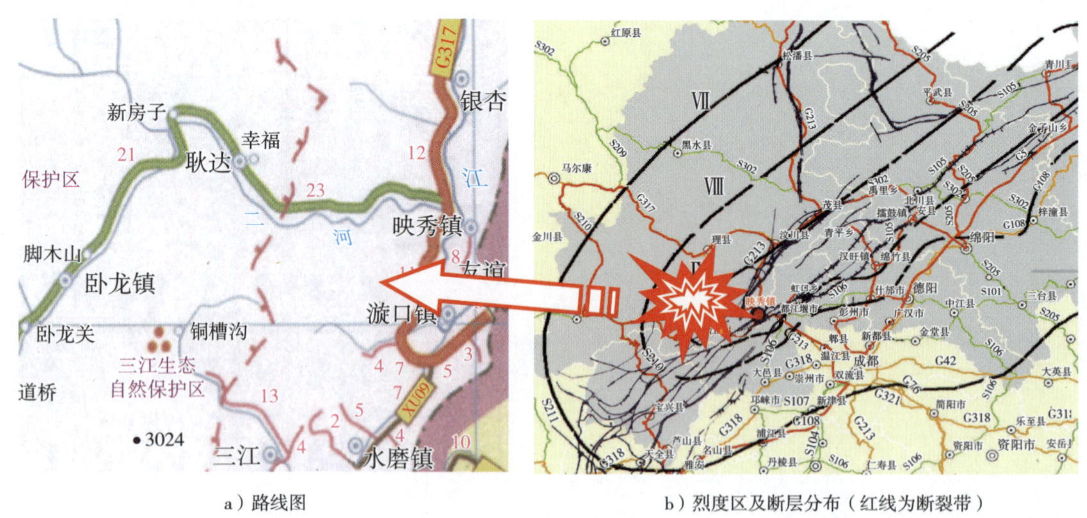

a）路线图　　b）烈度区及断层分布（红线为断裂带）

图 6-1 映秀—卧龙路线图

Figure 6-1 Map of Route between Yingxiu-Wolong section

6.1.2 调查震害概况 Outline of investigated seismic hazards

路基震害简况见表 6-1。

表 6-1 路基震害简况表

Table 6-1 Simple data table of subgrade seismic hazards

编号	长度（m）	受损部位	震害情况	震害结构类型
1	100	路面	掩埋	路基本体
2	300	路面	掩埋	路基本体
3	200	路堑边坡	在高约 120.26m 处垮塌	边坡无防护
4	100	路堑边坡	在高约 44.19m 处垮塌	边坡无防护
5	1 000	路面	部分路基被掩埋	路基本体
6	700	路面	掩埋	路基本体
7	200	路堑边坡	在高约 26.08m 处垮塌	边坡无防护
8	200	路面	部分路基被掩埋	路基本体
9	180	路堑边坡	在高约 113.31m 处垮塌	边坡无防护
10	100	路面	掩埋	路基本体
11	400	路面	掩埋	路基本体
12	80	路堑边坡	部分路面出露，零星落石	边坡无防护
13	400	路面	掩埋	路基本体
14	100	路面	路面出露，路面被砸	路基本体
15	300	路面	掩埋	路基本体
16	50	路面	路面出露	路基本体
17	250	路面	掩埋	路基本体
18	40	路面	路面出露	路基本体
19	660	路面	掩埋	路基本体
20	200	路面	路面出露	路基本体
21	21.6	墙身	挡墙垮塌	重力式挡土墙
22	400	路堑边坡	路面零星出露，在高约 167.91m 处垮塌	边坡无防护
23	1 600	路面	掩埋	路基本体
24	200	路面	掩埋	路基本体
25	200	路面	掩埋	路基本体
26	300	路面	路面出露	路基本体
27	600	路面	掩埋	路基本体
28	600	路面	路面出露	路基本体
29	200	路面	掩埋	路基本体

续上表

编号	长度（m）	受损部位	震 害 情 况	震害结构类型
30	100	路面	路面出露	路基本体
31	300	路面	掩埋	路基本体
32	500	路面	路面出露	路基本体
33	100	路面	掩埋	路基本体
34	90	墙顶	挡墙砸坏	重力式挡土墙
35	400	路面	路面出露	路基本体
36	200	路面	掩埋	路基本体
37	300	路堑边坡	在高约237.45m处垮塌	边坡护面墙防护
38	90	路堑边坡	在高约237.45m处垮塌，500m^3	边坡无防护
39	25	路堑边坡	在高约68.15m处垮塌，4 500m^3	边坡无防护
40	60	路堑边坡	在高约75m处垮塌，1 000m^3	边坡无防护
41	50	路堑边坡	在高约24.76m处垮塌	边坡无防护
42	45	路堑边坡	在高约34.71m处垮塌	边坡无防护
43	200	路堑边坡	垮塌	边坡无防护
44	100	路堑边坡	内侧边坡垮塌群	边坡无防护
45	70	路堑边坡	在高约26.11m处垮塌，1 500m^3	边坡无防护
46	70	路堑边坡	在高约23.17m处垮塌，150m^3	边坡无防护
47	30	路堑边坡	内侧边坡垮塌群40m^3	边坡无防护
48	75	路堑边坡	内侧边坡落石群，在高约22.14m处垮塌，600m^3	边坡无防护
49	20	路堑边坡	在高约32.67m处垮塌，300m^3	边坡无防护
50	90	路堑边坡	在高约19.31m处垮塌，300m^3	边坡无防护
51	30	路堑边坡	掩埋路基，路中有零星落石，有地下水出来，在高约22.23m处垮塌，600m^3	边坡无防护
52	75	路堑边坡	内侧边坡垮塌群，在高约40.31m处垮塌，5 000m^3	边坡无防护
53	78	路堑边坡	内侧边坡垮塌群，在高约19.46m处垮塌，3 000m^3	边坡无防护
54	110	路堑边坡	内侧边坡垮塌群，在高约104.59m处垮塌，300m^3	边坡无防护
55	80	路堑边坡	内侧边坡垮塌群，在高约18.77m处垮塌，400m^3	边坡无防护
56	15	路肩	路肩开裂长15m，宽7cm	路基本体
57	35	路堑边坡	内侧边坡崩滑，在高约26.98m处垮塌，500m^3	边坡无防护

续上表

编号	长度（m）	受损部位	震　害　情　况	震害结构类型
58	100	路堑边坡	在高约 55.64m 处垮塌，$500m^3$	边坡护面墙防护
59	50	路堑边坡	在高约 8.21m 处垮塌	边坡无防护
60	15	路肩	开裂	路基本体
61	110	路堑边坡	垮塌	边坡无防护
62	20	路面	路面开裂宽 14cm，错台 3cm	路基本体
63	242	路堑边坡	在高约 28.46m 处垮塌，$300m^3$	边坡无防护
64	100	路面	泥石流掩埋路面	路基本体
65	100	路面	滑坡掩埋路面	路基本体
66	44	路堑边坡	在高约 200.6m 处垮塌，$5\,000m^3$	边坡无防护
67	200	路堑边坡	大型垮塌掩埋路基	边坡无防护
68	200	路面	外侧路面开裂长 10m, 宽 11cm	路基本体
69	80	路面	外侧路基垮塌长 80m, 宽 5m, 开裂 33cm, 沉 30cm, 水浸	路基本体
70	71	路堑边坡	在高约 32.61m 处垮塌，$2\,500m^3$	边坡无防护
71	215	路堑边坡	在高约 18.18m 处垮塌，$5\,000m^3$	边坡无防护
72	30	路堑边坡	在高约 106.67m 处垮塌，$1\,800m^3$	边坡无防护
73	132	路堑边坡	内崩塌砸坏路面，掩埋部分路面，在高约 49.32m 处垮塌，$4\,000m^3$	边坡无防护
74	175	路堑边坡	70% 路基被掩埋，其他零星落石，在高约 55.38m 处垮塌，$15\,000m^3$	边坡无防护
75	70	路堑边坡	滑坡掩埋内侧道路	边坡无防护
76	30	路面	崩塌掩埋路基	路基本体
77	120	墙身	挡墙垮塌	重力式挡土墙
78	135	路堑边坡	崩塌落石	边坡无防护
79	400	路堑边坡	崩塌落石砸坏内侧树林	边坡无防护
80	800	路面	掩埋	路基本体
81	10	路面	边坡局部流坍	路基本体
82	182.6	路面	路基被掩埋	路基本体
83	19.7	路面	路肩开裂长 4m, 宽 6cm	路基本体
84	90	路堑边坡	SNS 主动式柔性防护网被冲坏，在高约 28.73m 处垮塌，$1\,300m^3$	边坡 SNS 主动式柔性防护网
85	80	路面	内侧崩塌落石，路面完好	路基本体
86	200	路堑边坡	在高约 18.91m 处垮塌	边坡无防护
87	200	路面	掩埋	路基本体

续上表

编号	长度（m）	受损部位	震 害 情 况	震害结构类型
88	168.7	路面	掩埋	路基本体
89	800	路面	掩埋	路基本体
90	172.5	路面	崩塌体	路基本体
91	225.6	路面	掩埋	路基本体
92	200	路堑边坡	山体次生灾害	边坡无防护
93	90.3	路面	落石砸坏路面	路基本体
94	111.9	内侧路面	泥石流掩埋路面	路基本体
95	61.1	内侧路面	崩塌，掩埋路基	路基本体
96	163.8	路面	山体顺层滑动，掩埋路基，已清除	路基本体
97	30.8	路面	岩质，崩塌，掩埋，已清除	路基本体
98	93	路面	倒倾顺层，崩塌，掩埋，已清除	路基本体
99	101.7	路面	岩质，崩塌，掩埋，已清除（线路外移）	路基本体
100	57.1	路面	土质，溜坍，掩埋，已清除	路基本体
101	76	路面	岩质，崩塌，掩埋，已清除（线路外移）	路基本体
102	12.6	墙身	垮塌	重力式挡土墙
103	13	墙身	掩埋	重力式挡土墙
104	50.7	路面	块石土，崩塌	路基本体
105	85.3	路面	路面下沉 42cm	路基本体
106	200	路面	岩质，崩塌，掩埋，已清除	路基本体
107	29.9	路肩	浆砌卵石路肩墙外移 17cm，下沉 10cm，路面开裂	路基本体
108	20	路面	块石土，崩塌，掩埋，已清除	路基本体
109	88.2	路基	路基下沉 30cm，开裂，裂缝宽度 15cm	路基本体
110	52.5	路面	土质，溜坍，掩埋，已清除	路基本体
111	21.6	路面	土质，溜坍，掩埋，已清除	路基本体
112	30	路面	岩质，崩塌，掩埋，已清除	路基本体
113	44	路面	岩质，崩塌，掩埋，已清除	路基本体
114	24.7	墙身	冲毁	重力式挡土墙
115	25	墙顶	外移 50cm	重力式挡土墙
116	54.5	路面	土质，溜坍，掩埋，已清除	路基本体
117	126.6	路面	卵石土，溜坍，掩埋，已清除	路基本体
118	18	墙顶	外移 7cm	重力式挡土墙
119	55.6	路面	块石土，崩塌，掩埋，已清除	路基本体

6.2 震害统计分析 Statistical analysis of seismic hazards

本段线路位于龙门山发震断裂的上盘，路基工程受损严重，其中路基本体发生的震害以掩埋为主；路基边坡震害主要发生在路堑边坡处，多为边坡滑坡崩塌震害且其震害处绝大部分无防护结构；支挡结构在该段线路的震害数量较少，主要发生垮塌类震害，挡墙震害均为采用浆砌片块石砌筑的重力式挡墙（图 6–2）。

图 6–2 变形开裂、垮塌、坍塌震害

Figure 6–2 Seismic hazards such as deformation, cracks, swelling and collapse

6.2.1 总体统计 General statistical analysis

在该段调查记录中，路基震害共 119 处，包括路基本体 68 处，占震害总数的 57%；支挡结构震害 8 处，占路基震害总数的 7%；路基边坡震害为 43 处，占震害总数的 36%。从统计情况（图 6–3）可以看出，该路段路基工程主要发生路基本体震害。

震害程度按结构功能丧失程度由轻微至损毁划分为 A、B、C、D 四级。路基总体震害主要以 B 级和 C 级震害为主，该两级震害占该段线路路基震害数量的 76%；其次是 D 级震害，占总体的 18%；A 级震害占总体的 6%（图 6–4）。

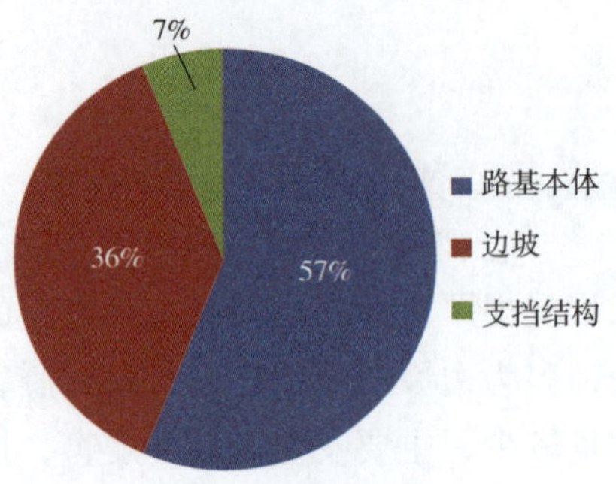

图 6-3 总体震害关系图

Figure 6-3 General relationships among seismic hazards

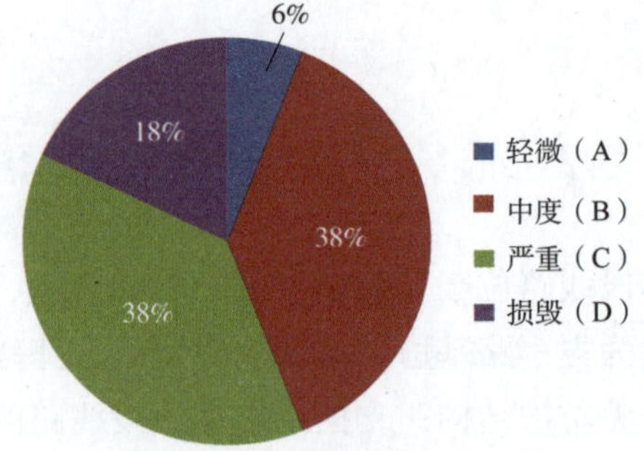

图 6-4 总体损害程度分布图

Figure 6-4 Distribution of extent of seismic hazard for subgrade

对每个结构部分而言，路基本体、路基边坡震害程度与路基整体趋势相似，以 B 级震害和 C 级震害为主，依次为 D 类震害和 A 类震害（表 6-2）。支挡结构 4 处发生 D 类震害，2 处发生 C 类震害，另外各有 1 处发生 A、B 类震害（图 6-5~ 图 6-8）。

表 6-2 路基震害程度分类情况

Table 6-2 Classification of extent of seismic hazard on subgrade

数量 / 百分比 破坏程度 结构类型	路基本体		支 挡		边 坡		总 体	
级轻微震害（A）	2 处	3%	1 处	12%	5 处	12%	8 处	7%
级中度震害（B）	25 处	38%	1 处	13%	17 处	40%	43 处	36%
级严重震害（C）	28 处	40%	2 处	25%	16 处	36%	46 处	39%
级损毁震害（D）	13 处	19%	4 处	50%	5 处	12%	22 处	18%

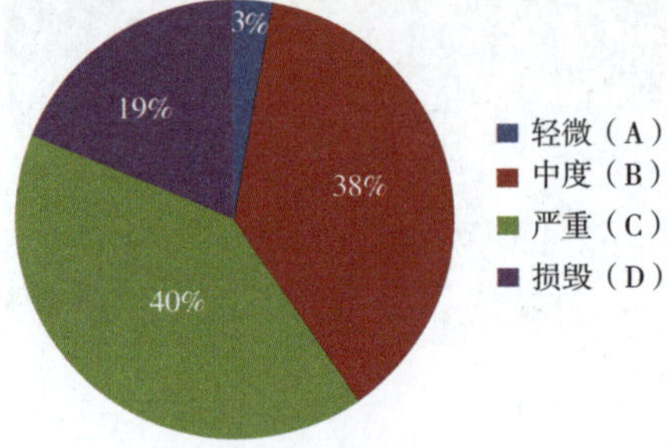

图 6-5 路基本体震害程度

Figure 6-5 Extent of seismic hazard on subgrade

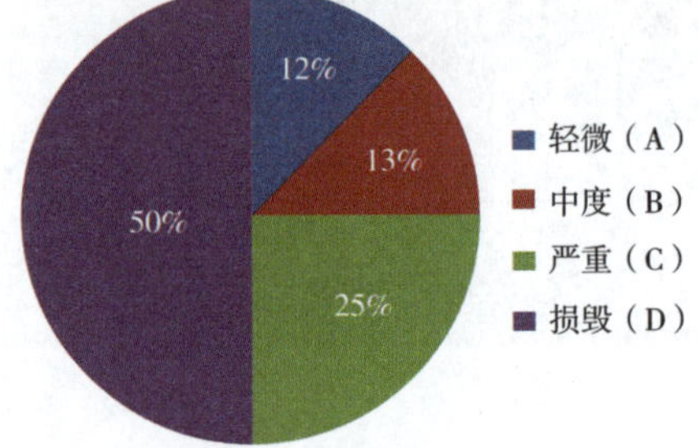

图 6-6 支挡结构震害程度

Figure 6-6 Extent of seismic hazard on retaining structures

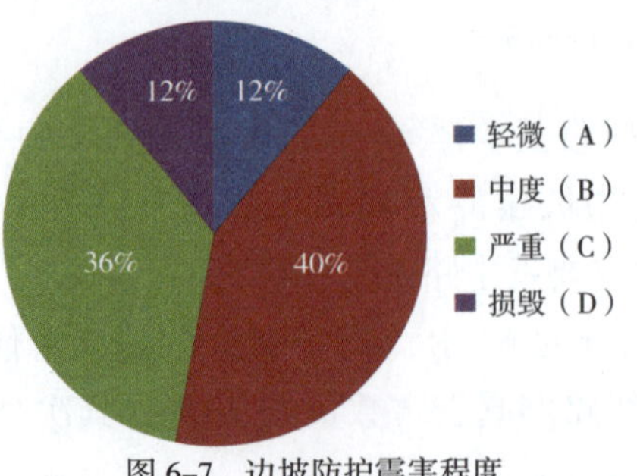

图 6-7 边坡防护震害程度

Figure 6-7 Extent of seismic hazard on slope protection structures

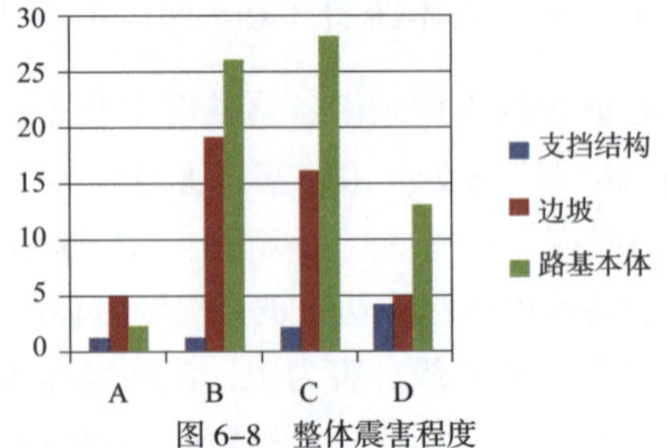

图 6-8 整体震害程度

Figure 6-8 Distribution of extent of seismic hazards

6.2.2　分类统计 Classified statistical analysis

根据对路基本体、支挡结构、路基边坡的震害工点进行的调查统计，对工点所在的边坡条件、周围岩土特征、路基形式、路线走向、路基本体震害类型、支挡结构类型及外形特征、边坡防护形式特征以及震害特征等内容作进一步的分析研究。

（1）路基本体震害

S303 映秀—卧龙段发生路基本体震害一共为 68 处。

路基本体受损主要发生在半挖半填式路基段。按照路基形式进行统计划分，路堑路基受损 18 处，半挖半填式路基震害 50 处。

按照受损位置进行统计，震害主要发生在路基本体上，路面路肩处也有少量震害。在路基本体位置震害共 62 处，发生在路肩路堤位置的震害有 4 处，路面受损有 3 处。其中，同一位置路基本体与路肩都发生震害的有 1 处。此外该路段路基震害主要位于山腰处，个别在坡脚处。

路基本体受损特征：

该路段路基本体遭受的震害最主要的是由路堑边坡垮塌造成的路基被掩埋、砸毁，这些属于次生灾害类，由地震直接作用造成的结构损伤数量相对次生灾害造成的震害数量要少得多（图 6–9）。

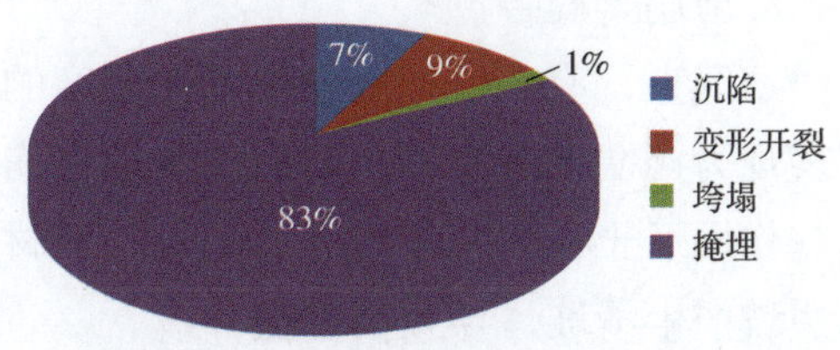

图 6–9　路基本体震害类型
Figure 6–9　Types of subgrade seismic hazards

①地震直接作用

该段路基本体受地震直接作用造成的震害分为沉陷、开裂、坍塌三类。

沉陷类震害是指在地震作用下，路基发生局部垮塌，或者路基所在地基下沉产生的路面凹陷，发生空洞现象。该段路基发生沉陷震害 5 处，主要发生在路堤路基及半挖半填式路基段。

开裂类震害指路基产生不均匀变形，导致路面产生开裂现象。该路段发生开裂震害 6 处，且其中伴随发生坍塌震害 1 处。

坍塌类震害主要表现为路堤局部失稳，产生垮塌。该路段发生坍塌类震害 1 处，且伴随发生开裂震害。

②次生灾害作用

次生灾害对路基震害表现为边坡（多为路堑边坡）垮塌，造成滑坡掩埋损毁路基。在无边坡防护措施（或防护结构失效）的情况下，直接造成路基掩埋、砸坏震害。该段路基本体发生掩埋类震害 57 处。

对于造成路基掩埋的垮塌边坡，对其边坡土体进行了调查分析。结果显示垮塌边坡以岩质边坡为主。

（2）支挡结构

S303 映秀—卧龙路段发生支挡结构震害共 8 处。

按结构形式分类，受损的 8 处挡墙均为重力式挡墙，全部为路堑墙（上挡），采用浆砌片（块）石砌筑。

调查记录中震害挡墙地基主要分为三类：土质、岩质以及上土下岩。发生在土质地基上的震害挡墙共为 5 处，占总支挡震害的 62.5%。其余为上土下岩，占支挡震害的 37.5%。

挡墙所在路基分为路堑、路堤和半挖半填式路基三类，震害挡墙全部在路堑路基段。

①挡墙受损特征

该段挡墙震害可分为变形掩埋、垮塌（冲毁）及倾斜三类。

a. 掩埋类震害

该类震害主要表现为挡墙墙体被碎石或土体全部掩埋。S303 映秀至卧龙段有 1 处挡墙发生掩埋类震害。此掩埋震害发生在路堑墙段。

b. 垮塌类震害

经调查，有 5 处挡墙发生不同程度的垮塌震害。垮塌挡墙全部为路堑墙，该类震害主要表现为挡墙墙身垮塌，墙后土体滑移崩塌或墙后边坡滑塌。主要原因是由于墙后土体在地震作用下土压力急剧增大，超过挡墙材料强度以及抗滑极限，从而发生垮塌。另外，墙后边坡产生滑坡，导致挡墙被冲毁。

c. 倾斜类震害

调查中有 2 处挡墙发生不同程度的倾斜震害。该类震害主要表现为挡墙墙身向外倾斜，墙顶产生位移等现象。主要原因是由于土压力作用超出挡墙抗倾覆极限，导致倾斜震害。

产生倾斜的 2 处挡墙中，全部为路堑挡墙，位于路堑路基上，所在地基土为土质岩土。其中 1 处伴随发生垮塌类震害。

②墙高与震害数量的关系

根据现场统计记录，该段线路震害的 5 处挡墙墙高全部在 4m 以内。挡墙高度最大值为 4m，最小值为 1.44m，平均高度为 2.51m。

（3）路基边坡

该路段上，震害的路基边坡有 43 处。震害主要发生在路堑边坡上。

通过对边坡的岩土类型统计分类发现，震害主要发生在岩质边坡上，具体震害数量 30 处，其余边坡震害基本发生在上土下岩边坡段。

该路段边坡防护设施较少，故震害边坡基本无防护结构措施，其震害特征主要为垮塌类，表现为山体滑坡、崩塌等现象。仅有的少数主动网和护面墙也都遭到了不同程度的震害。

将边坡震害工点所在线路的走向与断裂带直线进行比较，得出走向与断裂带直线的夹角的关系，如直方图 6–10 所示。

将震害工点以 15° 为一区间进行统计，总共分 6 个区间，0° ~60° 区间内震害数量相对较多，占总数的 88%，其余区间震害数量较少。

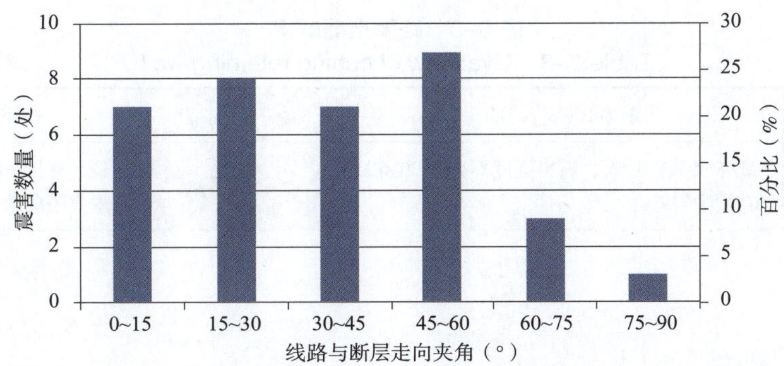

图6–10 线路与断层走向夹角与震害数量直方图

Figure 6–10 Histogram of the angle between route and fault line and the quantity of seismic hazard

6.3 典型震害工点 Typical construction sites of seismic hazards

6.3.1 支挡结构工点 Construction sites of retaining structure

6.3.1.1 K10+341 路堑挡墙墙体垮塌

（1）概况（表6–3）

该工点主要为崩坡积层。碎石，呈灰黄色、灰白色，干燥，松散。碎石含量50%~70%，粒径3~8cm；块石含量10%~20%，局部含量较高，粒径20~50cm，地表可见最大粒径达80cm，其余为角砾及粉质黏土充填，厚度4~8m。下部主要为块石，呈灰色、灰白色，干燥~饱和，松散~中密，局部架空。块石含量50%~70%，粒径20~150cm；碎石含量10%~30%，粒径2~15cm，局部含量较高；其余为角砾及粉质黏土充填，厚度大于15.25m，分布于线路右侧斜坡内。

该处震害工点为衡重式挡墙，属于重力式挡墙类。墙胸坡度为1∶0.25，墙背坡度为1∶0.05。该挡墙采用M7.5浆砌片石砌筑，石料强度为30MPa。墙身每隔10~15m设置一道伸缩沉降缝，缝宽2cm。墙后属于单级的路堑边坡，坡高为5.0m，平均坡度43°，该处路基为半挖半填，沥青混凝土路面。

该处工点距离震中映秀约10km，受损段路长121.6m，位于北川—映秀断裂上盘，线路走向与北川—映秀断裂走向间的夹角为23° 垂直距离约为5km。

（2）震害简介

该工点靠近震中，与发震断层夹角较小，因此受到地震动强烈，在地震力的作用下墙后土压力增大，挡墙发生了垮塌震害。长58m的挡墙墙身发生垮塌震害，垮塌面积达到50m^2，该部分挡墙完全震损，失去防护功能（图6–15和图6–16）。除挡墙震害外，块石崩落到路面上，对交通也产生了一定影响；在挡墙发生垮塌的同时，墙后边坡也发生了小规模的崩塌震害，崩塌体砸向挡墙使挡墙垮塌震害更加严重，并且垮塌下来的块石掩埋了部分路基。震后工程人员没有对该段挡墙进行修复，挡墙已丧失支挡功能。

表 6-3 路堑挡墙概况

Table 6-3 Overview of cutting retaining wall

类型	重力式路堑挡墙	地基土类型	石质山土层薄
砌筑参数	M7.5 砂浆砌片石，石料强度不小于 30MPa，M10 砂浆勾缝	与断层关系	位于北川—映秀断裂上盘，与其垂直距离约为 5km

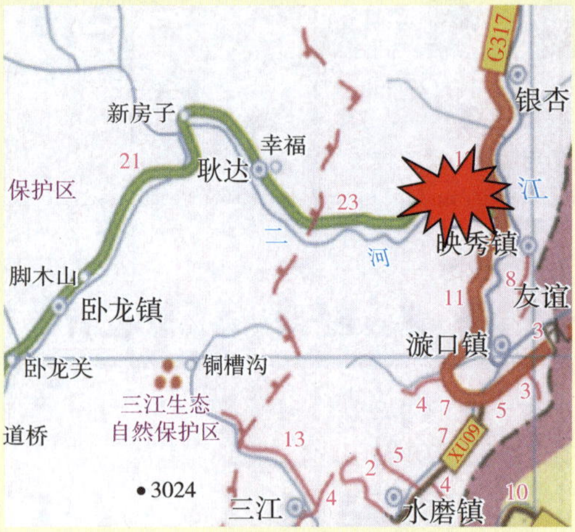

图 6-11 震害方位

Figure 6-11 Position of the seismic hazard site

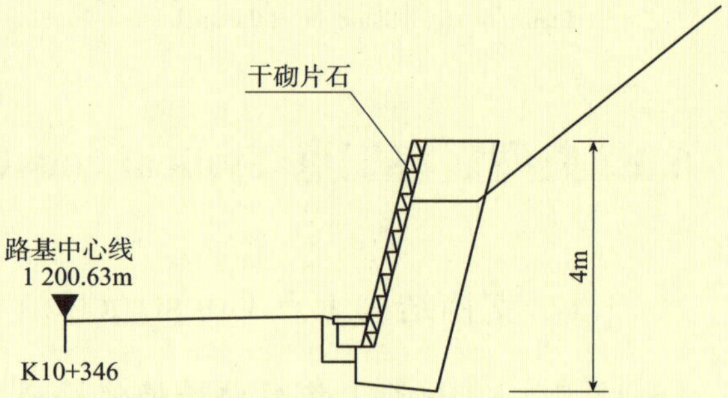

图 6-12 剖面图

Figure 6-12 Sectional drawing of the damaged earth structure

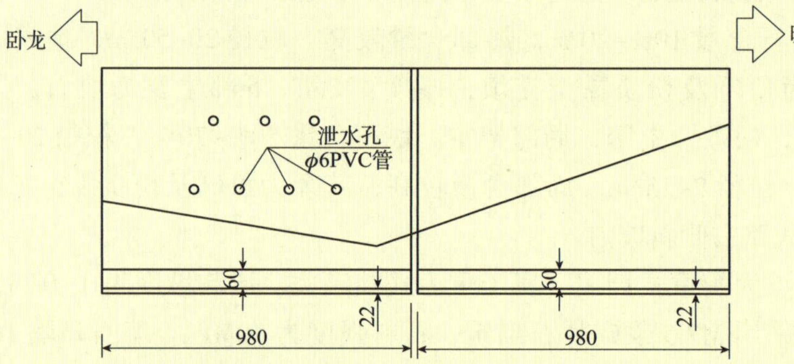

图 6-13 震害工点立面图（尺寸单位：cm）

Figure 6-13 Elevation drawing of the damaged earth structure

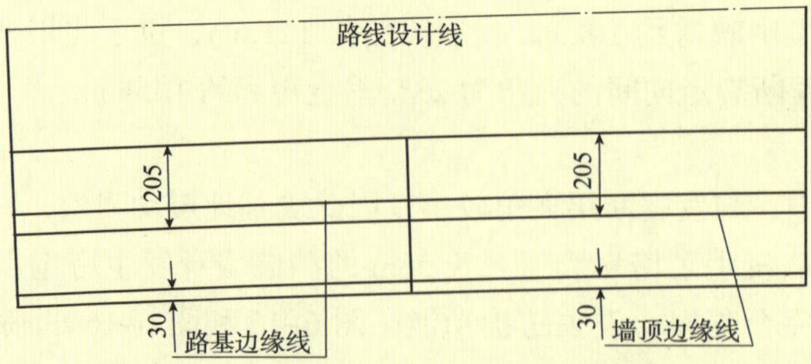

图 6-14 震害工点平面（尺寸单位：cm）

Figure 6-14 Plan of the damaged earth structure

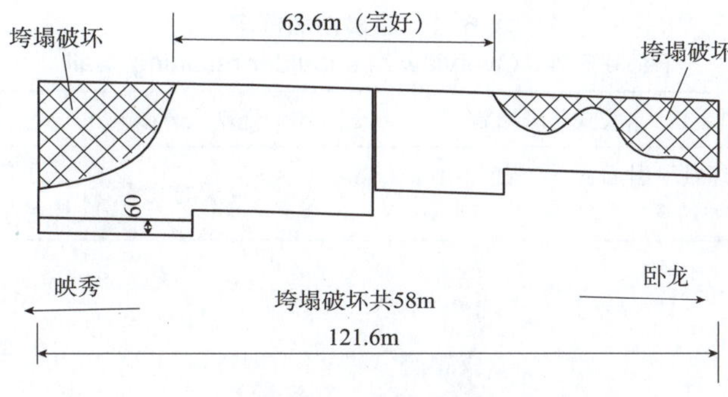

图6-15　震害示意图

Figure 6-15　Schematic diagram of the damaged earth structure

该处挡墙发生垮塌震害的主要原因是在地震作用下墙后土压力增大，超过了挡墙的抗剪切、抗倾斜强度，加之在高烈度区强地震动下，墙后边坡崩塌产生的崩塌体块石对挡墙的稳定性也产生了很大的影响。

图6-16　现场调查图

Figure 6-16　Photos of the site investigated

6.3.1.2　K28+941 路肩挡墙墙体垮塌

（1）概况（表6-4）

该工点场地内地层结构简单，覆盖层厚，地表未见有断裂构造。

该工点上部主要为碎石夹土，呈灰黄色、浅灰色，稍湿，松散～稍密。碎石含量50%~60%，粒径2~20cm，块石含量约10%，粒径20~30cm；角砾含量20%~30%，粒径2~20mm，其余为粉质黏土充填。碎、块石岩性成分多为弱风化千枚岩、石英砂岩等，少量为强风化，厚2~8m，主要分布在公路路基范围内。由于分布不连续，厚度较薄，不宜作为挡墙基础持力层。下部为卵石夹土，呈浅灰色、灰色，潮湿～饱和，松散～中密，卵石含量为50%~60%，粒径2~20cm；漂石含量10%~20%，粒径20~30cm，河床中可见最大粒径100cm；圆砾及砂含量20%~30%。卵、漂石多呈亚圆型，岩性为弱风化千枚岩、闪长岩及大理岩等，厚度大于8m，广泛分布于河床中，由于厚度较大，分布连续稳定，具有一定的承载力，可作为挡墙基础持力层。

表 6–4 路肩挡墙概况

Table 6–4 Overview of shoulder retaining wall

类型	重力式路肩挡墙	地基土类型	石质山土层薄
砌筑参数	M7.5 砂浆砌片石，石料强度不小于 30MPa，M10 砂浆勾缝	与断层的关系	位于北川—映秀断裂上盘，与其垂直距离约为 7km

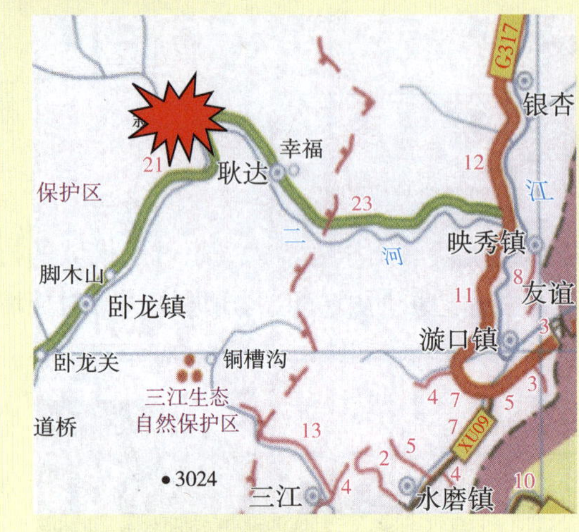

图 6–17 震害方位

Figure 6–17 Position of the seismic hazard site

K28+900
425
190
190
600
路线设计线
设计冲刷线
200

图 6–18 剖面图（尺寸单位：cm）

Figure 6–18 Sectional drawing of the damaged earth structure

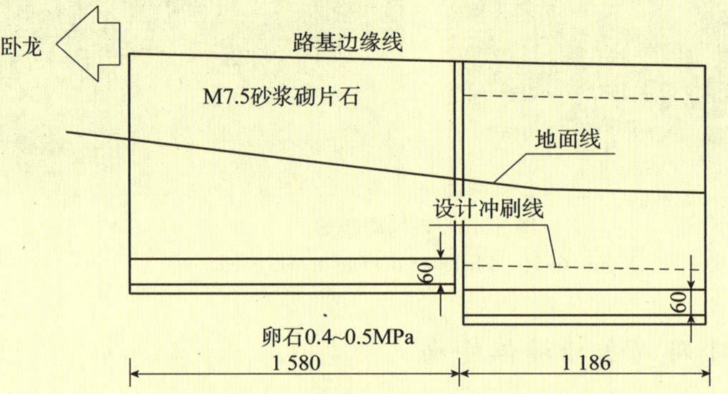

图 6–19 震害工点立面图（尺寸单位：cm）

Figure 6–19 Elevation drawing of the damaged earth structure

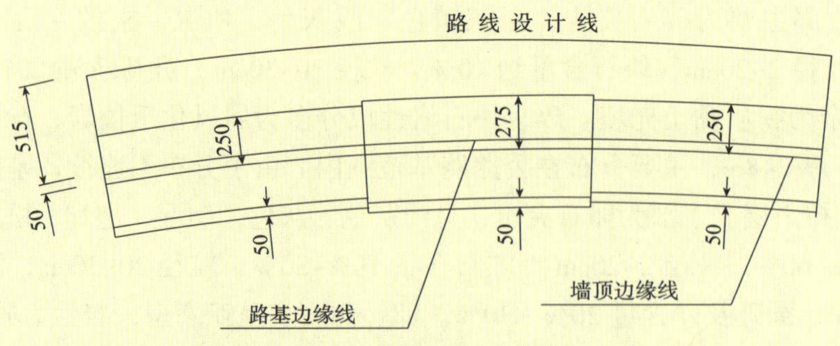

图 6–20 震害工点平面图（尺寸单位：cm）

Figure 6–20 Plan of the damaged earth structure

该处震害工点为衡重式挡墙，属于重力式挡墙类。墙高4m，浆砌片（块）石砌筑，墙胸坡度为1∶0.25，墙背坡度为1∶0.05。该挡墙采用M7.5浆砌片石砌筑，石料强度为30MPa。墙身每隔10~15m设置一道伸缩沉降缝，缝宽2cm。该处路基为半挖半填，沥青混凝土路面。

该受损段路长120m，该处工点位于北川—映秀断裂上盘，线路走向与北川—映秀断裂走向为间的夹角为93°，垂直距离约为7km。

（2）震害简介

该段线路处于X度区，属于高烈度、强地震动区域，且位于北川—映秀断裂的上盘，另外有汶川—茂县断裂穿过，在地震力的作用下墙后土压力增大，长30m的挡墙墙身发生了垮塌震害，坍塌方量达到了150m³，致使长30m的挡墙失去防护作用，完全损坏；在挡墙坍塌的同时墙后路堤发生崩塌震害，部分块石落入河道，阻挡了河道；由于挡墙是在主震过程中失稳垮塌，致使墙后土体和路堤挡墙一块滑入河道，同时崩塌块石砸向路基，从而导致宽2.5m的路基坍塌滑入河道（图6-21和图6-22）。

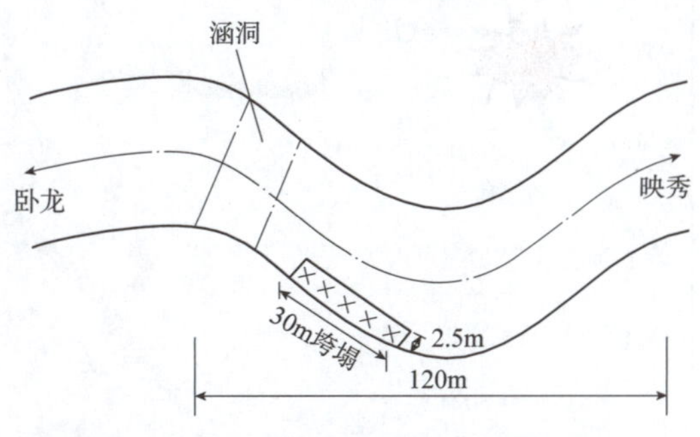

图6-21　震害示意图

Figure 6-21　Schematic diagram of seismic hazard work point

图6-22　具体震害情况

Figure 6-22　Photos of the site investigated

6.3.1.3　K40+500路堑挡墙墙体垮塌、变形开裂

（1）概况（表6-5）

该工点边坡为土质边坡，土体结构较单纯，均为碎石层，呈松散结构，局部有架空，上部松散，中下部为稍密~中密，易产生浅表层溜塌、崩塌，稳定性较差。上部主要为崩坡积层碎石，呈浅灰色、灰色，干燥~稍湿，松散~稍密，碎石含量50%~60%，粒径2~15cm，块石含量10%~20%，粒径20~60cm，斜坡表层可见最大粒径达100cm，其余为角砾及粉质黏土充填，含量20%~30%，局部坡面表层含量较高达40%。碎、块石呈棱角状，岩性成分多为弱风化千枚岩、变质石英砂岩等，少量千枚岩为强风化状，厚度10~17m，分布于K40+935~K40+980段线路右侧斜坡表层。

表 6-5 路堑挡墙概况

Table 6-5 Overview of cutting retaining wall

类型	重力式路肩挡墙	地基土类型	石质山土层薄
砌筑参数	M7.5 砂浆砌片石，石料强度不小于 30MPa，M10 砂浆勾缝		
与断层的关系	位于北川—映秀断裂上盘，与其垂直距离约为 10km		

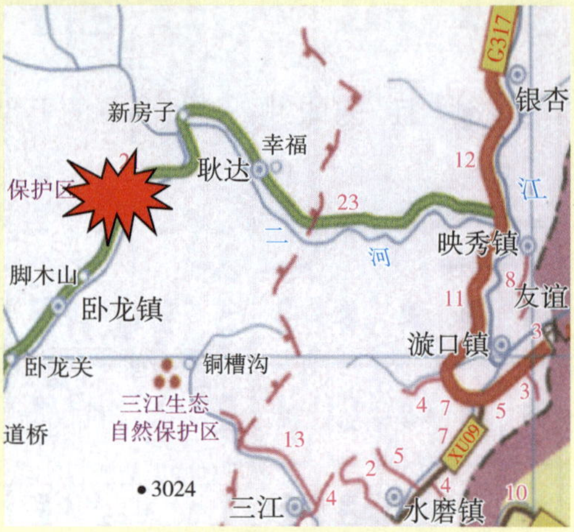

图 6-23 震害方位

Figure 6-23 Position of the seismic hazard site

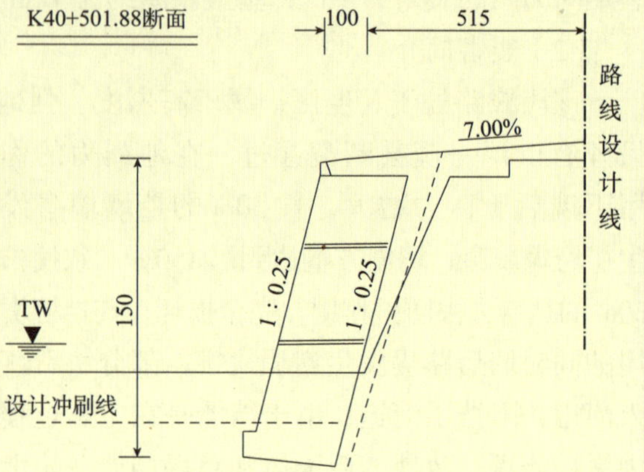

图 6-24 剖面图（尺寸单位：cm）

Figure 6-24 Sectional drawing of the damaged earth structure

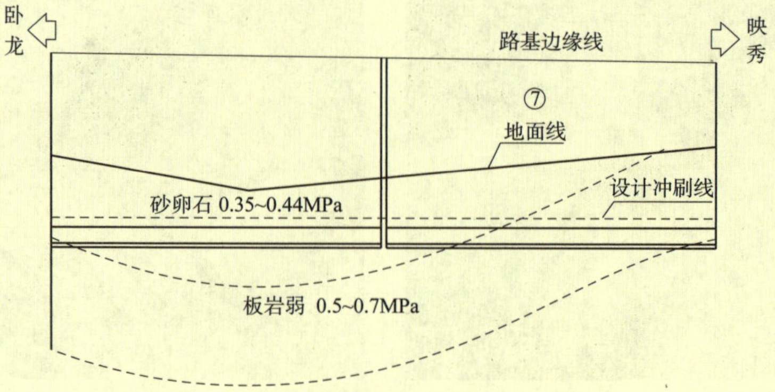

图 6-25 震害工点立面图

Figure 6-25 Elevation drawing of the damaged earth structure

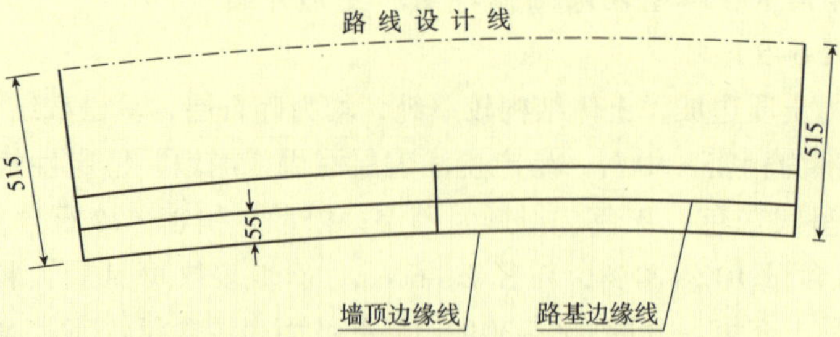

图 6-26 震害工点平面图（尺寸单位：cm）

Figure 6-26 Plan of the damaged earth structure

下部主要为块石，呈灰色、浅灰色，干燥～稍湿，稍密～中密，局部架空。块石含量 50%~70%，粒径 20~60cm，碎石含量 10%~30%，粒径 2~10cm，其余为角砾及粉质黏土充填，含量 10% ~20%。块、碎石呈棱角状，岩性成分主要为弱风化变质石英砂岩、千枚岩等，厚度大于 15.1m，分布于线路右侧斜坡内，伏于表层碎石层之下。

该处震害工点为衡重式挡墙，属于重力式挡墙类。浆砌片块石砌筑，墙胸坡度为 1∶0.25，墙背坡度为 1∶0.05。该挡墙采用 M7.5 浆砌片石砌筑，石料强度为 30MPa。墙身每隔 10~15m 设置一道伸缩沉降缝，缝宽 2cm。路肩挡墙墙后属于单级的路堑边坡，坡高为 27.41m，平均坡度 51°，属于高陡边坡，该处路基为路堑路基，混凝土路面，周围地质环境为石质山土层薄。

该处工点距离卧龙镇 5km 左右，该段路长 12.6m，位于主断层上盘，与其的垂直距离约为 10km，之间的夹角为 15°。

（2）震害简介

该段路位于北川主断裂的上盘，与断层的夹角为 15°，位于 X 度烈度区，属于强烈地震力区域，在地震力的作用下挡墙发生了局部垮塌和墙体变形开裂震害。在长 3m 的挡墙上发生了垮塌，该处挡墙完全失去了防护作用，裂缝布满了长 12.6m 的挡墙，这对挡墙的稳定性有很大的影响，同时垮塌的墙体掩埋了部分路基，对该处的交通有很大的影响。

该处挡墙发生垮塌和变形开裂震害的主要原因是在地震力的作用下墙后土压力增大，超过了挡墙的抗剪切和抗倾斜强度，导致挡墙垮塌和开裂，墙后的边坡有灰浆防护，没有发生震害，处于基本稳定状态。震后工程人员对该处挡墙进行了调查，处于基本稳定状态，没有对其进行修复。具体的震害情况如图 6-27 和图 6-28 所示。

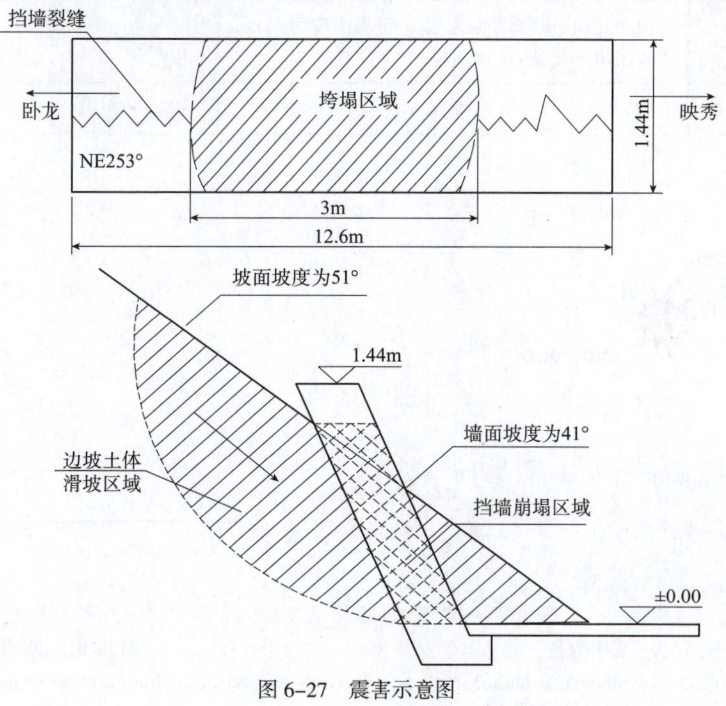

图 6-27　震害示意图

Figure 6-27　Schematic diagram of the damaged earth structure

图 6-28　具体震害情况

Figure 6-28　Photos of the site investigated

6.3.2　边坡工点 Construction Sites of Slope

6.3.2.1　K16+441 路堑边坡垮塌

（1）概况（表 6-6）

表 6-6　K16+441 路堑高边坡概况

Table 6-6　Overview of high cutting slope at K16+441

<table>
<tr><td>防护措施</td><td colspan="5">无防护</td></tr>
<tr><td>与发震断裂夹角</td><td colspan="3">62°</td><td>地质环境</td><td>石质山</td></tr>
<tr><td>与断层的关系</td><td colspan="3">位于北川—映秀断裂上盘，垂直距离为 4km；距离汶川—茂县断裂约 1km</td><td>类型</td><td>高陡路堑边坡</td></tr>
<tr><td>坡高</td><td>237.45m</td><td>坡度</td><td>48°</td><td>受损长度</td><td>317.23m</td></tr>
<tr><td colspan="3">图 6-29　震害方位
Figure 6-29　Position of the seismic hazard site</td><td colspan="3">图 6-30　剖面图
Figure 6-30　Sectional drawing of the damaged earth structure</td></tr>
</table>

该段边坡为土质路堑边坡，土体结构较单纯，均为块石夹土层，呈松散结构，局部有架空，上部松散，中下部为稍密～中密，易产生浅表层溜塌、崩塌，稳定性较差。该路堑边坡主要由崩坡积的块石夹土层构成，土体结构较松散，稳定性较差，对深挖路堑的适宜性较差。块石夹土，呈灰色、灰绿色，干燥～稍湿，松散～中密，局部架空。块石含量 50%~70%，粒径 20~200cm，地表可见最大粒径达 800cm；碎石含量约 10%，粒径 6~15cm，局部含量较高；其余为角砾及粉质黏土充填。块、碎石呈棱角状，岩性成分主要为弱风化闪长岩、辉长岩及辉绿岩等，厚度大于 18.6m。

该处震害工点为路堑高边坡。根据现场测量数据，该边坡属于单级边坡，高 237.45m，平均坡度 48°，属于高陡边坡，该路基处于山腰处，与河床的垂直高度约为 22.2m，边坡无任何防护措施，路堤有高 13.96m，厚 1.5m 浆砌块石重力式挡墙支护。路面为混凝土路面。

受损边坡靠近耿达乡，与其距离约为 2km，紧邻耿达隧道，处于二河左岸，路段受损长 317.23m，位于北川—映秀断裂上盘，垂直距离约为 4km，与发震断裂夹角为 62°。

（2）震害简述

该区域处于Ⅹ度烈度区，在地震作用下边坡发生了崩塌，方量约为 5 000m³，垮塌高度在 230m 左右，属于高边坡垮塌类，垮塌在路堑边坡处产生了大量的堆积体，掩埋了路基；同时由于大量的垮塌体落入河道中，在下落的过程中砸向了护面墙，对路肩处的重力式挡墙造成了震害；震害边坡靠近耿达隧道入口，落石从高处落向隧道上部而砸出了一个大洞，隧道入口处的内部衬砌受损严重（图 6-31 和图 6-32）。震后工程人员对该路基边坡进行了调查，路肩墙稳定支挡功能没有失效，高边坡上的垮塌体也处于基本稳定状态。

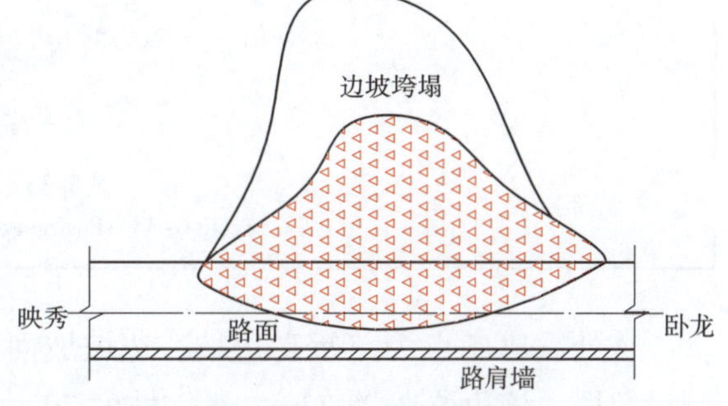

图 6-31　震害示意图

Figure 6-31　Schematic diagram of the damaged earth structure

图 6-32　现场调查图

Figure 6-32　Photos of the site investigated

6.3.2.2 K31+841 路堑边坡垮塌

（1）概况（表6-7）

表 6-7 K23+441 实体式护面墙路堑边坡概况

Table 6-7 Overview of high cutting slope at K31+841

防护措施	SNS 主动式柔性防护网			地质环境	上土下岩
与断层的关系	位于北川—映秀断裂上盘，垂直距离为 8.5km，夹角 6°；距离汶川—茂县断裂约 5km			类型	路堑边坡
坡高	28.73m	坡度	70°	受损长度	120m

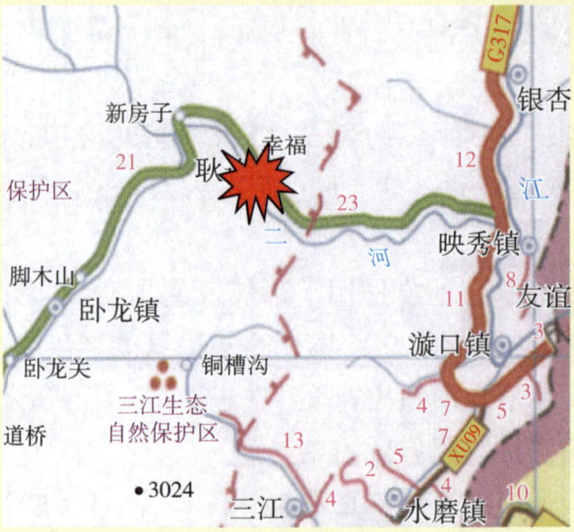

图 6-33 震害方位

Figure 6-33 Position of the seismic hazard site

该处震害工点为路堑高边坡。边坡坡面上有 SNS 主动式柔性防护网防护，根据现场测量数据，该边坡高 28.73m，平均坡度 70°，该路基处于山脚处，与河床的垂直高度约为 3.8m，属于半挖半填路基。路面为沥青混凝土路面，地基为上土下岩。

受损边坡处于二河左岸，受损路段长 120m，走向为 SW38°，位于北川—映秀断裂上盘，与主断层夹角为 6°，距离断层约为 8.5km；与压扭性逆冲断层汶川—茂县断裂（又称龙门山后山断裂）距离约为 5km。

（2）震害简述

该边坡在地震力作用下，在高约 30m 的位置发生了垮塌震害，垮塌的方量约为 1 300m³，垮塌的路段长约为 170m，垮塌分为三个部分，其中一处为 SNS 主动式柔性防护网防护的边坡震害，其余两处为无防护的自然边坡垮塌。其中主动网防护坡体垮塌的方量约为 600m³，路段长 80m。边坡上主动网整体拔出，坡面上的松散岩体滑下；由于垮塌量较大，坡度约为 70°，坡体较陡，大量的垮塌体掩埋了路基，对路基产生不同程度的损毁。

在强地震力作用下边坡坡体松动，坡面出现了结构软弱面，在长时间的地震动作用下最终发生了崩塌震害，垮塌岩石的冲击力将 SNS 主动式柔性防护网完全冲破。边坡的具体震害情况如图 6–34 和图 6–35 所示。

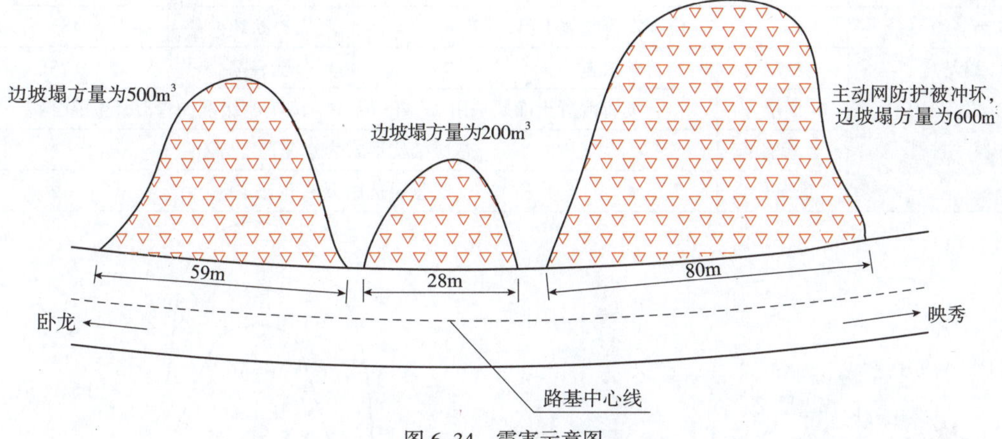

图 6–34 震害示意图

Figure 6–34 Schematic diagram of the damaged earth structure

图 6–35 现场调查图

Figure 6–35 Photos of the site investigated

6.3.3 路基本体 Construction sites of subgrade

6.3.3.1 路基掩埋

（1）概况（表 6–8）

经调查，该路基属于路堑路基，沥青混凝土路面。公路设计等级为二级，路基处于山腰上，路基宽度 8.5m，行车道宽度 7m，土肩宽度 2 × 0.75m。路面结构形式为：5cm 细粒式沥青混凝土上面层，15cm 水泥稳定碎石基层，22cm 水泥稳定碎石底基层。

调查资料表明，受损边坡位于汶川附近，周围的环境为石质山土层薄。受损路段长 120m 左右，与发震断裂之间的夹角为 48°，位于发震断裂的上盘、路段的直线段上，距离映秀大约 25km。

表 6-8 典型工点 I 路基概况

Table 6-8 Overview of seismic hazards of typical subgrade at work point I

类型	路堑路基			地质环境	石质山土层厚
与断层的关系	位于发震断裂上盘			与发震断裂夹角	48°
路基宽	8.5m	行车道宽	7m	土肩宽	0.75m
路基材料	面层	沥青混凝土面层采用 AC-13 或 AC-16 型密级配沥青混凝土混合料			
	基层	基层结构形式为水泥稳定碎石			
	底基层	底基层选用天然砂砾结构			

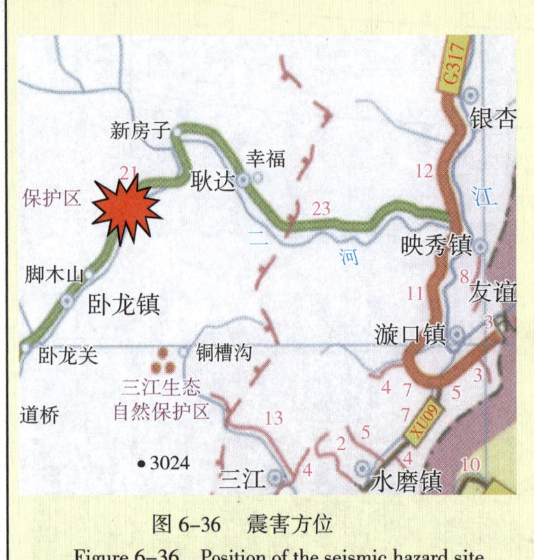

图 6-36 震害方位

Figure 6-36 Position of the seismic hazard site

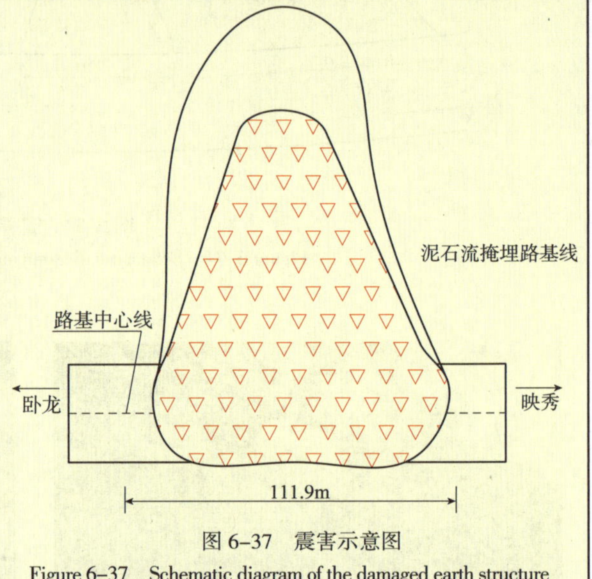

图 6-37 震害示意图

Figure 6-37 Schematic diagram of the damaged earth structure

图 6-38 现场调查图

Figure 6-38 Photos of the site investigated

（2）震害简述

该路基本体处于Ⅸ度区，在汶川强震作用下，边坡表面碎石岩体松动，在强降雨的冲刷下，坡体稳定性进一步降低，震后余震不断，最终导致边坡垮塌继而形成泥石流，掩埋了路基。路基被掩埋的长度 111.9m，垮塌体为碎石土，调查发现有落石滚落砸在路基上阻塞交通的现象，初步判断该处震害属于中度震害，震后进行了处理，边坡已基本稳定（图 6-38）。

6.3.3.2 路基本体沉降开裂与掩埋

（1）概况（表 6-9）

经调查该路基属于半挖半填路基，沥青混凝土路面。公路设计等级为二级，路基所处的位置位于坡脚处，路基宽度 8.5m，行车道宽度 7m，土肩宽度 2×0.75m。路面结构形式为：5cm 细粒式沥青混凝土上面层，15cm 水泥稳定碎石基层，22cm 水泥稳定碎石底基层。调查显示，该处工点距离震中映秀大约 30.51km，周围的环境为土质山，位于北川—映秀断裂上盘，与发震断裂之间的夹角为 18°。

表 6–9　典型工点 II 路基概况

Table 6–9　Overview of seismic hazards of typical subgrade at work point II

路基类型	半挖半填路基			地质环境	土质山
与断层的关系	位于北川—映秀断裂上盘，与震中映秀距离大约 30.51km			与发震断裂夹角	18°
路基宽	8.5m	行车道宽	7m	土肩宽	0.75m
路基材料	面层	沥青混凝土面层采用 AC–13 或 AC–16 型密级配沥青混凝土混合料			
	基层	基层结构形式为水泥稳定碎石			
	底基层	底基层选用天然砂砾结构			

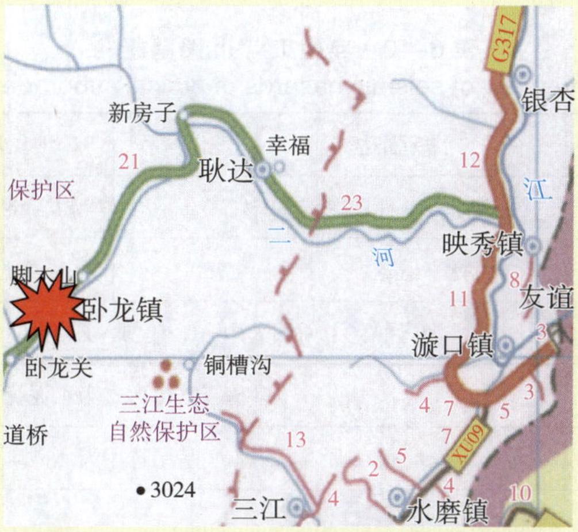

图 6–39　震害方位

Figure 6–39　Position of the seismic hazard site

（2）震害简述

该路基本体处于Ⅸ度区，该地区是高烈度区域，所受的地震力较强烈，从而引起路基外侧发生下沉开裂，路基发生沉降开裂的长度为 21.3m，横向宽度约为 3.3m，最大沉陷量达到 30cm，裂缝宽度为 15cm。同时在路基的内侧发生掩埋震害，掩埋的长度为 88.2m，震害较严重，因此该段线路经过较长时间的清理才得以通车。

该处路基发生下沉的主要原因是在地震作用下受力不同的路基本体中的土体发生了相对位移，导致不同位置的土体位移量不同，产生了沉陷现象。由于沉陷的加大，伴随着路基本体也发生了开裂震害。震后工程人员对该路基进行了调查，属于严重震害等级，在震后对该段路基进行了修复。其具体的震害情况如图 6–40 和图 6–41 所示。

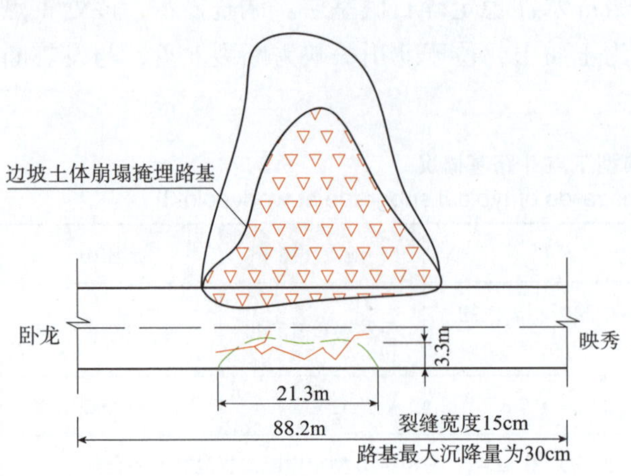

图 6-40 震害示意图

Figure 6-40 Schematic diagram of the damaged earth structure

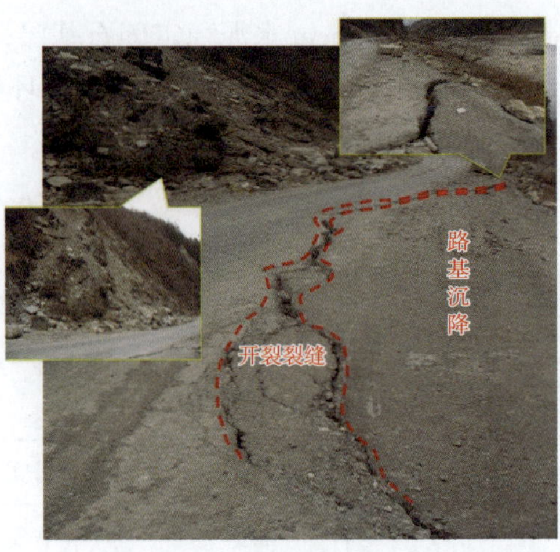

图 6-41 具体震害情况

Figure 6-41 Photos of the site investigated

6.3.3.3 路基崩塌沉陷开裂

（1）概况（表 6-10）

表 6-10 典型工点 III 路基概况

Table 6-10 Overview of seismic hazards of typical subgrade at work point III

类型	路堑路基			地质环境	石质山土层薄
与断层的关系	位于发震断裂上盘，距离映秀为 21.71km			与发震断裂夹角	33°
路基宽	8.5m	行车道宽	7m	路肩宽	0.75m
路基材料	面层	沥青混凝土面层采用 AC-13 或 AC-16 型密级配沥青混凝土混合料			
	基层	基层结构形式为水泥稳定碎石			
	底基层	底基层选用天然砂砾结构			

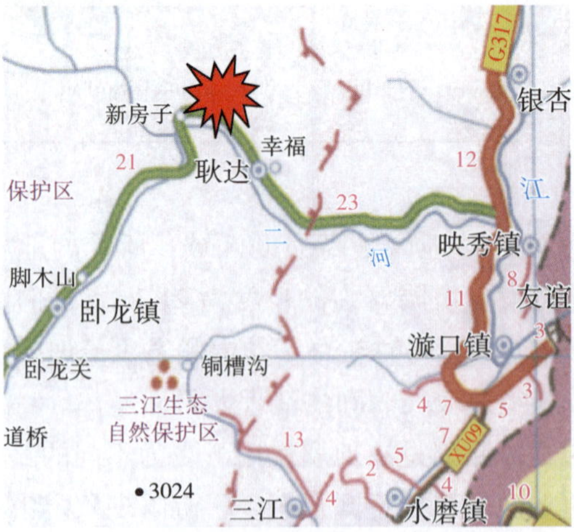

图 6-42 震害方位

Figure 6-42 Position of the seismic hazard site

经调查，该路基属于半挖半填路基，沥青混凝土路面。公路设计等级为二级，路基所处的位置位于山腰上，路基宽度 8.5m，行车道宽度 7m，路肩宽度 2×0.75m。路面结构形式为：5cm 细粒式沥青混凝土上面层，15cm 水泥稳定碎石基层，22cm 水泥稳定碎石底基层。

调查显示，受损边坡位于汶川附近，距离映秀为 21.71km，周围的环境为石质山土层薄。该线路长 80m 左右，位于北川—映秀断裂的上盘，线路直线段上，与映秀—北川断裂走向之间的夹角为 33°。

（2）震害简述

该路基本体处于Ⅸ度区，在地震作用下路基失稳，导致外侧路基垮塌。垮塌范围长 80m，宽 5m，高 4m。垮塌路基土阻塞了部分河流，同时路堑边坡也有落石砸在路基上，使路面发生了开裂震害，对交通行驶造成了影响（图 6-43 和图 6-44）。

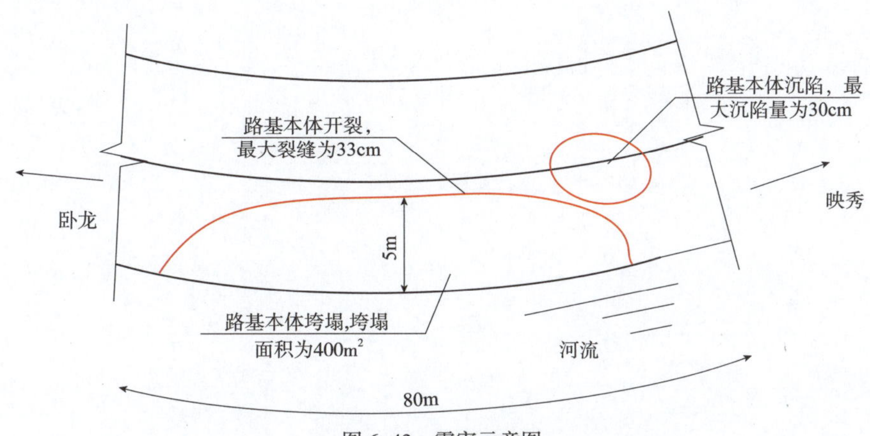

图 6-43　震害示意图

Figure 6-43　Schematic diagram of the damaged earth structure

图 6-44　现场调查

Figure 6-44　Photos of the site investigated

6.4 小结 Summary

S303 映秀—卧龙段是高烈度区内省道级公路较为典型的破坏路段，该路段震害严重，数量较大。根据调查统计的结果，该路段震害特点如下：

（1）大规模的边坡垮塌导致路基遭受掩埋是该路段最明显的震害现象，这与路基支挡结构和边坡防护结构设置较少有很大关系。现场发现了少数的挡墙、主动网和护面墙的震害也能客观地说明路基防护工程在该路段设置的不足。

（2）该路段是典型的崩塌性滑坡路段。发生震害的边坡主要表现为山体滑坡、崩塌，且绝大部分为岩质边坡。此次汶川地震灾区许多路段都发生岩质边坡崩塌滑坡现象，S303 映秀—卧龙段则为其中较典型的路段。

第 7 章　Ⅸ ~ Ⅺ度区公路路基震害
Chapter 7　Subgrade seismic hazards in areas with Ⅸ ~ Ⅺ seismic intensity

7.1　概况 Overview

7.1.1　线路概况 Outline of route

除了前几章介绍的线路震害调查外，在Ⅸ度及以上烈度区内的调查线路还有 20 段，包括国道 G212 公路 1 段，四川境内省道 S303 公路 1 段，省道 S302 公路 3 段，省道 S205 公路 3 段，省道 S106 公路 1 段，省道 S105 公路 6 段，以及县乡公路 5 段（表 7–1 和图 7–1）。

表 7–1　Ⅸ ~ Ⅹ度区 20 段线路概况

Table 7–1　Overview of 20 routes in intensity areas of Ⅸ ~ Ⅹ degree

公路名称	路　段　名　称	道路等级	省份	路线长度（km）	震害数量（处）
G212	姚渡—沙洲	三级	四川	30	22
S303	茂县—北川	二级	四川	34.5	110
S302	江油—邓家	二级	四川	30.1	71
S302	银厂沟—彭州	三级	四川	39.27	69
S302	井田坝—青川	三级	四川	23.34	8
S205	平武—南坝	三级	四川	38.21	33
S205	青川—沙洲	二级	四川	24.35	27
S205	江油—桂溪	三级	四川	24.71	9
S106	南坝—青川	二级	四川	57.34	34
S105	三江—漩口	三级	四川	15.46	63
S105	桂溪—南坝	三级	四川	45.25	34
S105	北川县城南—桂溪	三级	四川	23.49	32
S105	桂溪—邓家	三级	四川	28.89	21
S105	安县—北川	二级	四川	20.71	14
S105	绵竹—安县	二级	四川	39.84	6
XN16 龙池旅游公路	新房子大桥—龙池—都江堰	三级	四川	37.56	101
XH10	金子山—青川	三级	四川	114.62	75
县乡公路	清平—汉旺—绵竹	四级	四川	19.49	67
广青路	什邡—红白镇—岳家山—青牛坨	三级	四川	44.33	35
广青路	什邡—红白镇—青牛坨	三级	四川	42.85	15

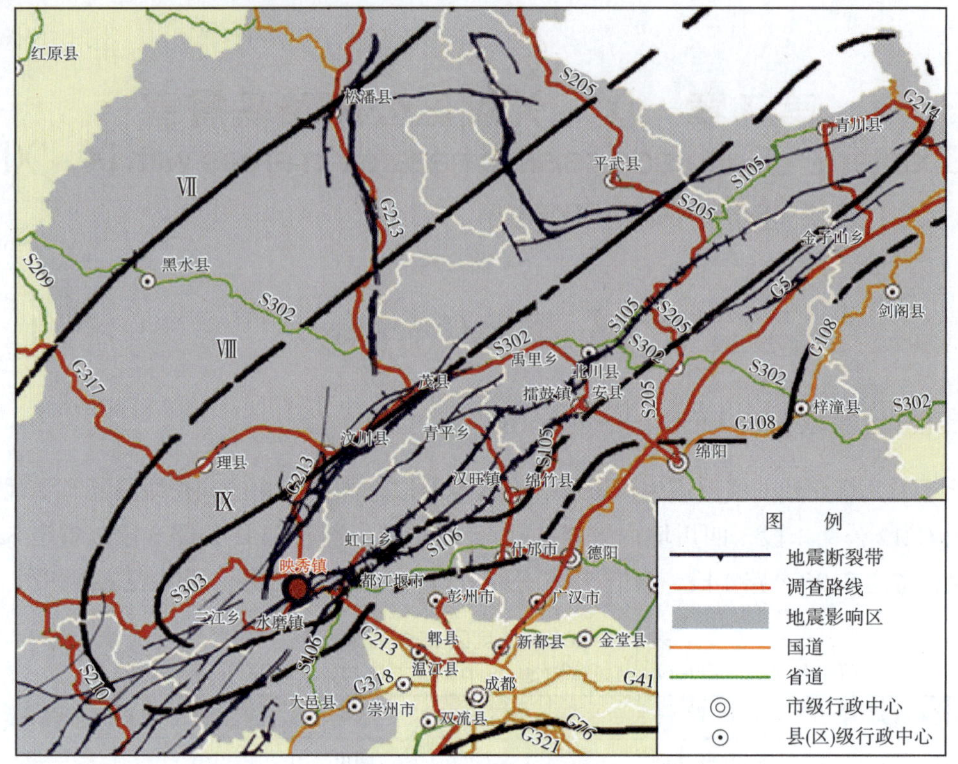

图 7-1 Ⅸ ~ Ⅹ度区内路线图

Figure 7-1 Map of routes in intensity areas of Ⅸ ~ Ⅹ degree

S302 起于巴中市通江县城的西部桥头，跨越王家大弯到城西村，经严家院子、陈家碥、水井湾、清岭包，在杨柏处右转跨越潘家河。路线全长 37.669km，公路等级为二级，设计速度为 40km/h，路基宽 8.5m，桥涵与路基同宽。

S205 是九寨沟至遂宁的一条重要省道，是九寨沟环线旅游公路。该路部分路段位于“5・12”汶川地震的震中断裂带上，受损严重，多处道路垮塌，桥涵损毁。

S105 擂鼓镇—沙洲段公路，路线长 126.45km。起于擂鼓镇（K137+769），经北川、青川止于沙洲段（终点 K365+700）。擂鼓—北川为一、二级公路，北川—青川为二、三级公路，青川—沙洲为三级路。该线位于汶川地震发震断裂带——映秀—北川断裂带上，线路走向与断裂带一致。

茂县—北川是 S303 的一部分，技术标准采用山岭重丘区二级公路，设计速度 60km/h，路基宽度 8.5m，行车道宽度 7.0m，该段路长 34.50 km。

江油—邓家是 S302 重要的组成段，起于江油市，止于邓家处，该段长 30.10km，公路等级为二级，设计速度 40km/h，路基宽度 8.5m，行车道宽度 7.0m，桥涵与路基同宽，路侧部分设置波形梁护栏，边坡多自然裸露。

县道新房子大桥—龙池—都江堰是龙池旅游公路的一段重要的风景区公路，全长 37.56km，是连接龙池和都江堰市的主要通道，也是通往风景名胜区都江堰的重要路段。技术标准为山岭重丘区三级公路，路基宽度 7.5m，桥涵与路基同宽。路侧部分设置波形梁护栏，边坡多自然裸露。

平武—南坝是 S205 重要的组成路段，该段长 38.21km，技术标准为三级公路，路基宽度 7.5m，沥青混凝土路面 7.0m 宽，桥涵与路基同宽。路侧部分设置波形梁护栏，多数边坡较陡且自然裸露。

江油—桂溪是 S205 中的一段，该段长 24.71km，技术标准为三级公路，路基宽度 7.5m，沥青混凝土路面 7.0m 宽，桥涵与路基同宽。

井田坝—青川方向约 3km 是 S302 的主要组成路段之一，该段长 23.34km，技术标准为三级公路，路基宽度 7.5m，沥青混凝土路面 7.0m 宽，桥涵与路基同宽。

桂溪—邓家是 S105 的重要组成路段，该段路长 28.89km，技术标准为三级公路，路基宽度 7.5m，沥青混凝土路面 7.0m 宽，桥涵与路基同宽。

道路安县—北川是 S105 中重要的一段，该段路长 20.71km，公路等级为二级，设计速度 60km/h，路基宽度 8.5m，行车道宽度 7.0m，桥涵与路基同宽，路侧部分设置波形梁护栏，边坡多自然裸露。

绵竹—安县是 S105 中重要的一段，该段路长 39.84km，道路等级为二级，设计速度 60km/h，路基宽度 8.5m，行车道宽度 7.0m，桥涵与路基同宽，路侧部分设置波形梁护栏，边坡多自然裸露。

北川县城南—桂溪是 S105 的主要组成路段之一，该段长 23.49km，技术标准为三级公路，路基宽度 7.5m，沥青混凝土路面 7.0m 宽，桥涵与路基同宽。

姚渡—沙洲是 G212 重要的组成路段，该段路长 30.0km，公路等级为三级，设计速度 40km/h，路基宽度 7.5m，沥青混凝土路面 7.0m，桥涵与路基同宽，路侧部分设置波形梁护栏，边坡多自然裸露。

南坝—青川是 S106 中重要的一段，该段路长 57.34km，公路等级为二级，设计速度 60km/h，路基宽度 8.5m，行车道宽度 7.0m，桥涵与路基同宽，路侧部分设置波形梁护栏，边坡多自然裸露。

青川—沙洲是 S205 重要的组成路段道路，该段长 24.35km，技术标准为二级公路，路基宽度 8.0m，行车道宽度 7.0m，桥涵与路基同宽。路侧部分设置波形梁护栏，多数边坡较陡且自然裸露。

桂溪—南坝是 S105 的重要组成路段，该段路长 45.25km，技术标准为三级公路，路基宽度 7.5m，沥青混凝土路面 7.0m 宽，桥涵与路基同宽。

银厂沟—彭州是 S302 的主要组成路段之一，该段长 39.27km，技术标准为三级公路，路基宽度 7.5m，沥青混凝土路面 7.0m 宽，桥涵与路基同宽。

金子山—青川是 XN10 的重要组成路段，该段路长 114.62km，技术标准为三级公路，路基宽度 7.5m，沥青混凝土路面 7.0m 宽，桥涵与路基同宽。路侧部分设置波形梁护栏，多数边坡较陡且自然裸露。

姚渡—沙洲方向 10km 是 G212 的重要组成路段，该段路长 10.0km，公路等级为二级，设计速度 60km/h，路基宽度 8.5m，行车道宽度 7.0m，桥涵与路基同宽，路侧部分设置波形梁护栏，边坡多自然裸露。

什邡—红白镇—青牛坨是县道广青路的重要组成路段，该段路长 42.85km，技术标准为三级公路，路基宽度 7.5m，沥青混凝土路面 7.0m 宽，桥涵与路基同宽。路侧部分设置波形梁护栏，多数边坡较陡且自然裸露。

绵竹—汉旺—清平公路是德茂公路的一部分，傍山修建，左侧紧邻绵远河和清平河，主要为沿河线，技术标准采用山岭重丘区二级公路技术标准，路基宽度 8.5m，桥涵与路基同宽。路侧部分设置波形梁护栏，边坡多自然裸露。

三江—漩口是 S105 的重要组成路段，该段路长 45.25km，技术标准为三级公路，路基宽度 7.5m，沥青混凝土路面 7.0m 宽，桥涵与路基同宽。路侧部分设置波形梁护栏，多数边坡较陡且自然裸露。

7.1.2 调查震害概况 Outline of investigated seismic hazards

Ⅸ~Ⅹ度区线路震害概况见表 7-2。

表 7-2 Ⅸ~Ⅹ度区线路震害概况一览表

Figure 7-2 Overview of road seismic hazards in intensity areas of Ⅸ ~ Ⅹ degree

线路名称：S302			区段：茂县—北川 K791~K706+484	
编号	长度（m）	受损部位	震 害 情 况	震害结构类型
1	90	路堑边坡	在高约 20.92m 处垮塌，300m³	无防护的上边坡
2	82	路堑边坡	在高约 30.68m 处垮塌，2 000m³	无防护的上边坡
3	27.5	路堑边坡	边坡坍塌	无防护的上边坡
4	32	路堑边坡	边坡坍塌	无防护的上边坡
5	80	路堑边坡	边坡坍塌	无防护的上边坡
6	120	路堑边坡	边坡坍塌	无防护的上边坡
7	90	路堑边坡	边坡坍塌	无防护的上边坡
8	166	路堑边坡	边坡坍塌	无防护的上边坡
9	145	路堑边坡	崩塌、边坡坍塌	无防护的上边坡
10	135	路堑边坡	崩塌、边坡坍塌	无防护的上边坡
11	71	路堑边坡	崩塌、边坡坍塌	无防护的上边坡
12	53	路堑边坡	崩塌、边坡坍塌	无防护的上边坡
13	215	路堑边坡	崩塌、路肩处开裂	无防护的上边坡
14	215	路面	路肩开裂 20cm，沉陷 10cm	路基本体
15	120	路堑边坡	在高约 8.37m 处垮塌	无防护的上边坡
16	120	路肩	外侧路肩沉陷、滑移，开裂 3cm，沉陷 10cm	路基本体
17	210	路堑边坡	在高约 19.51m 处垮塌	无防护的上边坡

续上表

编号	长度（m）	受损部位	震　害　情　况	震害结构类型
18	210	路肩	外侧路肩沉陷，开裂 3cm，沉陷 7cm	路基本体
19	217	路堑边坡	上边坡崩滑，在高约 11.28m 处垮塌	无防护的上边坡
20	100	路堑边坡	在高约 8.37m 处垮塌	无防护的上边坡
21	100	路堑边坡	在高约 48.09m 处垮塌，16 000m^3	无防护的上边坡
22	257	路堑边坡	在高约 24.45m 处垮塌，500m^3	无防护的上边坡
23	75	路堑边坡	在高约 10.97m 处垮塌，1 500m^3	无防护的上边坡
24	12	路肩	外侧路肩沉陷 13cm	路基本体
25	45	路堑边坡	在高约 11.79m 处垮塌，600m^3	无防护的上边坡
26	26	路堑边坡	在高约 7.56m 处垮塌，60m^3	无防护的上边坡
27	75	路堑边坡	在高约 31.62m 处垮塌，60m^3	无防护的上边坡
28	205	路堑边坡	在高约 16.52m 处垮塌	无防护的上边坡
29	260	路堑边坡	在高约 28.23m 处垮塌	无防护的上边坡
30	132	路堑边坡	在高约 19.72m 处垮塌	无防护的上边坡
31	21	路堑边坡	在高约 23.76m 处垮塌，800m^3	无防护的上边坡
32	75	路堑边坡	在高约 27.74m 处垮塌，5 000m^3	无防护的上边坡
33	410	路堑边坡	在高约 37.09m 处垮塌，3 000m^3	无防护的上边坡
34	115	路堑边坡	在高约 9.82m 处垮塌，3 000m^3	无防护的上边坡
35	60	路堑边坡	在高约 20.75m 处垮塌，1 000m^3	无防护的上边坡
36	110	路堑边坡	在高约 48.82m 处垮塌，600m^3	无防护的上边坡
37	16.2	路堑边坡	在高约 29.6m 处垮塌，400m^3	无防护的上边坡
38	45	路堑边坡	在高约 77.31m 处垮塌，1 500m^3	无防护的上边坡
39	65	路堑边坡	在高约 25.24m 处垮塌，100m^3	无防护的上边坡
40	25	路肩	外侧路肩开裂 11cm	路基本体
41	57.7	路堑边坡	在高约 18.74m 处垮塌，300m^3	无防护的上边坡
42	230	路堑边坡	在高约 22.46m 处垮塌，12 000m^3	无防护的上边坡
43	120	路堑边坡	在高约 52.06m 处垮塌	无防护的上边坡
44	27.5	路堑边坡	在高约 17.72m 处垮塌，600m^3	无防护的上边坡
45	65	路堑边坡	在高约 15.67m 处垮塌，240m^3	无防护的上边坡
46	135	路堑边坡	在高约 14.53m 处垮塌	无防护的上边坡
47	110	路堑边坡	在高约 37.4m 处垮塌，1 200m^3	无防护的上边坡
48	50	路堑边坡	在高约 13.23m 处垮塌，2 500m^3	无防护的上边坡
49	38	路堑边坡	在高约 23.14m 处垮塌	无防护的上边坡
50	40	路肩	外侧路肩开裂 2.8cm	路基本体
51	45	路肩	外侧路肩开裂 10cm，下沉 31cm	路基本体

续上表

编号	长度（m）	受损部位	震害情况	震害结构类型
52	115	路堑边坡	在高约 39.74m 处垮塌，300m³	无防护的上边坡
53	900	路堑边坡	在高约 47.49m 处垮塌，3 000m³	无防护的上边坡
54	240	路肩	外侧路肩开裂 20cm	路基本体
55	240	路堑边坡	在高约 24.05m 处垮塌，2 000m³	无防护的上边坡
56	170	路堑边坡	在高约 34.65m 处垮塌，150 方	无防护的上边坡
57	103.5	路堑边坡	在高约 9.75m 处垮塌	无防护的上边坡
58	80	路堑边坡	在高约 29.42m 处垮塌，1 500m³	无防护的上边坡
59	90	路堑边坡	在高约 22.35m 处垮塌，500m³	无防护的上边坡
60	167	路肩	外侧路肩开裂 50cm，下沉 22cm	路基本体
61	100	路面	路肩开裂 26cm，下沉 12cm	路基本体
62	100	路堑边坡	在高约 7.91m 处垮塌	无防护的上边坡
63	150	路堑边坡	在高约 28.71m 处垮塌，3 000m³	无防护的上边坡
64	95	路堑边坡	在高约 29.35m 处垮塌	无防护的上边坡
65	96.5	路堑边坡	在高约 37.92m 处垮塌	无防护的上边坡
66	70	路堑边坡	在高约 20.58m 处垮塌，50m³	无防护的上边坡
67	90	路堑边坡	在高约 24.34m 处垮塌，200m³	无防护的上边坡
68	115	路堑边坡	在高约 28.15m 处垮塌，800m³	无防护的上边坡
69	45	路面	路面开裂 30cm，下沉 35cm	路基本体
70	44	路堑边坡	在高约 15.4m 处垮塌，1 300m³	无防护的上边坡
71	190	路堑边坡	在高约 38.07m 处垮塌，800m³	无防护的上边坡
72	88	路堑边坡	在高约 45.34m 处垮塌，500m³	无防护的上边坡
73	75	路堑边坡	在高约 19.2m 处垮塌，1 300m³	无防护的上边坡
74	80	路面	开裂 30cm，下沉 10cm	路基本体
75	80	路堑边坡	在高约 18.7m 处垮塌，400m³ 左右	无防护的上边坡
76	42	路肩	开裂 10cm，下沉 4cm	路基本体
77	110	路堑边坡	高约 43m 处垮塌，5 500m³ 左右	无防护的上边坡
78	60	路堑边坡	在高约 35m 处垮塌	无防护的上边坡
79	112	路堑边坡及外路肩	边坡垮塌、外侧路肩处垮塌	无防护的上边坡
80	85	路堑边坡	在高约 62m 处垮塌，2 000m³ 左右	无防护的上边坡
81	110	路堑边坡	在高约 65m 处垮塌，2 000m³ 左右	无防护的上边坡
82	240	路堑边坡	边坡垮塌	无防护的上边坡
83	40	路堑边坡	在高约 24m 处垮塌，800m³ 左右	无防护的上边坡
84	50	路堑边坡	在高约 45m 处垮塌，3 000m³ 左右	无防护的上边坡

续上表

编号	长度（m）	受损部位	震害情况	震害结构类型
85	104	路堑边坡	在高约 115m 处垮塌，4 000m³ 左右	无防护的上边坡
86	315	路堑边坡	在高约 26m 处垮塌，3 000m³ 左右	无防护的上边坡
87	180	路堑边坡	在高约 31m 处垮塌，400m³ 左右	无防护的上边坡
88	63	路面	开裂 20cm，下沉 50cm	路基本体
89	265	路堑边坡	在高约 30m 处垮塌，3 000m³ 左右	无防护的上边坡
90	30	路堑边坡	在高约 36m 处垮塌，300m³ 左右	无防护的上边坡
91	270	路堑边坡	在高约 64m 处垮塌，3 000m³ 左右	无防护的上边坡
92	13.4	路面	开裂 24cm，下沉 30cm	路基本体
93	75	路堑边坡	在高约 26m 处垮塌，800m³ 左右	无防护的上边坡
94	250	路堑边坡	在高约 50m 处垮塌，2 000m³ 左右	无防护的上边坡
95	70	路堑边坡	在高约 18m 处垮塌，800m³ 左右	无防护的上边坡
96	25	路堑边坡	在高约 9m 处垮塌，500m³ 左右	无防护的上边坡
97	25	路面	开裂 30cm，下沉 30cm	路基本体
98	40	路肩	路肩开裂 30cm，下沉 30cm	路基本体
99	40	路堑边坡	在高约 22.44m 处垮塌，400m³ 左右	无防护的上边坡
100	50	路堑边坡	在高约 15m 处垮塌，200m³ 左右	无防护的上边坡
101	150	路面	外侧路基开裂 25cm，下沉 30cm	路基本体
102	35	路面	外侧路基开裂 50cm，下沉 70cm	路基本体
103	28	路基	外侧路基垮塌，路面开裂 7cm	路基本体
104	28	路堑边坡	在高约 30m 处垮塌，300m³ 左右	无防护的上边坡
105	120	路堑边坡	在高约 21m 处垮塌，3 000m³ 左右	无防护的上边坡
106	70	路肩	路肩下沉 20cm，开裂 33cm	路基本体
107	11	路面	路肩路面下沉 17cm，开裂 24cm	路基本体
108	21	路面	路肩路面下沉 12cm，开裂 8cm	路基本体
109	25	路面	路肩路面下沉 20cm，开裂 20cm	路基本体
110	146	路面	泥石流掩埋路基	路基本体

线路名称：S302　　区段：江油—邓家

编号	长度（m）	受损部位	震害情况	震害结构类型
1	20	路肩墙	墙体开裂	重力式挡土墙
2	15	路面	路肩结合部开裂 2cm	路基本体
3	15	边沟管涵	边沟管涵震害	边沟管涵
4	10	路中，路肩	路中、路肩开裂	路基本体
5	80	路面	路面外侧开裂，墙体略外鼓	路基本体

续上表

编号	长度（m）	受损部位	震 害 情 况	震害结构类型
6	74	路肩	路肩开裂，墙顶位移	重力式挡土墙
7	65	路堑墙	落石砸坏墙顶	重力式挡土墙
8	70	路堑墙	落石砸坏墙顶	重力式挡土墙
9	39	路面	路面开裂 39m	路基本体
10	39	路堑上边坡	上边坡崩塌，落石最大粒径 1.2m	坡面，无防护
11	30	路肩墙	路肩墙垮塌	重力式挡土墙
12	30	路肩墙	路肩墙垮塌	重力式挡土墙
13	27	路堑上边坡及路堤下边坡	上边坡崩塌，下边坡局部溜坍	坡面，无防护
14	27	路肩墙	原干砌块石路肩墙体垮塌，已新修混凝土墙	重力式挡土墙
15	60	路堑上边坡	上边坡整体崩塌掩埋路基	坡面，无防护
16	30	路肩墙	原干砌块石路肩墙体被崩塌落石砸坏	重力式挡土墙
17	15	路肩墙	原干砌块石路肩墙体垮塌	重力式挡土墙
18	15	路堑上边坡	上边坡竖向开裂 9cm，下沉 3cm	坡面，无防护
19	16.6	路肩墙	原干砌块石路肩墙体垮塌	重力式挡土墙
20	35.9	路堑上边坡	上边坡崩塌	坡面，无防护
21	27	路肩墙	原干砌片石路肩墙，墙顶垮塌，开裂 20cm	重力式挡土墙
22	35.6	路面	路肩墙内侧沉陷，路肩墙内倾	路基本体
23	5.6	路肩墙	干砌片石路肩墙外鼓、内倾	重力式挡土墙
24	27	路肩墙	干砌片石路肩墙外鼓	重力式挡土墙
25	15	路肩墙及路面	路肩墙内侧沉陷，路面开裂 25cm	路基本体
26	21.7	路肩墙	干砌片石路肩墙垮塌	重力式挡土墙
27	15	路堑上边坡	上边坡整体崩塌掩埋路基	路基本体
28	19.6	路肩墙	浆砌块石路肩墙垮塌	重力式挡土墙
29	6	路肩墙	浆砌块石路肩墙顶垮塌	重力式挡土墙
30	15	路堑上边坡	上边坡整体崩塌掩埋路基	坡面，无防护
31	10	路肩墙	浆砌块石路肩墙垮塌	重力式挡土墙
32	25.3	路基，上边坡	外侧路基坍塌，上边坡崩塌落石砸塌路基，挡墙	坡面，无防护 路基本体
33	20	路面及路肩墙	外侧路面开裂，路肩墙垮塌	路基本体
34	20	路肩墙	片石混凝土路肩墙垮塌	重力式挡土墙
35	37	路基	外侧路基沉陷	路基本体

续上表

编号	长度（m）	受损部位	震害情况	震害结构类型
36	37	路堑上边坡	上边坡整体崩塌掩埋路基	坡面，无防护
37	136	路堑墙	路堑墙变形开裂	重力式挡土墙
38	37	路基	路基沉陷，开裂；上边坡滑塌	路基本体 坡面，无防护
39	136.2	路堑墙	路堑墙剪断开裂	重力式挡土墙
40	40	路肩墙	浆砌块石路肩墙垮塌	重力式挡土墙
41	20	路肩墙	紧邻拱桥的浆砌块石路肩挡墙脱空	重力式挡土墙
42	51	路堑边坡	外侧路基沉陷，上边坡崩塌	坡面，无防护
43	60	路堤边坡	路堤边坡坍塌，下部有一涵洞	路基本体
44	22.5	路基，路堤下边坡	下边坡局部溜坍，外侧路基坍塌，路肩下错 12cm	路基本体 坡面，无防护
45	51	路堑上边坡	上边坡整体崩塌落石掩埋路基，路肩塌方	坡面，无防护
46	84	路堑上边坡	上边坡整体崩塌落石掩埋路基	坡面，无防护
47	47	路堑上边坡	上边坡顺层滑塌	坡面，无防护
48	8	路肩墙	浆砌块石路肩墙垮塌（推测被砸坏）	重力式挡土墙
49	13	路肩墙	浆砌块石路肩挡墙被砸坏，上边坡顶有危岩	重力式挡土墙
50	12	路肩墙	原浆砌块石路肩挡墙（质量差）垮塌	重力式挡土墙
51	42	路堑边坡及路肩墙	上边坡崩塌落石砸坏路肩挡墙	重力式挡土墙
52	190	路堑上边坡	上边坡（逆向坡）零星崩塌	坡面，无防护
53	12	路肩	落石砸坏路肩	路基本体
54	54	路堑上边坡，护肩	上边坡崩塌砸塌矮护肩	路基本体 坡面，无防护
55	9	路肩	路肩（干砌）垮塌	路基本体
56	60	路堑上边坡	上边坡零星崩塌	坡面，无防护
57	105	路堑上边坡	上边坡零星崩塌	坡面，无防护
58	195	路堑上边坡	上边坡（砂岩）崩塌	坡面，无防护
59	195	路肩墙	上边坡崩塌落石冲击力量大，砸坏部分浆砌块石路肩墙	重力式挡土墙
60	190	路堑上边坡	上边坡整体崩塌	坡面，无防护
61	15	路堑上边坡	上边坡滑塌	坡面，无防护
62	40	路堑上边坡	上边坡滑塌	坡面，无防护
63	62	路堑上边坡	上边坡顺层滑塌	坡面，无防护
64	470	路堑上边坡	巨型顺层滑坡，崩塌，掩埋路基及路堑墙	坡面，无防护
65	235	路堑上边坡及路肩	上边坡（逆向坡）零星崩塌，部分路肩被落石砸坏	坡面，无防护

续上表

编号	长度（m）	受损部位	震 害 情 况	震害结构类型
66	15	路堑上边坡及路肩	路肩被砸坏，坍塌	路基本体 坡面，无防护
67	247	路堑上边坡	上边坡滑坡掩埋路基	坡面，无防护
68	46	路堑边坡及路肩	路肩沉陷，开裂；上边坡（逆向坡，石灰岩＋页岩）崩塌	路基本体 坡面，无防护
69	25	路肩	原干砌路肩垮塌	路基本体
70	25	路肩墙	浆砌块石路肩挡墙被砸坏	重力式挡土墙
71	247	路堑上边坡	上边坡整体崩塌掩埋路基	坡面，无防护
线路名称：XN16 龙池旅游公路				区段：新房子大桥—龙池—都江堰
编号	长度（m）	受损部位	震 害 情 况	震害结构类型
1	40.2	路堑上边坡	山体滑坡掩埋路基	路基本体
2	35	路堑墙	部分挡墙被垮塌的坡体砸坏	重力式挡土墙
3	10	路面	路面开裂，错台	路基本体
4	10	路面	路面开裂，错台巨石崩塌砸坏路面	路基本体
5	30	路肩墙	路肩墙垮塌	重力式挡土墙
6	57.7	路堑边坡及路堑墙	零星崩塌落石，掩埋部分挡墙，墙顶开裂	路基本体
7	158	路面	路面伸缩缝、中缝拉开，最宽 13cm	路基本体
8	13.5	路面	弯道路面伸缩缝、中缝开裂，错台	路基本体
9	22	路面	伸缩缝处开裂、错台	路基本体
10	22	路堑墙	挡墙竖向裂缝 4cm	重力式挡土墙
11	25	路面，路堤边坡	伸缩缝处开裂、错台，路堤边坡开裂 60 cm	坡面，无防护 路基本体
12	23	路堑墙	挡墙开裂、外错，部分垮塌	重力式挡土墙
13	5	路面	磨刀沟小桥路面隆起 15 cm	路基本体
14	32	路堑边坡及路堑墙	边坡坍塌掩埋路基和挡墙	路基本体
15	20	路面，路堑边坡	路面开裂、隆起，路堑边坡局部溜坍砸坏挡墙	路基本体
16	30	路堑墙	落石砸坏挡墙顶	重力式挡土墙
17	90	路堑边坡及挡墙	路堑边坡滑坡掩埋路基及挡墙	路基本体
18	10	路堑边坡	路堑边坡坍塌掩埋路基及挡墙	路基本体

续上表

编号	长度（m）	受损部位	震 害 情 况	震害结构类型
19	67	路堑边坡	路堑边坡坍塌掩埋路基及挡墙	路基本体
20	20	路基，路堑边坡	路基沉陷，路堑边坡坍塌	路基本体
21	20	路堑墙	边坡垮塌砸坏挡墙	重力式挡土墙
22	42	路肩墙	外侧路基路肩墙垮塌，留下半幅路	路基本体
23	42	路堑边坡及路堑墙	边坡滑塌，路堑墙剪断开裂	重力式挡土墙
24	25	路堑墙	挡墙变形开裂 3 cm	重力式挡土墙
25	25	路面	内侧路肩开裂 13 cm	路基本体
26	25	涵洞及路面	板涵两侧桥台路面隆起、开裂	路基本体
27	45	路肩	路肩开裂 14cm、沉陷 7cm	路基本体
28	30	路肩	路肩垮塌	路基本体
29	210	路堑上边坡	网格护坡开裂，护坡中部鼓胀，顶部无防护部分溜坍	网格护坡
30	210	路堑墙	墙顶开裂，底部边沟处开裂外移	重力式挡土墙
31	30	路面及路堑墙	路面隆起 14cm，开裂 10cm，路堑墙开裂	路基本体
32	30	路堑墙	挡墙开裂 20cm，墙顶隆起 7cm	重力式挡土墙
33	20	路堑边坡	路堑边坡滑坍掩埋路基	路基本体
34	100	路面	路肩开裂 47cm	路基本体
35	30	路面，路堑上边坡	路面隆起 20cm，上边坡崩塌落石	路基本体
36	80	路面及路堑上边坡	路中开裂 11cm，隆起 3cm，上边坡滑塌	路基本体
37	50	路堑边坡	边坡垮塌掩埋路基和挡墙	路基本体
38	40	路堑上边坡	上边坡（冰水堆积体）局部溜坍	路基本体
39	15	路堑墙	墙体开裂 7cm	重力式挡土墙
40	30	路面	路面开裂 6cm，隆起 10cm	路基本体
41	145	路堑边坡	路堑边坡滑坡掩埋路基	路基本体
42	67	路堑挡墙	部分墙体垮塌	重力式挡土墙
43	70	路面	路肩开裂 2cm、错台 3cm，路面隆起 5cm	路基本体
44	65	路基	路基沉陷 8cm，路面，路肩开裂 20cm	路基本体
45	26	路堑上边坡	上边坡整体崩塌掩埋路基	路基本体
46	190	路堑上边坡	上边坡崩塌，挂网喷浆完全垮塌	挂网喷浆

续上表

编号	长度（m）	受损部位	震 害 情 况	震害结构类型
47	190	路堑墙	上边坡崩塌，路堑墙部分被砸坏	重力式挡土墙
48	100	路堑上边坡	上边坡崩塌，挂网喷浆完全垮塌	挂网喷浆
49	40	路堑上边坡	挂网喷浆整体完好，底部剪出 16cm	挂网喷浆
50	45	路堑边坡及路面	路面开裂 3cm，边坡坍塌砸毁路堑墙	重力式挡土墙
51	23.4	路堑边坡	内侧陡壁崩塌落石，不影响路基	路基本体
52	5	路面	路面开裂 10cm	路基本体
53	10	路肩墙	路肩墙开裂	重力式挡土墙
54	10	路面	路面开裂 10cm，错台 8cm	路基本体
55	61.3	路堑上边坡	中上部挂网喷浆完全震害，下部残存挂网喷浆	挂网喷浆
56	27	路堑上边坡	挂网喷浆中间整体垮塌，两侧完好	挂网喷浆
57	50	路堑上边坡	中上部挂网喷浆完全震害，下部残存挂网喷浆	挂网喷浆
58	45	路堑上边坡	挂网喷浆下部开裂	挂网喷浆
59	45	路面	路肩开裂 11cm	路基本体
60	165	路堑上边坡	挂网喷浆总体良好，中下部开裂 16cm	挂网喷浆
61	10	路堑边坡及路面	崩塌砸坏路面	路基本体
62	10	路肩	路肩沉陷 16cm，开裂 10cm	路基本体
63	52	路基，路肩	外侧路基沉陷，路肩开裂 32cm	路基本体
64	11.4	路肩	路肩开裂 3cm	路基本体
65	80	路堑上边坡	上边坡坍塌掩埋路基，原挂网喷浆全被震害	路基本体
66	93	路堑边坡及路面	山体崩塌掩埋路基、路面被砸坏	路基本体
67	40	路堑上边坡	上边坡滑坡掩埋路基	路基本体
68	60	路基及路堑边坡	路基纵向错台 1.2m，边坡坍塌掩埋路基	路基本体
69	100	路堑上边坡	共两处上边坡崩塌掩埋路基，原边坡挂网喷浆上部全部震害	路基本体
70	32	路堑上边坡	上边坡整体崩塌掩埋路基，震后新增路堑墙	路基本体
71	15	路肩	路肩开裂 3cm	路基本体
72	30	路堑墙	路堑墙体开裂，剪断	重力式挡土墙
73	30	内侧路肩	路肩开裂 20cm	路基本体
74	15	路面	外侧路基沉陷 13cm，路肩开裂 6cm	路基本体

续上表

编号	长度（m）	受损部位	震 害 情 况	震害结构类型
75	15	路肩墙	路肩墙下部脱空，已用混凝土修补；墙顶外移 6cm	重力式挡土墙
76	30	路肩墙	路肩墙体开裂，外错 5cm	重力式挡土墙
77	10	路肩	内侧路肩开裂 3cm，碎裂	路基本体
78	43	路面及路肩	路肩开裂 10cm	路基本体
79	14	路堑墙	路堑墙体部分垮塌，已用混凝土修复	重力式挡土墙
80	14	路堤边坡	路堤下边坡开裂 23cm	路基本体
81	50	路肩墙	部分框架被砸坏，锚头被砸坏，内挡墙也有变形开裂	锚索框架加固挡土墙
82	50	路堑上边坡都江堰侧	锚索喷浆护坡的锚索被拔出，锚头失效，预应力损失	锚杆索框架
83	50	外侧路基	路基沉陷 35cm	路基本体
84	27	路面及路堑上边坡	路肩开裂，上边坡崩塌落石，砸坏路面	路基本体
85	24.3	路堑墙	路堑墙顶被落石砸坏，旁边的锚索喷浆完好	路堑护面墙
86	24.3	路堑上边坡	路堑上边坡崩塌落石，掩埋和砸坏路堑墙顶和路面	路基本体
87	80	路堑上边坡	完好	锚杆索框架
88	166.5	锚索抗滑桩	完好	抗滑桩
89	10	路基	外侧路基沉陷 14cm	路基本体
90	11.5	路面	外侧路面开裂	路基本体
91	28	路面	路中开裂	路基本体
92	20	路面	路面开裂 6cm，错台 4cm	路基本体
93	13.4	外侧路面	开裂，已修补	路基本体
94	23	外侧路面	开裂，已修补	路基本体
95	16.3	外侧路面	开裂，已修补	路基本体
96	35	路堑上边坡	上边坡崩塌落石，震后调查时正采用主动网防护	路基本体
97	35	路堑墙	上边坡崩塌落石路堑墙顶部，已用浆砌块石修复	重力式挡土墙
98	170	路面，上边坡	4 处上边坡崩塌落石，路肩、外侧路面开裂，调查时增加主动网防护	路基本体
99	27	外侧路面	外侧路面开裂 4.5cm	路基本体
100	12.1	路面	路面路中开裂，坑槽碎裂	路基本体
101	25	路面	路面开裂 5cm	路基本体
102	12.5	路面	外侧路面开裂 4cm	路基本体
103	13	路面	内侧路面开裂 3cm	路基本体

续上表

线路名称：S205				区段：平武——南坝
编号	长度（m）	受损部位	震害情况	震害结构类型
1	20	路面	路基沉降 30cm，路基下方的涵洞也出现震害	路基本体
2	54.1	路堑边坡及挡墙	掩埋路堑墙和路基	重力式挡墙
3	27.1	路堑边坡	顺层滑动，掩埋路基，已清除	边坡，无防护
4	11.2	路堑中上部	土质，溜坍，掩埋路基，已清除	边坡，无防护
5	40.9	路堑边坡及挡墙	边坡垮塌掩埋挡墙	重力式挡墙
6	58.3	路堑边坡及挡墙	挡墙冲毁 7.9m	重力式挡墙
7	25	路堑边坡	岩质，崩塌，掩埋路基，已清除	边坡，无防护
8	43	路堑墙	冲毁挡墙，后缘拉裂面清晰可见	重力式挡墙
9	25	路肩墙	路肩墙外移 43cm，震害长度 15.7m	重力式挡墙
10	10	路堑墙	开裂，裂缝宽度为 7cm，顶部外移 25cm	重力式挡墙
11	10	路堑墙	挡墙被坡体垮塌冲毁	重力式挡墙
12	51.7	路堑墙	挡墙被坡体垮塌冲毁	重力式挡墙
13	14.5	路堑墙	挡墙被坡体垮塌冲毁	重力式挡墙
14	13.5	路面	路基沉降 10cm，路面开裂，裂缝最大宽度为 8cm，路肩墙外移 7cm	路基本体
15	12.7	路肩	落石砸坏路基导致路基垮塌，宽度 2.0m	路基本体
16	30	路堑墙	落石砸坏挡墙	重力式挡墙
17	121	路面	岩体崩塌，掩埋路基，已清除，路基多处塌方	路基本体
18	8.6	路面	岩质，崩塌，路基塌方，路肩墙外移 5cm	路基本体
19	14	路堑墙	落石砸坏挡墙	重力式挡墙
20	27.8	路面	岩体崩塌，掩埋路基，已清除	路基本体
21	13.8	路堑墙	大块石土崩塌，冲毁挡墙	重力式挡墙
22	32	路面	落石，半幅路基塌方，路面掉落	路基本体
23	60	路堑墙	坡体垮塌冲毁挡墙	重力式挡墙
24	50	路堑墙	挡墙倒塌	重力式挡墙
25	92.1	路堑墙	挡墙开裂，外移 70cm	重力式挡墙
26	248	路面	土体崩塌，掩埋路基，改道	路基本体
27	150	路面	岩体崩塌，掩埋路基，已清除	路基本体
28	530	路基及路肩墙	路基沉降，路肩墙倒塌	重力式挡墙
29	60.7	路面	涵洞垮塌，路基沉降 40cm	路基本体
30	325	路面	岩体崩塌，掩埋路基，已清除	路基本体
31	850	路面	岩体崩塌，掩埋路基，已清除	路基本体
32	227	路面	岩土体溜坍，掩埋路基，已清除	路基本体
33	154	路面	岩土体溜坍，掩埋路基，已清除	路基本体

续上表

线路名称：S205				区段：江油—桂溪
编号	长度（m）	受损部位	震害情况	震害结构类型
1	50	路堑边坡	在高约 10.5m 处垮塌	实体护面墙
2	30	路堑墙	局部垮塌、鼓胀	重力式挡土墙
3	20	路堑边坡	在高约 9.1m 处垮塌	实体护面墙
4	15	外侧路基	路基滑移长 15m，开裂宽 6cm	路基本体
5	40	路堑边坡	在高约 34m 处垮塌	种草防护
6	50	路堑边坡	在高约 12.4m 处垮塌	坡面，无防护
7	3.5	路堑边坡	山体垮塌，已清理	坡面，无防护
8	20	外侧路基	路肩开裂宽 4cm	路基本体
9	113	人行道与路基结合处	路面开裂宽 5cm	路基本体
线路名称：S105				区段：井田坝—青川
编号	长度（m）	受损部位	震害情况	震害结构类型
1	12	路堑上边坡	上边坡（冰水堆积体）下滑 200m^3，下部为基岩	坡面，无防护
2	24	路堑上边坡	上边坡顺层下滑 300m^3	坡面，无防护
3	33	上边坡	上边坡（黏土 + 碎石土）下滑，共计 60m^3	坡面，无防护
4	40	路基，路堤边坡	外侧路基沉陷，路肩溜滑，下边坡下沉，开裂 30cm	路基本体
5	28	路肩墙	路肩垮塌，新修浆砌卵石挡墙	重力式挡土墙
6	17	路堑上边坡	上边坡顺层下滑 1 500 m^3，上土下岩，下部为千枚岩	坡面，无防护
7	18	路堑上边坡	上边坡（切向坡）滑塌 200 m^3	坡面，无防护
8	8	路肩墙	路肩墙附近路基垮塌	路基本体
线路名称：S105				区段：桂溪—邓家
编号	长度（m）	受损部位	震害情况	震害体结构类型
1	15	路堑上边坡	上边坡（土质）小塌方，挡墙完好	无防护边坡，路堑墙
2	11.5	路堑上边坡	块石土路堑边坡崩塌，墙体完好	路堑墙
3	25	路堑上边坡	土质路堑边坡坍塌，墙体竖向开裂	路堑墙
4	38	路堑上边坡	土质路堑边坡坍塌掩埋路基	路堑墙
5	27.6	路堑上边坡	土质路堑边坡滑坡掩埋路基，墙体局部破损，外侧有修复的混凝土路肩墙	路堑墙
6	60	路堑上边坡	土质路堑边坡滑塌，旁边的浆砌卵石路堑墙开裂 18cm	路堑墙
7	170	路堑上边坡	土质上边坡大型整体崩塌完全掩埋路基	无防护

续上表

编号	长度（m）	受损部位	震害情况	震害结构类型
8	15	路肩	浆砌块石路肩垮塌	路基本体
9	97	路基	上边坡滑坡泥石流掩埋路基	路基本体
10	35	路基	路肩倒塌，路基塌方（改线）	路基本体
11	16	路肩	浆砌卵石路肩墙垮塌	路基本体
12	16	路肩	浆砌卵石路肩墙垮塌，外侧路基脱空	路基本体
13	60	路堑上边坡	块石土上边坡塌方，掩埋路基	无防护
14	68	路堑上边坡	块石土上边坡塌方掩埋路基，路肩倒塌	无防护
15	30	路堑上边坡	上边坡塌方掩埋路基，外侧路基垮塌，脱空	无防护
16	312	路堑上边坡	上边坡大型崩塌掩埋路基	无防护
17	19.2	路基	上边坡滑坡泥石流冲毁路基，外侧路基脱空	路基本体
18	100	路堑上边坡	上边坡大型崩塌掩埋路基	无防护
19	29	路肩墙	路肩墙垮塌	路基本体
20	28.3	路堑边坡及路肩墙	上边坡顺层崩塌，外侧路基垮塌，浆砌块石路肩垮塌	路基本体，无防护边坡
21	66.6	路堑墙	土质边坡坍塌掩埋挡墙及路面	重力式挡墙

线路名称：S105　　区段：安县—北川

编号	长度（m）	受损部位	震害情况	震害结构类型
1	40	路堑墙	路堑墙表面剥落	重力式挡墙
2	50	路堑墙	挡墙局部鼓胀，并且出现裂缝	重力式挡墙
3	22	路堑墙	挡墙局部被崩塌砸坏	重力式挡墙
4	27	路堑墙	挡墙中上部开裂	重力式挡墙
5	50	路肩墙	路肩墙垮塌，路面悬空	重力式挡墙
6	39	路肩墙	路肩墙垮塌，路面悬空	重力式挡墙
7	47	路堤边坡	路堤护坡垮塌	路堤护坡
8	24	路堑墙	落石砸坏挡墙	重力式挡墙
9	62.5	路堑墙及边坡	掩埋，落石砸坏挡墙	重力式挡墙
10	200	路堑墙	挡墙平移，表皮剥落	重力式挡墙
11	20	路堑墙	挡墙出现裂缝	重力式挡墙
12	15	路堑墙	落石砸坏挡墙	重力式挡墙
13	44	路堑墙	挡墙出现裂缝	重力式挡墙
14	32.5	路面路肩	路面纵向开裂开裂，错台	路基本体

续上表

线路名称：S105				区段：绵竹—安县
编号	长度（m）	受损部位	震 害 情 况	震害结构类型
1	140	路肩墙	路肩墙外移 7cm，路基坍塌，下沉 30cm	重力式挡土墙
2	55.5	路肩墙	路基坍塌，宽度 2.1m，路面开裂，裂缝宽度为 10cm	重力式挡土墙
3	20	路肩墙	路肩墙外移 12cm，下沉 5cm	重力式挡土墙
4	20	路肩墙	路肩墙倒塌	重力式挡土墙
5	21	路肩墙	路肩墙外移 20cm，下沉 13cm	重力式挡土墙
6	45	路肩墙	路肩墙外移 6cm，下沉 5cm	重力式挡土墙
线路名称：S105				区段：北川县城南—桂溪
编号	长度（m）	受损部位	震 害 情 况	震害结构类型
1	65	路堑边坡	滑坡	坡面，无防护
2	120	路堑边坡	土质边坡滑坡	坡面，植物防护
3	38	路堑边坡及路肩墙	路堑边坡坍塌，弯道处路肩墙震害	重力式挡墙
4	138	路堑边坡	小型滑坡	坡面，植物防护
5	59	路堑边坡	边坡小滑坡	坡面，植物防护
6	54	路堑边坡	小型滑坡	坡面，植物防护
7	133	路基路肩	路肩墙被砸坏，路基坍塌	路基本体
8	120	路堤边坡	路肩挡墙垮塌	重力式挡墙
9	918	路基路面	泥石流掩埋路基	路基本体
10	15	路堑边坡	土质边坡坍塌	坡面，无防护
11	31	路基路面	内侧滑坡掩埋路面，泥石流冲毁路肩	路基本体
12	50.5	路基	滑坡掩埋路基	路基本体
13	50.5	路堑边坡	内侧土质滑坡	坡面，植物防护
14	34	路肩墙	水冲路肩墙垮塌	重力式挡墙，坡面植物防护
15	41	路堑边坡	内侧土质滑坡	坡面，无防护
16	11	路肩墙	内侧滑坡掩埋路面，水流冲毁路肩	重力式挡墙
17	28	路肩路面	内侧滑坡掩埋路面，水流冲毁路肩	路基本体
18	28.3	路基路肩	外侧路基下沉	路基本体
19	40	路堑墙	路堑挡墙开裂	重力式挡墙
20	18	路肩	路肩垮塌	路基本体
21	18	路基路面	路面起拱	路基本体
22	22.5	路肩	路肩墙垮塌	重力式挡墙
23	46	路基路面	外侧路基滑塌	路基本体

续上表

编号	长度（m）	受损部位	震 害 情 况	震害结构类型
24	25	路基路面	断裂带通过处，路面在断裂带两侧有升有降	路基本体
25	24	路堑边坡	上部岩体崩塌	坡面，植物防护
26	76	路基路面	路堤滑塌	路基本体
27	139	路基路面	路基滑塌，内侧顺层坡崩塌掩埋路面	路基本体
28	139	路堑边坡	内侧顺层坡崩塌	坡面，植物防护
29	36	路堑边坡	内侧边坡滑塌	坡面，植物防护
30	36	路基路面	内层边坡滑坡掩埋路段	路基本体
31	123.6	路堑边坡	内侧边坡滑塌	坡面，植物防护
32	39	路堑边坡	边坡顺层滑动	坡面，植物防护
线路名称：G212				区段：姚渡—沙洲
编号	长度（m）	受损部位	震 害 情 况	震害结构类型
1	27	路堑边坡中上部	垮塌	坡脚矮挡墙，以上坡面无防护
2	65	路堑边坡中上部	崩塌	坡脚矮挡墙，以上坡面无防护
3	33	路堑边坡中上部	内侧岩石崩塌	坡面，无防护
4	70	中上部	内侧滑坡	坡面，无防护
5	24	路面	路基沉降	路基本体
6	23	路面	路基沉降，路肩墙开裂	路基本体
7	40	路面	路基沉降	路基本体
8	24	路堑边坡中上部	崩塌	坡面，无防护
9	15	路堑边坡中上部	滑坡	坡面，无防护
10	36	路堑边坡中上部	崩塌	坡面，无防护
11	20	路堑挡墙	挡墙开裂	路堑挡墙
12	33	路堑边坡中上部	崩塌	坡面，无防护
13	170	路堑边坡中上部	垮塌	坡面，无防护
14	40	上边坡中上部	滑坡	坡面，无防护
15	60	路堑边坡中上部	垮塌	坡脚矮挡墙，以上坡面无防护
16	23	路面	路肩沉降	路基本体
17	18	路堑边坡中上部	垮塌	坡面，无防护
18	32	路堑边坡中上部	垮塌	坡面，无防护
19	17	外半幅及路肩	路面沉陷，局部路肩垮塌	路基本体

续上表

编号	长度（m）	受损部位	震 害 情 况	震害结构类型
20	45	路堑边坡中上部	垮塌	坡面，无防护
21	63	路堑边坡中上部	垮塌、路肩挡墙垮塌	坡面，无防护
22	20	路面	路基沉降	路基本体
线路名称：S106				区段：南坝—青川
编号	长度（m）	受损部位	震 害 情 况	震害结构类型
1	150	路堑边坡	在高约 21m 处垮塌，掩埋道路	坡面，无防护
2	166	路堑边坡	在高约 62m 处垮塌，掩埋道路	坡面，无防护
3	350	路堑边坡	在高约 26.1m 处垮塌，掩埋道路	坡面，无防护
4	70	路肩	路肩垮塌	路基本体损坏
5	26	路肩	路肩垮塌	路基本体损坏
6	25	路面、路肩	路肩墙垮塌，路基塌方	路基本体损坏
7	212	路肩	路肩沉陷，整个路面抬升 2.5m	路基本体损坏
8	700	路堑边坡	在高约 57.6m 处垮塌，掩埋路基	坡面，无防护
9	62	路堑边坡	在高约 8.4m 处垮塌，掩埋路基	坡面，无防护
10	36	路堑边坡	在高约 34.4m 处垮塌，掩埋路基	坡面，无防护
11	60	路堑边坡	在高约 52.2m 处垮塌，掩埋路基	坡面，无防护
12	40	路肩	浆砌片石挡墙倒塌，路肩沉陷	路基本体损坏
13	35	路肩	路肩墙垮塌	路基本体损坏
14	34	路面	路面沉陷，浆砌卵石挡墙倒塌	路基本体损坏
15	40	路肩墙	路肩墙坍塌	路基本体损坏
16	40	路堑边坡	在高约 39m 处垮塌，掩埋路基	坡面，无防护
17	10	路面	浆砌卵石挡墙倒塌，路面被砸，路肩沉陷	路基本体损坏
18	15.5	路面	崩塌砸坏浆砌卵石路肩墙	路基本体损坏
19	8.5	路面	路面沉陷、路肩墙坍塌	路基本体损坏
20	40	路堑边坡	在高约 19.1m 处垮塌，掩埋路基	坡面，无防护
21	15.2	路面	浆砌卵石路肩墙外移，路面下沉 22cm，开裂 20cm	路基本体损坏
22	53	路面	路肩墙倒塌，震后已修补完好	路基本体损坏
23	55.5	路面	路面沉陷 8cm，开裂 2cm	路基本体损坏
24	66.6	路堑边坡	在高约 39.7m 处垮塌，掩埋路基	坡面，无防护
25	5	路肩	路肩垮塌	路基本体损坏
26	22.7	路面	浆砌卵石路肩墙外移，路面下沉 30cm，开裂 6cm	路基本体损坏
27	28.1	路面	路面沉陷 35cm	路基本体损坏

续上表

编号	长度（m）	受损部位	震 害 情 况	震害结构类型
28	38.4	路面	路基塌方，浆砌卵石路肩墙倒塌（现已修补完好）	路基本体损坏
29	20	路面	路面沉陷 15cm	路基本体损坏
30	17.8	路堑边坡	在高约 22m 处垮塌	坡面，无防护
31	26.3	路面	路面沉陷 15cm	路基本体损坏
32	23.3	路堑边坡	在高约 17.8m 处垮塌，掩埋挡墙	坡面，实体护面墙
33	25	路堑边坡	在高约 15.1m 处垮塌，冲毁挡墙	坡面，无防护
34	16	路堑边坡	在高约 5.8m 处垮塌，冲毁挡墙	坡面，无防护
线路名称：S205				区段：青川—沙洲
编号	长度（m）	受损部位	震 害 情 况	震害结构类型
1	45	路堑上边坡	土质上边坡崩塌，掩埋路基，已清理	坡面，无防护
2	9.7	上边坡	土质上边坡滑塌，震害长度 9.7m，高度 14.6m	坡面，无防护
3	142.7	上边坡	块石土上边坡崩塌，掩埋路基，已经清通	坡面，无防护
4	90	上边坡	土质上边坡崩塌，掩埋路基，已清理	坡面，无防护
5	90	上边坡	岩质，大型崩塌，掩埋，已清除	坡面，无防护
6	33.5	上边坡	岩质上边坡崩滑，掩埋路基，已清通	坡面，无防护
7	23.7	上边坡	上边坡（上土下岩）塌方，掩埋部分路基	坡面，无防护
8	31.8	上边坡	土质上边坡滑坡，掩埋路基，已清理	坡面，无防护
9	22	上边坡	岩质上边坡崩塌，掩埋部分路基，已清理	坡面，无防护
10	10.8	上边坡	岩质上边坡崩塌，堆积体于坡脚	坡面，无防护
11	45.4	上边坡	上边坡（上土下岩）崩塌，逆向坡	坡面，无防护
12	34	路基下边坡	路肩墙侧移，路基下沉 60cm，现已修复	路基本体
13	15.5	上边坡	块石土上边坡溜坍，冲毁浆砌块石路堑挡墙	路堑墙
14	36.3	路基上、下边坡	岩质上边坡崩塌，堆积体于坡脚，路肩开裂 25cm、下沉 26cm，下边坡开裂，防撞护栏倾斜	路基本体
15	15	上边坡	岩质上边坡顺层崩塌，掩埋路基，已清理	坡面，无防护
16	66	上边坡	上土下岩上边坡崩塌掩埋路基，已清理	坡面，无防护
17	20.4	上边坡	上土下岩上边坡溜坍掩埋路基，已清通	坡面，无防护
18	35	上边坡	一处上土下岩上边坡溜坍掩埋路基，已清理；另一处岩质上边坡崩塌掩埋路基，已清理	坡面，无防护
19	116.5	上边坡	上土下岩上边坡溜坍掩埋路基，已清通	坡面，无防护
20	22	路肩挡墙	弯道路肩挡墙（浆砌卵石）垮塌，现已修复	路基本体
21	131	上边坡	上土下岩上边坡溜坍掩埋路基，已清通	坡面，无防护
22	50	上边坡，路肩墙	上土下岩上边坡溜坍，掩埋路基，已清理；下边坡路肩墙（浆砌卵石）侧移，下沉	路基本体
23	51	上边坡	土质上边坡溜坍，掩埋路基，已清理	坡面，无防护

续上表

编号	长度（m）	受损部位	震害情况	震害结构类型
24	100	上边坡	块石土上边坡崩塌掩埋路基，已清通	坡面，无防护
25	60.8	上边坡	上土下岩上边坡溜坍掩埋路基，已清通	坡面，无防护
26	15	上边坡	岩质上边坡崩塌，堆积体于坡脚	坡面，无防护
27	14	上边坡	块石土上边坡崩塌，垮塌高度 17.2m	坡面，无防护
线路名称：S105				区段：桂溪—南坝
编号	长度（m）	受损部位	震害情况	震害结构类型
1	40	路堑边坡	崩塌	坡面，无防护
2	50	路堑边坡	在高约 185.4m 处垮塌	坡面，无防护
3	48	外侧路基	路基滑移，开裂宽 3cm	路基本体
4	18.5	外侧路基	路基塌方，路面悬空	路基本体
5	34	路面	路基沉陷、开裂，开 34cm、下沉 10cm	路基本体
6	230	路堑边坡	在高约 32.3m 处垮塌	坡面，实体护面墙
7	10	路堑边坡	在高约 20.7m 处垮塌	坡面，实体护面墙
8	10.3	路肩	路基塌方，路面悬空	路基本体
9	62	路堑边坡	在高约 22.8m 处垮塌，约 186.96m³	坡面，实体护面墙
10	51	路肩	路肩墙外移 30cm，路面断裂下沉 20cm	路基本体
11	29.7	路堑边坡	垮塌	坡面，实体护面墙
12	57	路基	路面沉陷、路肩隆起	路基本体
13	27.6	路堑边坡	在高约 13m 处垮塌	坡面，实体护面墙
14	52	路堑边坡	坡体垮塌	无防护坡面，路堑墙
15	10	路堑边坡	在高约 25.7m 处垮塌	坡面，实体护面墙
16	20	路面	路桥过渡段，路面沉陷约 10cm	路基本体
17	45	路基	路基沉陷	路基本体
18	17	路基	路肩垮塌，路面悬空，路面开裂，开 9cm，下沉 3cm	路基本体
19	41	路面	路面沉陷 15cm	路基本体
20	13.5	路堑边坡	在高约 16.9m 处垮塌	坡面，无防护
21	9.5	路堑边坡	在高约 19.8m 处垮塌	坡面，实体护面墙
22	18.5	路堑边坡及路堑墙	被上边坡滑塌冲毁	重力式挡墙
23	80	路面	路基沉陷、开裂宽 15cm，路面悬空、路肩滑移 70cm	路基本体
24	18	路面	路面沉陷 10cm，路面开裂 9cm	路基本体
25	40	路面	路肩墙坍塌、路面沉陷 10cm，开裂 6cm	路基本体

续上表

编号	长度（m）	受损部位	震害情况	震害结构类型
26	50	路堑边坡	在高约 24.9m 处垮塌	坡面，无防护
27	41	路面	路基沉陷，路面拓空，下沉 1m	路基本体
28	80	路堑边坡	在高约 73.3m 处垮塌	坡面，无防护
29	98	路面	上边坡坍塌，掩埋路基，路面沉陷	路基本体
30	192	路基	路基隆起 20cm，开裂宽 4cm	路基本体
31	600	路堑边坡	大型崩塌，掩埋道路，原来道路改线，线路外移 80m，在高约 200m 处垮塌	坡面，无防护
32	75	路堑边坡	在高约 75m 处垮塌	坡面，实体护面墙
33	220	路基、路面	路基塌方，路面悬空，开裂宽 11cm，下沉 10cm	路基本体
34	220	路堑边坡	掩埋道路，路面悬空，抬高 8.5m，在高约 83.6m 处垮塌	坡面，无防护

线路名称：彭龙路＋彭白路 区段：银厂沟—彭州

编号	长度（m）	受损部位	震害情况	震害结构类型
1	174	路基路肩	外侧路基垮塌，路面脱空	路基本体
2	80	路基路面	山体崩滑掩埋公路	路基本体
3	22	路面路肩	路面横向开裂，路肩开裂	路基本体
4	22	路肩路面	路面横向开裂，路肩开裂	路基本体
5	21	路肩墙	路堑墙水平裂缝	重力式挡墙
6	140	路堑边坡坡顶	坡顶崩塌，砸坏路堑墙顶	无防护
7	10	路堑墙	路堑墙垮塌	重力式挡墙
8	300	路基路面	崩塌掩埋公路	路基本体
9	20. 5	路基路肩	路基开裂，路中有一条裂缝宽 13cm，长达 20. 5m，路肩墙垮塌	路基本体
10	40	路堤边坡	路堤边坡溜坍长达 40m	无防护
11	40	路肩	路肩垮塌	重力式挡墙
12	67	路堑墙	路堑墙垮塌	重力式挡墙
13	32	路基路肩	路肩垮塌，路基沉陷	路基本体
14	32	路基路面	泥石流掩埋公路	路基本体
15	20	路堑墙	路堑墙开裂，路肩起拱	重力式挡土墙
16	201. 4	路基路面	滑坡掩埋公路，路堑墙被埋，铅丝笼挡墙	路基本体
17	500	路基路面	滑坡掩埋公路	路基本体
18	19	路堑墙	路堑墙开裂 5cm	重力式挡土墙
19	19	路基路面	滑坡掩埋部分公路	路基本体

续上表

编号	长度（m）	受损部位	震害情况	震害结构类型
20	25	路基路面	冰水堆积崩塌埋路	路基本体
21	32	路基路面	外侧路基沉陷 32cm，外侧路面有一条裂缝宽 38cm	路基本体
22	20	路基路肩路面	外侧路基半幅下沉 15cm，路中有一条裂缝宽 50cm 长 12cm 路肩开裂，外侧路面隆起 6cm	路基本体
23	230	路基路面	巨型崩滑体，中央断裂物质	路基本体
24	25	路基路面	路堑边坡崩塌掩埋公路	路基本体
25	30	路基	巨石崩落路肩墙开裂外倾	路基本体
26	50	路肩路面	小型落石崩塌砸坏路肩	路基本体
27	47	路基路面	滑坡掩埋路面	路基本体
28	50	路肩路基路面	崩塌掩埋部分公路，外侧路面开裂，裂缝宽 20cm，长 22m	路基本体
29	50	路肩墙	路肩墙垮塌	重力式挡墙
30	200	路基路面	泥石流掩埋公路	路基本体
31	79	路堑墙	路堑挡土墙有两条竖线裂缝宽 2cm	重力式挡墙
32	79	路肩路基	路肩垮塌错台长 11.29m，错距 1.29m 路基沉陷	路基本体
33	30	路堤边坡	路堑边坡垮塌	路基本体
34	22	路肩	路肩滑塌	路基本体
35	73	路堤	路堤滑坡	路基本体
36	73	中上部	路堑墙裂缝宽 5cm，墙面外鼓 4cm	重力式挡墙
37	85	路基路面	边坡滑塌掩埋公路	路基本体
38	66	路肩路基路面	外侧路基沉陷 70cm，路中两条裂缝宽 70cm 路肩垮塌	路基本体
39	40	路基路面	路面脱空，有一条裂缝宽 74cm 长 25m，路中有错台错距 8cm，长 25m	路基本体
40	15	路堑墙和路肩墙	路堑墙开裂裂缝宽达 10cm，路肩墙垮塌	重力式挡墙
41	90	路面路肩	内侧边坡滑塌，路肩开裂 7cm，弯道处有错台错距 15cm，长 31m	路基本体
42	143	路基路面	路堑边坡崩塌掩埋路基路面	路基本体
43	109	路基路面	山体崩塌掩埋路基	路基本体
44	37	路基	外侧路基沉陷 13cm	路基本体
45	56	路肩路面	路肩垮塌，路面开裂	路基本体
46	37	路肩	路肩垮塌，垮至外侧半幅	路基本体
47	41.5	路肩墙	路肩墙倾斜，顶部垮塌	重力式挡墙
48	38.6	路基	内侧挡墙完好，外侧路基开裂	路基本体
49	44	路肩	路肩墙垮塌重修	路基本体

续上表

编号	长度（m）	受损部位	震害情况	震害结构类型
50	33	路肩墙	路肩墙挡墙垮塌重修	重力式挡墙
51	193	路基路面	路堑边坡崩塌埋路	路基本体
52	30	路堑墙	路堑挡墙部分段垮塌	重力式挡墙
53	25	路堑边坡	主动网基本完好	主动网防护
54	500	路基路面	冰水堆积滑坡掩埋公路	路基本体
55	3	路基	桥头路基沉陷	路基本体
56	21	路面	路面拱起	路基本体
57	23	路面	路面拱起，碎裂	路基本体
58	164	路面	冰水堆积卵石土滑坡埋路	路基本体
59	330	路面	崩塌落石威胁公路	路基本体
60	31	路基路面	路面拱起，涵洞处	路基本体
61	31	路基路面	路面拱起，涵洞结合部	路基本体
62	10	路面	次级断层南端抬升	路基本体
63	10	路肩墙	路肩挡墙水平开裂裂缝宽 3cm	重力式挡墙
64	303	路基路面	路基纵向开裂宽 4cm 长 3cm，有一条中缝错台 8cm。伸缩缝处最高隆起 20cm	路基本体
65	52	路面	此处位于断裂带上，路面起拱	路基本体
66	52	路肩墙	路肩墙垮塌	重力式挡墙
67	31	路面	路面开裂，隆起 2. 5cm	路基本体
68	16. 5	路堑边坡	护面墙垮塌，震害	实体式护面墙
69	31	路面	路面拱起、碎裂	路基本体

线路名称：XH10　　区段：金子山—青川

编号	长度（m）	受损部位	震害情况	震害体结构类型
1	40	路基本体	路基沉陷 20cm	路基本体
2	12	路肩墙	涵洞处外侧路肩墙垮塌，用浆砌卵石修复	重力式挡土墙
3	52	路堑墙	挡墙垮塌，用浆砌卵石修复	重力式挡土墙
4	30	路肩墙	挡墙垮塌，用浆砌卵石修复	重力式挡土墙
5	38	路堑边坡上部	边坡垮塌，内侧岩体沿节理面下滑	坡面，无防护
6	93	路面	边坡局部溜坍，落石砸坏路面	路基本体
7	93	路堑边坡上部	边坡垮塌，落石砸坏及路面	坡面，无防护
8	142	路堑边坡上部	边坡垮塌，崩塌体砸坏路面及护栏，平均 10m，2~3 个，深度 8cm	坡面，无防护

续上表

编号	长度（m）	受损部位	震　害　情　况	震害结构类型
9	58	路肩墙	挡墙垮塌，路基垮塌	重力式挡土墙
10	58	路基本体、路肩	边坡局部溜坍，路基垮塌，路肩墙垮塌	路基本体、路肩
11	45	路堑边坡上部	边坡垮塌	坡面，无防护
12	31	路基	路基沉陷 10cm	路基本体
13	15	路肩墙	挡墙垮塌、倾斜	重力式挡土墙
14	97	路肩墙	挡墙垮塌，震后重修	重力式挡土墙
15	123	路肩墙	挡墙垮塌	重力式挡土墙
16	123	路堑边坡上部	边坡垮塌，垮塌体高度 50m	坡面，无防护
17	75	路肩墙	挡墙垮塌	重力式挡土墙
18	60	路堑边坡上部	边坡垮塌，垮塌体高度 60m，垮塌方量 15 000m^3	坡面，无防护
19	60	路堑边坡	山体整体崩塌掩埋路基	路基本体
20	31	路肩墙	挡墙垮塌，外侧路基垮塌，震后重修	重力式挡土墙
21	23	路肩墙	挡墙垮塌，路基塌方	重力式挡土墙
22	36	护肩墙	挡墙变形开裂，裂缝宽度 10cm	重力式挡土墙
23	34.5	路肩墙	挡墙垮塌，路基沉陷	重力式挡土墙
24	34	路肩墙	挡墙垮塌	重力式挡土墙
25	60	路堑边坡上部	边坡垮塌	坡面，无防护
26	58	路肩墙	挡墙垮塌	重力式挡土墙
27	35	路肩墙	挡墙垮塌	重力式挡土墙
28	26	路肩墙	挡墙垮塌	重力式挡土墙
29	17	路肩墙	挡墙垮塌	重力式挡土墙
30	29	路肩墙	挡墙垮塌	重力式挡土墙
31	29	路肩墙	挡墙垮塌	重力式挡土墙
32	26	路肩墙	挡墙垮塌	重力式挡土墙
33	50	路堑边坡上部	边坡垮塌 ，垮塌方量 500m^3	坡面，无防护
34	26	路基	路基沉陷 10cm，开裂，裂缝宽度 2cm，开裂长度 26m	路基本体
35	32	路基	边坡局部崩塌，路基坍塌，增加挡墙	路基本体
36	38	路堑边坡上部	边坡垮塌	坡面，无防护
37	129.7	挡墙垮塌，路肩墙部分脱空	挡墙垮塌，路肩墙部分托空	重力式挡土墙
38	9	路肩墙	挡墙外倾	重力式挡土墙

续上表

编号	长度(m)	受损部位	震害情况	震害体结构类型
39	28	路基	路堤边坡开裂	路基本体
40	44	路肩墙	挡墙垮塌	重力式挡土墙
41	40	路肩墙	挡墙垮塌	重力式挡土墙
42	29	路肩墙	挡墙垮塌	重力式挡土墙
43	15	路肩墙	挡墙垮塌	重力式挡土墙
44	31	路肩墙	挡墙垮塌	重力式挡土墙
45	16	路基	外侧路基垮塌	路基本体
46	8	路肩墙	挡墙垮塌	重力式挡土墙
47	13	路肩墙	挡墙垮塌	重力式挡土墙
48	23	路基	边坡局部坍塌，震后增设路肩挡墙	路基本体
49	7	路基	路肩处垮塌	路基本体
50	18	路肩墙	挡墙垮塌	重力式挡土墙
51	9	路肩墙	挡墙垮塌	重力式挡土墙
52	35	路堑边坡上部	边坡垮塌 ，垮塌方量 $500m^3$	坡面，无防护
53	20	路基	路堤外侧边坡沉陷	路基本体
54	12	路肩墙	挡墙垮塌	重力式挡土墙
55	22	路基	路基整体滑移，滑距 1.5m，滑面深度 60cm	路基本体
56	50	路堑边坡上部	边坡垮塌 ，垮塌方量 $500m^3$	坡面，无防护
57	64	路基	外侧路基沉陷 1.2m	路基本体
58	34	路基、路堑边坡	路基沉陷 60cm，路堑边坡开裂	坡面，无防护 路基本体
59	48	路肩墙	上边坡崩塌落石冲击力量大，砸坏部分浆砌块石路肩墙	重力式挡土墙
60	48	路堑边坡上部	边坡垮塌	坡面，无防护
61	50	路堑边坡上部	边坡垮塌	坡面，无防护
62	50	路肩墙	挡墙垮塌	重力式挡土墙
63	13	路基、路肩	路基开裂，路肩内侧沉陷 10cm	路基本体、路肩
64	31	路基、路面	路基沉陷 10cm，路面开裂，裂缝宽度 12cm，长度 18cm	路基本体
65	33	路堑边坡上部	边坡垮塌 ，垮塌方量 $400m^3$	坡面，无防护
66	32	路基	路基坍塌、路肩墙坍塌	路基本体
67	35	路堑边坡上部	边坡垮塌	坡面，无防护

续上表

编号	长度（m）	受损部位	震害情况	震害体结构类型
68	32	路堑边坡上部	边坡垮塌，垮塌方量 400m³	坡面，无防护
69	63	路肩墙	挡墙垮塌	重力式挡土墙
70	68	路基、路肩挡墙	路基沉陷 20cm，路肩挡墙外倾	重力式挡土墙 路基本体
71	40	路肩墙	挡墙垮塌	重力式挡土墙
72	25	路堑边坡上部	边坡垮塌，垮塌方量 300m³	坡面，无防护
73	17	路肩墙	挡墙垮塌	重力式挡土墙
74	12	路肩墙	挡墙垮塌	重力式挡土墙
75	18	路肩墙	挡墙垮塌	重力式挡土墙
线路名称：广青路				区段：什邡—红白镇—青牛坨
编号	长度（m）	受损部位	震害情况	震害体结构类型
1	52	路面	水泥砼路面开裂（中缝）8cm、错台伸缩缝 7cm	路基本体
2	20	路面	路基沉陷 8cm，路面开裂 12cm、错台 8cm	路基本体
3	6.6	路肩墙	浆砌块石路肩墙顶位移 25cm，部分垮塌	重力式挡土墙
4	20	路基及路堑上边坡	上边坡崩塌落石，掩埋路基致使外侧路基、浆砌块石路肩墙垮塌，下边坡脚的铁路也被落石掩埋	路基本体 坡面，无防护
5	23	路基及路堑上边坡	上边坡大型崩塌落石，掩埋路基，砸坏路面，砸塌外侧路基、路肩挡墙（浆砌块石）	路基本体 坡面，无防护
6	42	路面	路面中缝开裂 30cm、错台 8cm，外侧路基沉陷	路基本体
7	24	路堑上边坡及路肩墙	上边坡崩塌落石冲山坳内冲出，冲击力量很大，路肩挡墙（浆砌块石）上部脱空	路基本体 坡面，无防护
8	14	路基路肩墙	外侧路肩墙垮塌	路基本体
9	40	路基路面	路面开裂宽达 4~6cm	路基本体
10	21	路基路面	路基沉陷 45cm，路面开裂	路基本体
11	52	路基路面	路面开裂宽 4cm，长 20m，错台 7cm	路基本体
12	15	路面	上边坡落石砸坏路面	路基本体
13	38	路基路面	滑坡掩埋路基及路堑墙	路基本体
14	60.3	路基路面	路肩附近开裂	路基本体
15	50	路基路面	滑坡掩埋半幅路面	路基本体

续上表

线路名称：广青路			区段：什邡—红白镇—邱家山—青牛沱	
编号	长度（m）	受损部位	震 害 情 况	震害结构类型
1	35	路面	路面开裂，裂缝宽度 5cm，长度 33.1m	路基本体
2	10	中上部	挡墙垮塌	重力式挡墙
3	26.8	路面、路肩	路面开裂，裂缝宽度 4cm. 路肩墙垮塌，路面被砸坏	路基本体
4	150	路基	山体整体崩塌掩埋路基	路基本体
5	80	路基	山体整体崩塌掩埋路基	路基本体
6	500	路基	河对面山体整体崩塌掩埋路基	路基本体
7	13.5	路面及路肩墙	挡墙垮塌，外侧路面脱空	重力式挡墙
8	10	路面	路面外侧被砸坏开裂，裂缝最大长度 17.5m	路基本体
9	80	路基	地震造成路基外侧沉陷，产生裂缝，裂缝宽度 19cm，长度 75.8m，错台错距 5cm	路基本体
10	64	路基	地震造成路基外侧沉陷，产生裂缝，裂缝宽度 40cm，长度 64m	路基本体
11	55	路基	地震造成路基开裂，裂缝数 2 条，裂缝宽度 5cm，长度 55m，错台，最大错距 4cm	路基本体
12	55	路面、路肩	地震造成路基开裂，裂缝数 1 条，裂缝宽度 15cm，长度 78.4m，错台，最大错距 5cm，路面隆起 15cm，路肩墙震害	路基本体
13	15.6	路基	地震造成路基外侧沉陷，中部开裂，裂缝数 1 条，裂缝宽度 2cm，错台，最大错距 13cm，路基外侧托空	路基本体
14	1 100	路基	山体整体滑坡掩埋路基	路基本体
15	200	路基	山体整体滑坡掩埋路基	路基本体
16	40	路基	地震造成路基外侧沉陷，中部开裂，裂缝数 1 条，裂缝宽度 27cm，长度 40m，错台，最大错距 12cm，长度 40m。内侧挡墙开裂 3cm	路基本体
17	34	路基	地震造成路基中部开裂，裂缝宽度 28cm	路基本体
18	1 100	路基	山体整体滑坡掩埋路基	路基本体
19	1 100	路基	山体整体滑坡掩埋路基	路基本体
20	15	路肩墙	挡墙垮塌	重力式挡墙
21	300	路基	山体整体滑坡掩埋路基	路基本体
22	20	路基	山体整体崩塌掩埋路基	路基本体
23	400	路基	山体整体崩塌掩埋路基	路基本体
24	260	棚洞和路堑边坡	棚洞洞口被崩塌掩埋，主动防护网整体拔出	边坡 / 实体护面墙，SNS 主动式柔性防护网
25	800	路基	对面山体整体崩塌掩埋路基	路基本体
26	80	路堑边坡及路肩墙	边坡坍塌掩埋路基，路肩墙基本完好	重力式挡墙

续上表

编号	长度（m）	受损部位	震 害 情 况	震害结构类型
27	50	路肩墙	挡墙变形开裂	重力式挡墙
28	20	路基	路基中部开裂，裂缝宽度 7cm，长度 14.5m；错台长度 14.5m，裂缝宽度 5cm	路基本体
29	22	路基及拱桥	拱桥垮塌，护墙变形开裂，裂缝宽度 30cm，临桥的路肩墙开裂	拱桥
30	120	路基	路基中部开裂，裂缝宽度 14cm，长度 53.7m；错台长度 53.7m，裂缝宽度 5cm	路基本体
31	17	路肩	路肩开裂，裂缝 2 条，裂缝宽度 7cm，长度 17m	路基本体
32	25	路基	路基外侧沉陷，中部变形开裂，裂缝宽度 16cm，错台裂缝宽度 7cm	路基本体
33	73	路基	路基外侧沉陷，沉陷量 10cm，中部变形开裂，裂缝宽度 27cm	路基本体
34	73	路肩	路肩开裂，开裂宽度 4~40cm，裂缝 2 条	路基本体
35	33.2	路面、涵洞侧路基	路面隆起 7cm，涵洞侧路基沉陷 15~16cm	路基本体

线路名称：县乡公路（德茂路） 区段：青平—汉旺—绵竹

编号	长度（m）	受损部位	震 害 情 况	震害结构类型
1	23.2	路面、路肩	路面开裂，裂缝条数 2，裂缝宽度 3cm，长度 23.2m，路肩错台，裂缝宽度 21cm，长度 23.2m	路基本体
2	42	路基	路基沉陷，沉陷量 20cm	路基本体
3	20	路肩墙	挡墙变形开裂，裂缝宽度 5cm	重力式挡墙
4	44	路面、路肩	路面开裂，裂缝宽度 5~7cm，路肩错台，裂缝宽度 7cm	路基本体
5	10	路基	盖板与路堤交界处路基沉陷，沉陷量 7cm	路基本体
6	32.5	路面、路肩	路面、路肩的纵缝错台，错距 6cm，长度 32.5m	路基本体
7	157	路肩	路肩处沉陷，沉陷量 18cm，路肩开裂，裂缝宽度 9~15cm	路基本体
8	17.2	路基、路肩	路基沉陷，路肩开裂	路基本体
9	50	路基	地震造成路基外侧沉陷，沉陷量 14cm，产生裂缝，裂缝条数 2，宽度 35cm	路基本体
10	50	路基	路肩墙顶部剪断，挡墙剪断，路基下沉	重力式挡墙
11	71	路堑边坡上部	边坡垮塌	路基本体
12	71	路基、路面、路肩	边坡垮塌	重力式挡墙
13	35	路堑边坡上部	边坡垮塌	无支护

续上表

编号	长度（m）	受损部位	震害情况	震害结构类型
14	100.5	路基、路肩	路基内侧沉陷，沉陷量9cm，路肩开裂，裂缝数1条，裂缝宽度13cm，长度100.5m，路肩错台，最大错距9cm，长度100.5m	路基本体
15	100.5	中上部	挡墙变形，内侧路基下沉	重力式挡土墙
16	75	路堑边坡上部	边坡垮塌	无支护
17	23.2	路基	中央断裂带通过该处，路基错台	路基本体
18	17.5	路基	山体整体滑坡掩埋路基	路基本体
19	17.5	路基、路面	路基坍塌，路面托空震害	路基本体
20	17.5	路基、路肩	路基外侧隆起7cm，路肩墙部分垮塌	路基本体
21	20	路基	路基外侧隆起17cm	路基本体
22	35	路面	路面横向隆起6cm	路基本体
23	62	路肩墙	挡墙倾斜，墙顶位移38cm	重力式挡墙
24	20	路肩	路肩开裂，条数1，裂缝宽度4cm	路基本体
25	50	路肩墙	挡墙垮塌，外侧路基被掏空	重力式挡墙
26	20	路肩墙	墙顶位移10cm	重力式挡墙
27	67	路肩墙	挡墙垮塌	重力式挡墙
28	25	路面	外侧路面隆起7cm，中缝错台，错距2cm	路基本体
29	81	路肩墙	挡墙垮塌，墙顶位移40cm，墙体开裂，裂缝宽度4.5cm	重力式挡墙
30	81	路基	路基外侧沉陷20cm，中部开裂，裂缝宽度18cm，长度81m；中部错台，错距20cm，长度81m	路基本体
31	20	路面	路面横向隆起8cm	路基本体
32	51	路肩墙	墙体变形开裂，路肩砸碎	重力式挡墙
33	14.4	护面墙	锥形坡底，路堤边坡产生4条裂缝	路基本体
34	14.4	桥台	清平大桥茂县岸桥台沉陷3~27cm，茂县岸桥台错台，错距3~27cm	桥台
35	25.4	路堤护坡	路堤护坡产生裂缝，桥台路基下沉	实体式护面墙
36	57	路基、路面	靠水塘侧路基沉陷7cm，靠水塘侧路面开裂，裂缝宽度8cm，长度10m	路基本体
37	12.2	路基、路肩	路基中部2处开裂，裂缝宽度3~9cm，长度12.2m；路肩错台长度12.2m，裂缝宽度3cm	路基本体
38	20	路基	路基内侧沉陷33cm，路基中部开裂，裂缝宽度30cm，长度33m	路基本体
39	20	路肩墙	挡墙内侧向池塘方向倾斜	重力式挡墙
40	12.2	路面	路面隆起10~13cm	路基本体
41	120	路肩墙	墙体变形开裂	重力式挡墙
42	107.8	路基	路基外侧沉陷13cm	路基本体

续上表

编号	长度（m）	受损部位	震 害 情 况	震害结构类型
43	171	路基	山体崩塌掩埋路基	路基本体
44	50	路堑墙	墙体完好	重力式挡墙
45	200	路堑边坡上部	该处节理发育完全，边坡垮塌	无支挡
46	58.6	路肩墙	墙体垮塌	重力式挡墙
47	200	路基	山体崩塌掩埋路基	路基本体
48	600	路基	山体崩塌掩埋路基	路基本体
49	3300	路基	山体崩塌掩埋路基	路基本体
50	12.8	路肩墙	墙体垮塌	重力式挡墙
51	117	路肩墙	挡墙上部垮塌	重力式挡墙
52	165	路基	山体崩塌掩埋路基	路基本体
53	97	路肩墙	墙体垮塌	重力式挡墙
54	2300	路基	山体崩塌掩埋路基	路基本体
55	66.8	路肩墙	墙体垮塌	重力式挡墙
56	9.6	路肩墙	墙体垮塌	重力式挡墙
57	104	路基	山体崩塌掩埋路基，路基完全被砸坏	路基本体
58	117	路堑边坡及路肩墙	边坡坍塌埋路，墙体变形开裂	重力式挡墙
59	15.6	路基	边坡溜坍，路基外侧被掏空	路基本体
60	15.6	路堑墙	墙体变形开裂	重力式挡墙
61	65	路基本体、路肩	路基沉陷 20cm，路肩开裂，裂缝条数 2，裂缝宽度 10~20cm；路肩错台，错距 30cm，最大长度 65m	路基本体
62	65	路肩墙	墙顶位移 10cm，墙体开裂	重力式挡墙
63	25	路基及路面	路基开裂，扭曲，隆起	路基本体
64	40.8	路堑墙	墙体垮塌	重力式挡墙
65	40.8	路面	路面横向位置隆起 7cm	路基本体
66	24	中上部	墙体变形开裂，外错 10cm	重力式挡墙
67	30.3	路堑边坡上部	边坡垮塌	路堑边坡

线路名称：XU09　　区段：三江—漩

编号	长度（m）	受损部位	震 害 情 况	震害结构类型
1	40	路堑墙	挡墙开裂，外倾；裂缝宽度 11cm	重力式挡墙
2	16	路基	路基沉陷垮塌	路基本体
3	284	路堑边坡	路堑边坡垮塌，垮塌高度 113.6m	无防护边坡
4	20	路肩墙	路肩墙垮塌，重修	重力式挡墙

续上表

编号	长度（m）	受损部位	震害情况	震害结构类型
5	50	路堑边坡上边坡	路堑边坡垮塌	无防护边坡
6	210	路堑边坡上边坡	路堑边坡垮塌	无防护边坡
7	14	路肩墙	墙体垮塌	重力式挡墙
8	220	路堑边坡上边坡	路堑边坡垮塌，掩埋路基，形成堰塞湖	无防护边坡
9	70	路堑边坡上边坡	路堑边坡垮塌，掩埋路基	无防护边坡
10	90	路堑边坡上边坡	路堑边坡垮塌	无防护边坡
11	21	路堑边坡上边坡	路堑边坡垮塌	无防护边坡
12	32	路堑边坡上边坡	路堑边坡垮塌	无防护边坡
13	150	路堑边坡上边坡	路堑边坡垮塌	无防护边坡
14	50	路堑边坡上边坡	路堑边坡垮塌	无防护边坡
15	115	路堑边坡上边坡	路堑边坡垮塌	无防护边坡
16	40	路堑边坡上边坡	路堑边坡垮塌	无防护边坡
17	26	路堑边坡上边坡	路堑边坡垮塌	无防护边坡
18	15	路基	路基外侧塌方，路肩墙震害	路基本体
19	78	路堑边坡上边坡	路堑边坡垮塌	无防护边坡
20	198	路堑边坡上边坡	路堑边坡垮塌	无防护边坡
21	270	路堑边坡上边坡	路堑边坡垮塌	无防护边坡
22	230	路堑边坡上边坡	路堑边坡垮塌	无防护边坡
23	34	路堑边坡上边坡	路堑边坡垮塌，路面开裂 10cm，崩塌砸坏挡墙	无防护边坡
24	31	路堑边坡上边坡	路堑边坡垮塌	无防护边坡
25	20	路堑边坡	喷浆剪出 9cm，防护面出现裂缝	灰浆防护
26	50	路堑边坡上边坡	路堑边坡垮塌，砸坏路堑墙	无防护边坡
27	120	路堑墙	墙体垮塌	重力式挡墙
28	80	路堑边坡上边坡	路堑边坡垮塌	无防护边坡
29	30	路堑边坡上边坡	路堑边坡垮塌	无防护边坡
30	223	路堑边坡上边坡	路堑边坡垮塌	无防护边坡
31	38	路堑边坡上边坡	路堑边坡垮塌	无防护边坡
32	192	路堑边坡上边坡	路堑边坡垮塌	无防护边坡
33	192	路堑边坡上边坡	路堑边坡垮塌	无防护边坡
34	151	路堑边坡上边坡	路堑边坡垮塌	无防护边坡
35	5	路面	路面砸坏，震害长度 3.5m，宽度 2.9m	路基本体
36	20	路肩墙	墙顶位移 13cm	重力式挡墙
37	36	路肩墙	墙体下沉	重力式挡墙
38	66	路堑边坡上边坡	路堑边坡垮塌	无防护边坡
39	60	路堑边坡上边坡	路堑边坡垮塌	无防护边坡
40	5	涵洞处路面	涵洞处路面起拱 22cm，开裂 4cm	路基本体

续上表

编号	长度（m）	受损部位	震 害 情 况	震害结构类型
41	120	路堑边坡	边坡防护完好，防护平台处有裂缝	挂网喷浆，框架防护
42	120	路堑边坡及挡墙	路堑边坡垮塌，路肩墙垮塌	实体式护面墙
43	33	路肩	墙体开裂，裂缝宽度 10cm，墙体下沉 6cm	重力式挡墙
44	34	路堑墙	路堑墙基本完好，以上坡体垮塌	路堑边坡
45	110	框架梁	总体良好，仅框架梁局部有裂缝	植物护坡，垮工网格骨架植草
46	30	路堑边坡上边坡	路堑边坡垮塌、路堑墙完好	无防护边坡
47	62	路堑边坡	边坡开裂，局部鼓胀变形毁坏，边沟有震害	垮工网格骨架植草
48	150	路堑边坡	边坡开裂，局部鼓胀变形毁坏，边沟有震害	垮工网格骨架植草
49	25	路堑边坡上边坡	边坡垮塌	实体式护面墙
50	64	路基、路肩	路基外侧沉陷 12cm，路肩开裂 10cm	路基本体
51	20	路堑边坡	框架梁防护完好	垮工网格骨架植草
52	32	路堑边坡上边坡	框架梁防护完好，未防护的坡面垮塌	垮工网格骨架植草
53	72	路堑边坡上边坡	崩塌震害挂网锚喷	锚索
54	72	路基	山体整体崩塌，护坡局部剥落	路基本体
55	33	路基	山体整体滑坡	路基本体
56	15	路堑边坡上边坡	边坡垮塌，高度 16.11m	无防护边坡
57	37	路堑边坡上边坡	边坡垮塌，高度 19.94m	挂网喷浆
58	20	路肩	路肩开裂，裂缝宽度 7cm	路基本体
59	9	路肩	路肩开裂，挡墙砸坏，锚索变形	重力式挡墙
60	30	路堑边坡	边坡垮塌，高度 91.79m，震后加固挡墙	重力式挡墙
61	35	路堑边坡	框架梁和路堑护面墙完好，未防护边坡垮塌	实体式护面墙
62	140	路堑边坡	框架梁和路堑护面墙完好，未防护边坡垮塌	实体式护面墙

7.2　震害典型工点 Typical construction sites of seismic hazards

7.2.1　支挡结构工点 Construction sites of retaining structure

7.2.1.1　S302 茂县—北川段路堑挡墙垮塌

（1）概况（表 7-3）

该处震害工点为衡重式挡墙，属于重力式挡墙类，浆砌片块石砌筑，墙高 1.6m，墙胸坡度为 1∶0.25，墙背坡度为 1∶0.05。该挡墙采用 M7.5 浆砌片石砌筑，石料强度为 30MPa。墙身每隔 10~15m 设置一道伸缩沉降缝，缝宽 2cm。调查可知，墙后边坡属于单级的路堤边坡，坡高 27m，平均坡度 37°，该处为半挖半填路基，沥青混凝土路面，周围地质环境为石质山土层薄。

该处工点的线路走向为 N0°，北川—映秀断裂走向 NE32°，之间夹角为 32°，位于北川—映秀断裂上盘，与压扭性逆冲断层汶川—茂县断裂（又称龙门山后山断裂）夹角约为 30°，与其垂直距离约为 10km。

表 7-3　路堑挡墙概况

Table 7-3　Overview of cutting retaining wall

所在线路	S302 茂县—北川	挡墙高度	1.6m
类型	重力式路堑挡墙	地基土类型	石质山土层薄
砌筑参数	M7.5 砂浆砌片石，石料强度≥ 30MPa，M10 砂浆勾缝	与断层的关系	位于北川—映秀断裂上盘

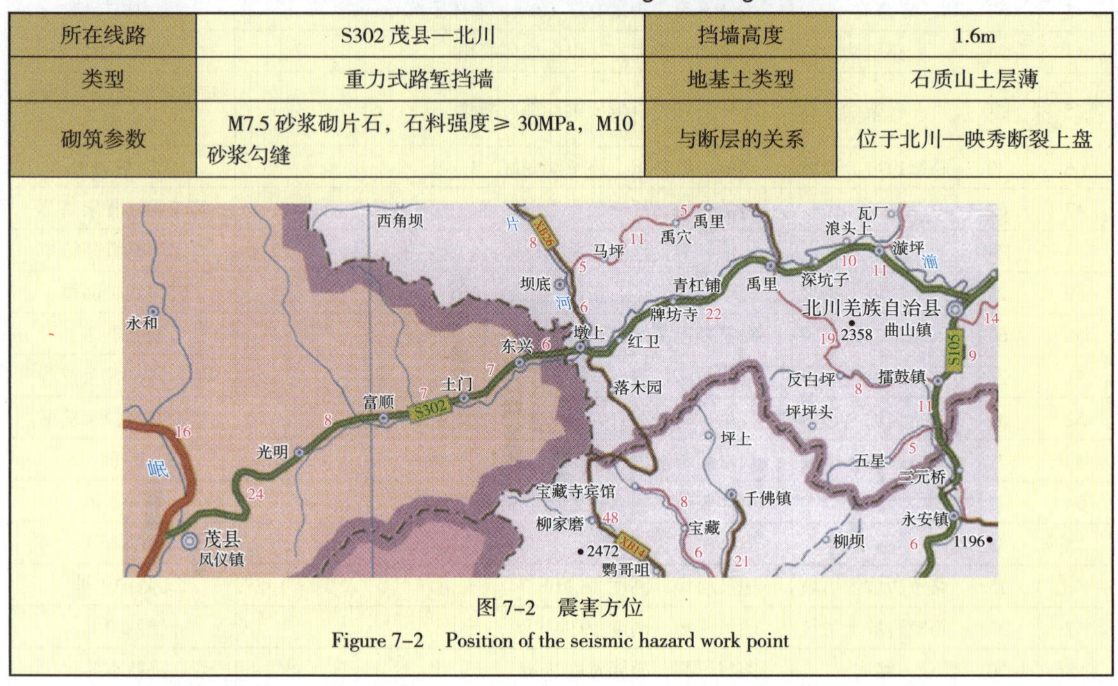

图 7-2　震害方位

Figure 7-2　Position of the seismic hazard work point

（2）震害简介

该工点位于Ⅸ度区，地震动较强烈，所受地震力较大，在地震力的作用下，该挡墙在 44m 长的距离上发生了垮塌与砸坏震害，由于地震的作用使路堑边坡在高约 15m 的地方发生了崩塌震害，崩塌体达到了 1 300m³，大量的崩塌体掩埋了路基和挡墙，对路基和边坡产生了不良的影响（图 7-3 和图 7-4）。

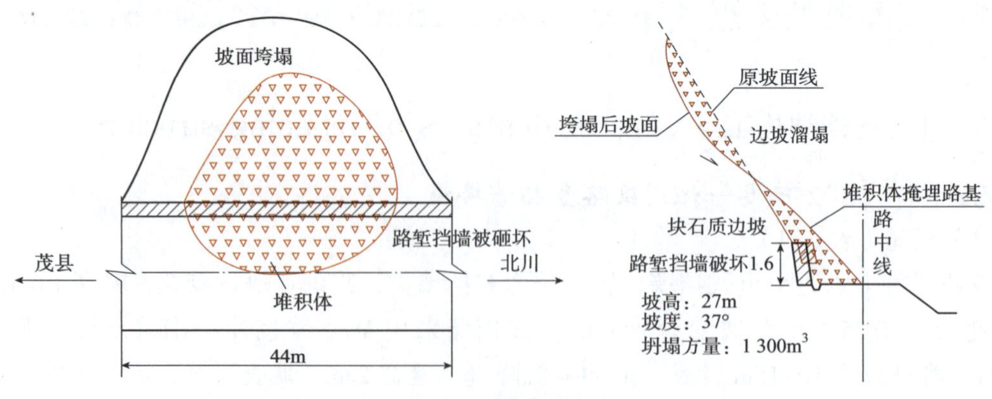

图 7-3　震害示意图

Figure 7-3　Schematic diagram of the damaged earth structure

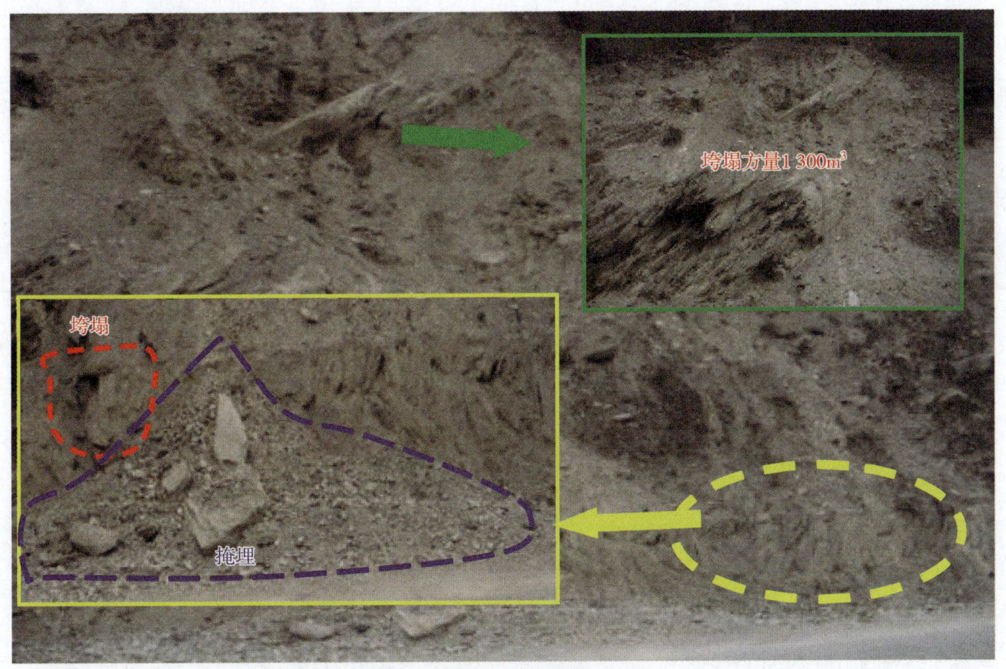

图 7-4 现场调查图

Figure 7-4 Photos of the site investigated

挡墙发生垮塌震害的主要原因是地震动造成墙后土压力增大，地震持续时间长，土压力长时间累积作用，超过了墙体的抗剪强度，从而造成震害。震后工程人员对该挡墙进行了调查，垮塌处的挡墙失去防护作用，但路基边坡基本稳定。

7.2.1.2 S105 北川—桂溪段路肩挡墙垮塌

（1）概况（表 7-4）

该处震害工点为衡重式挡墙，浆砌片石砌筑，墙高 3.79m，墙胸坡度为 1∶0.25，墙背坡度为 1∶0.05。该挡墙采用 M7.5 浆砌片石砌筑，石料强度 30MPa。墙身每隔 10~15m 设置一道伸缩沉降缝，缝宽 2cm。调查可知，墙后边坡属于单级的路堑边坡，坡高 5.11m，坡长为 8.84m，平均坡度 38°，该处路基为半挖半填路基，沥青混凝土路面，周围地质环境为上土下岩。

该处工点的线路走向为 NE50°，北川—映秀断裂走向 NE32°，之间夹角为 18°，距离重灾区北川约 10km，位于北川—映秀断裂上盘，与其垂直距离约为 1km。

（2）震害简介

在地震中在长约为 38m 长的路肩挡墙上发生了垮塌震害，路基填土也随之坍塌，从而造成了路基脱空现象，对路基的稳定性产生了很大的影响；发生脱空的路基宽度达到了 1m 左右，从而使该处的交通进行了交通管制，进行单道通行（图 7-6 和图 7-7）。

该处工点受墙填土压力在地震力作用下突然增大，超过挡墙所能承抗倾抗剪极限，从而发生了倾斜垮塌的震害；而路基填土在地震作用下沿破裂面滑动，在挡墙垮塌后失去支挡物，也发生垮塌造成路基脱空。震后工程人员未对该处路基进行修复。

表 7-4 路堑挡墙概况

Table 7-4 Overview of cutting retaining wall

所在线路	S105 北川—桂溪	挡墙高度	3.79m
类型	重力式路肩挡墙	地基土类型	上土下岩
砌筑参数	M7.5 砂浆砌片石，石料强度不小于 30MPa，M10 砂浆勾缝	与断层的关系	位于北川—映秀断裂上盘，垂直距离约为 1km

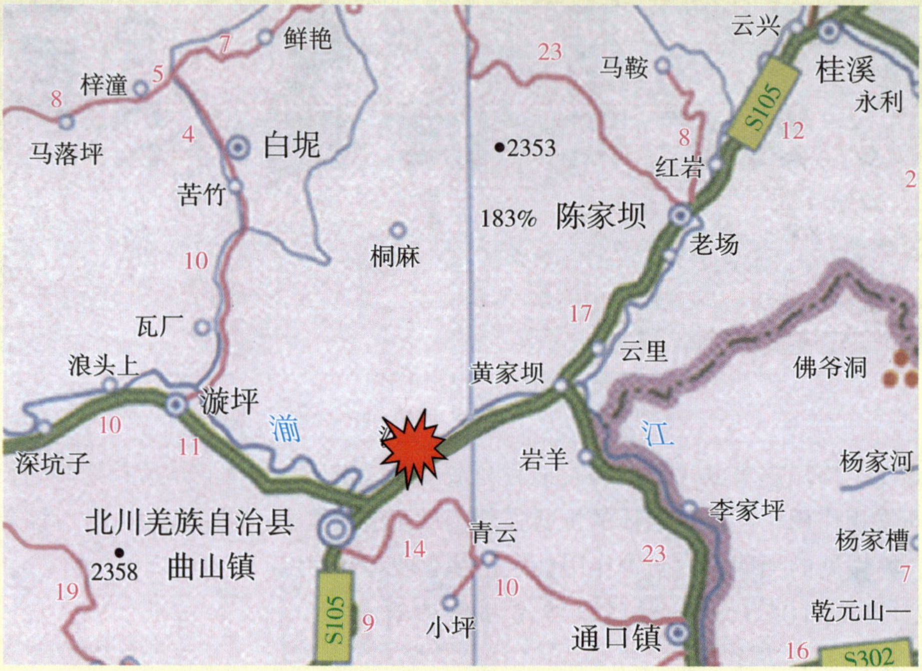

图 7-5 震害方位

Figure 7-5 Position of the seismic hazard site

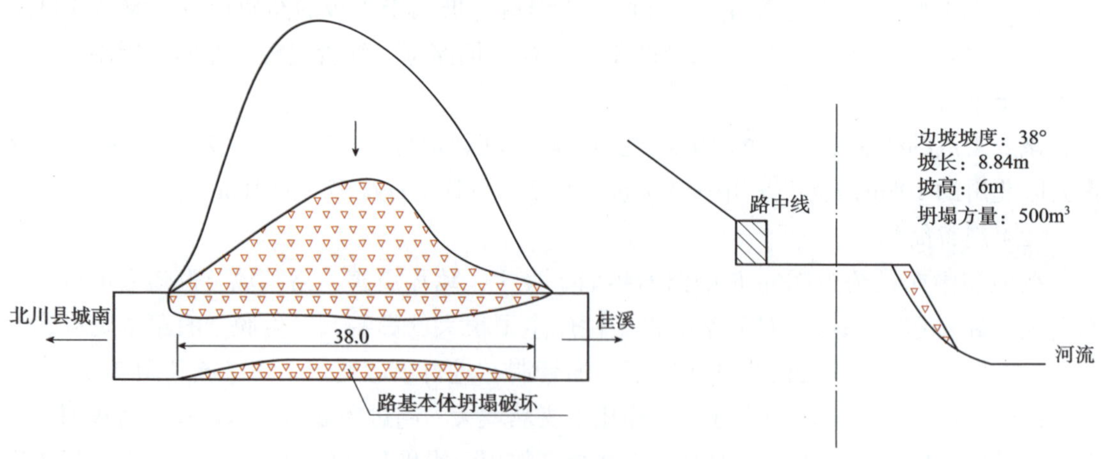

图 7-6 震害示意图

Figure 7-6 Schematic diagram of the damaged earth structure

图 7–7　具体震害情况

Figure 7–7　Photos of the site investigated

7.2.1.3　S105 桂溪—南坝挡墙垮塌、变形开裂

（1）概况（表 7–5）

该处工点为路堑挡墙，属于重力式挡墙类，浆砌片块石砌筑。墙高 3.1m，墙胸坡度为 1 : 0.25，墙背坡度为 1 : 0.05。该挡墙采用 M7.5 浆砌片石砌筑，石料强度 30MPa。墙身每隔 10~15m 设置一道伸缩沉降缝，缝宽 2cm。墙后边坡属于单级的路堑边坡，坡高 25.3m，平均坡度 50°，该处路基为路堑路基，混凝土路面，该路位于山腰处，路段长 51m，周围地质环境为石质山土层厚。

该处工点的线路走向为 NE32°，北川—映秀断裂走向 NE32°，之间夹角为 0°，岩质类型为土质，位于北川—映秀断裂上盘，与其垂直距离约为 3km；与压扭性逆冲断层汶川—茂县断裂（又称龙门山后山断裂）夹角约为 45°。

（2）震害简介

在地震中该挡墙发生了严重的震害，在墙高约 1.7m 处有宽约 10cm 的裂缝，同时在挡墙上有长约 6.5m 的挡墙发生垮塌震害，受损挡墙完全的失去支护作用，墙后边坡处于极限状态易容易失稳；边坡在高约 30m 处发生了崩塌震害，震害后的崩塌体掩埋了挡墙和部分路基，路面处于瘫痪状态，震后对崩塌体进行了清理，恢复了通车（图 7–9 和图 7–10）。

墙后的土压力超过了挡墙的抗剪切极限，而抗倾覆力矩大于作用在墙身的倾覆力矩使得挡墙发生了墙体材料的破坏，即开裂震害。而垮塌处的挡墙说明土压力的作用大大超过了挡墙抗剪强度。两处震害的不同与墙后边坡产生的滑坡推力有关。

表 7–5 路堑挡墙概况

Table 7–5 Overview of cutting retaining wall

所在路线	S105 桂溪—南坝	挡墙高度	3.1m
类型	重力式路堑挡墙	地基土类型	石质山土层薄
砌筑参数	M7.5 砂浆砌片石，石料强度不小于 30MPa，M10 砂浆勾缝	与断层关系	位于北川—映秀断裂上盘，垂直距离 3km

图 7–8 震害方位

Figure 7–8 Position of the seismic hazard site

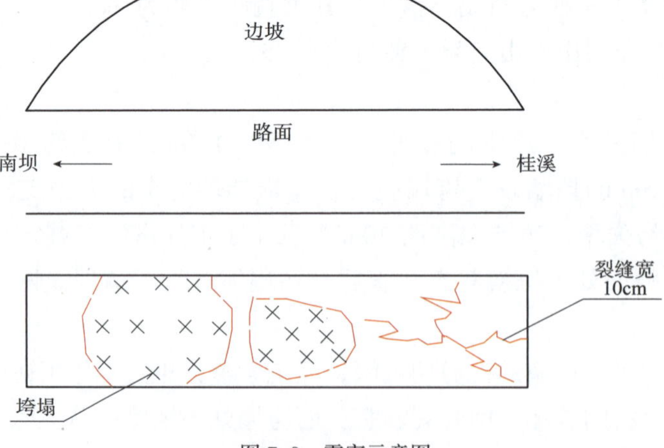

图 7–9 震害示意图

Figure 7–9 Schematic diagram of the damaged earth structure

图 7-10　具体震害情况

Figure 7-10　Photos of the site investigated

7.2.2　边坡工点 Construction sites of slope

7.2.2.1　S302 茂县—北川段高陡路堑边坡滑坡

（1）概况（表 7-6）

表 7-6　路堑高边坡概况

Table 7-6　Overview of high cutting slope

所在线路	S302 茂县—北川			防护措施	实体式护面墙
与发震断裂夹角	13°			地质环境	石质山土层薄
断层关系	位于北川—映秀断裂上盘，距离汶川—茂县断裂约 1km			类型	高陡路堑边坡
坡高	47.49m	坡度	51°	受损长度	120m

图 7-11　震害方位

Figure 7-11　Position of the seismic hazard site

该处震害工点为路堑高边坡。根据现场测量数据该边坡属于单级边坡，高 47.49m，坡长 60.89m，平均坡度 51°，属于高陡边坡。该路基处于山脚处，属于半挖半填路基，边坡坡脚有实体式护面墙防护，中上部无防护措施。路面为沥青混凝土路面，地基类型为上土下岩。

该路段长 120m，受损边坡位于北川—映秀断裂上，走向与北川—映秀断裂间夹角为 13°，与压扭性逆冲断层汶川—茂县断裂（又称龙门山后山断裂）呈 30° 角，与其的垂直距离约为 1km。

（2）震害简述

该区域处于Ⅹ度高烈度区，在强地震动作用下路基以上的边坡发生了垮塌震害，垮塌方量约为 3 000m³，垮塌高度在坡高 48m 左右，属高边坡垮塌震害。垮塌在路堑边坡处产生了大量的堆积体，掩埋了路基，对路基产生了震害，路堤处的实体式护面墙部分被冲毁，同时有落石对护面墙造成了局部的损坏（图 7–12 和图 7–13）。震后调查时，实体式护面墙没有完全失稳，路基以上高边坡上的垮塌体处于基本稳定状态，没有施加防护措施。

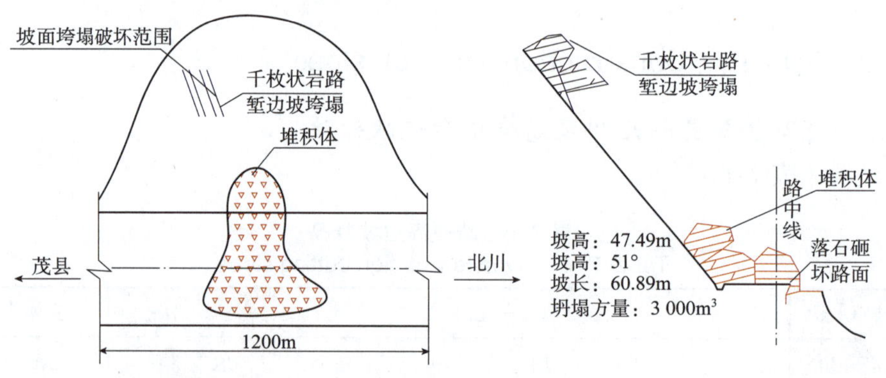

图 7–12 震害示意图

Figure 7–12 Schematic diagram of the damaged earth structure

图 7–13 现场调查图

Figure 7–13 Photos of the site investigated

7.2.2.2　S105 桂溪—南坝段路堑高边坡崩塌

（1）概况（表 7–7）

该处震害工点为路堑边坡。根据现场测量数据显示，该边坡高 37.6m，平均坡度 42°，属于单级高陡边坡。在路基以上的边坡有实体式防护墙和植树护坡，实体式护面墙高 3.2m，防护面积 166.4m²，长 52m，浆砌卵石砌筑。路面为混凝土路面，周围岩土类型为岩质。受损边坡位于北川—映秀断裂下盘，与其垂直距离约为 3km，该路段与北川—映秀断裂走向夹角为 70°。

表 7–7　实体式护面墙路堑边坡概况

Table 7–7　Overview of solid facing wall

所在线路	S105 桂溪—南坝	防护措施	实体式护面墙
受损长度	52m	地质环境	岩质山
断层关系	位于北川—映秀断裂上盘，与其垂直距离约 3km，与发震断裂夹角 70°	边坡类型	高陡路堑边坡
坡高	37.6m	坡度	42°

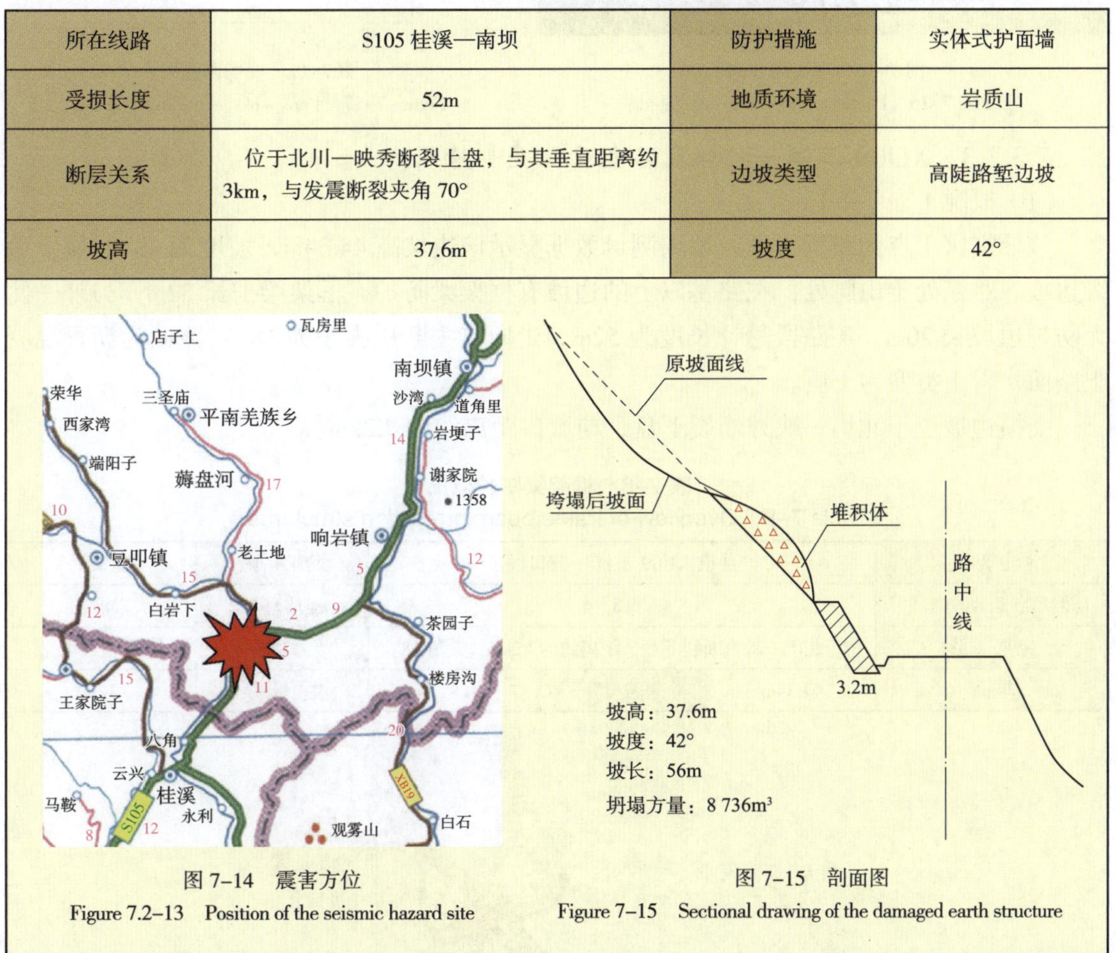

图 7–14　震害方位

Figure 7.2–13　Position of the seismic hazard site

图 7–15　剖面图

Figure 7–15　Sectional drawing of the damaged earth structure

（2）震害简述

汶川地震产生的强震动持续时间较长，该路基边坡高 37.6m，在竖向与水平地震波共同影响作用下，陡坡高处有明显的加速度放大效应。另外，坡面上松散物质较多，坡面抗震性相对较差，导致边坡发生了垮塌现象，垮塌的高度为 35m 左右，崩塌方量约为 2 000m³，垮塌后大量的垮塌块石和碎屑掩埋了路基（图 7–16 和图 7–17）。

图 7-16 现场调查图

Figure 7-16 Photos of the site investigated

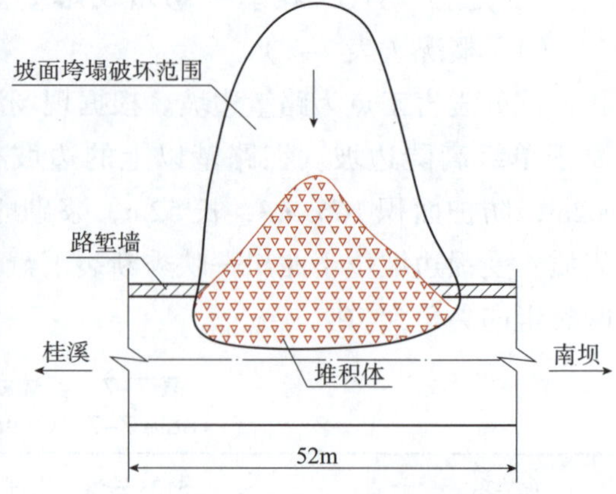

图 7-17 现场调查图

Figure 7-17 Photos of the site investigated

7.2.2.3 XU09 三江—漩口段路堑边坡局部垮塌

（1）概况（表 7-8）

该处震害工点为路堑边坡，现场测量数据显示该边坡高 44.34m，坡度为 43°，属于单级边坡。路基处于山脚处，在路基以上的边坡有框架梁防护，框架梁护长 32m，另外一侧无防护边坡长 20m。该路段总计长度为 52m，走向与主断层夹角为 18°。路面为沥青混凝土路面，岩土类型为土质。

受损边坡位于北川—映秀断裂下盘，与漩口距离约为 4.2km。

表 7-8 框架梁防护概况

Table 7-8 Overview of frame beam protection structures

所在路线	县道 XU09 三江—漩口段			防护措施	框架梁
与发震断裂夹角（°）	18			地质环境	岩质山
断层关系	位于北川—映秀断裂下盘，距离约为 4.2km，夹角 18°			类型	路堑边坡
坡高	44.34m	坡度	43°	受损长度	32m

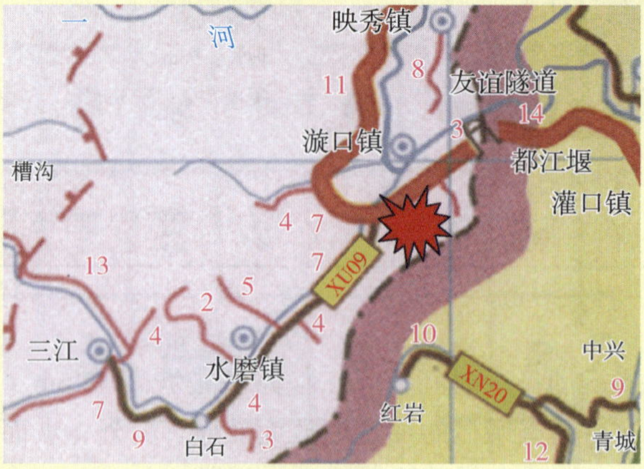

图 7-18 震害方位

Figure 7-18 Position of the seismic hazard site

（2）震害简述

此处坡面一部分有框架梁防护另外一部分无防护。在竖向与水平地震波共同影响作用下，陡坡高处的土体加速度放大效应相当明显，边坡土体发生位移变形，导致框架梁多处发生变形开裂等震害，局部发生钢筋外漏现象；在无防护边坡处，坡面上松散物质较多，故其坡面抗震性相对较差，从而发生了垮塌现象，垮塌的高度在 5m 左右，垮塌后块石和碎屑掩埋了些许路基，并未造成多大损坏，经过简单的处理即可通车（图 7–19 和图 7–20）。

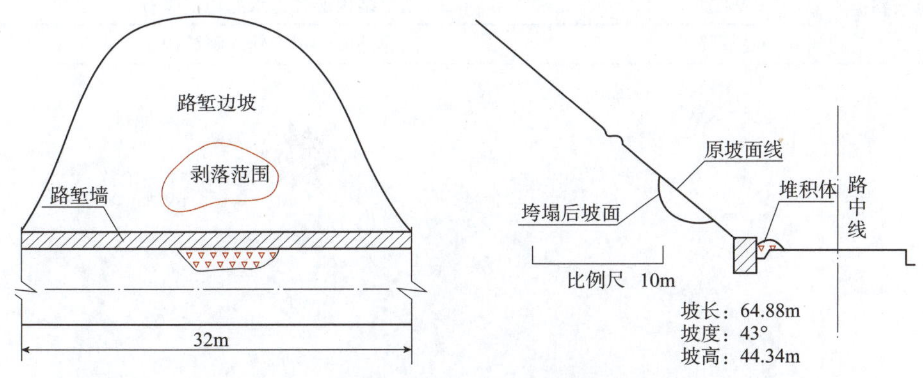

图 7–19 震害工点示意图

Figure 7–19 Schematic diagram of the damaged earth structure

图 7–20 现场调查图

Figure 7–20 Photos of the site investigated

7.2.3 路基本体 Construction sites of subgrade

7.2.3.1 S302 茂县—北川段路面沉陷、开裂

（1）概况（表 7–9）

该震害工点属于半挖半填路基，沥青混凝土路面，公路设计等级为二级，路基所处的位置位于山腰上，路基宽度 8.5m，行车道宽度 7m，土肩宽度 2×0.75m。路面结构形式为：细粒式沥青混凝土上面层为 5cm，水泥稳定碎石基层为 15cm，水泥稳定碎石底层为 22cm，周围的环境为石质山土层薄。该线路长 40m 左右，受损路基位于北川—映秀断裂的上盘，与发震断裂间的夹角为 12°。与压扭性逆冲断层汶川—茂县断裂呈 30° 角，垂直距离约为 8km。

表 7–9 K732+560 路基概况

Table 7–9 Overview of subgrade seismic hazards at K732+560

所在路段	S302 茂县—北川			所在位置	山腰
类型	半挖半填路基			地质环境	石质山土层薄
断层关系	位于发震断裂上盘			与发震断裂夹角	12°
路基宽	8.5m	行车道宽	7m	土肩宽	0.75m
路基材料	面层	沥青混凝土面层采用 AC–13 或 AC–16 型密级配沥青混凝土混合料			
	基层	基层结构形式为水泥稳定碎石			
	底基层	底基层选用天然砂砾结构			

图 7–21 震害方位

Figure 7–21 Position of the seismic hazard site

（2）震害简述

在地震中，该工点在长 70m 的路段路基发生了开裂、下沉，开裂的平均宽度达到了 14cm，沉陷高度约为 50cm，发生沉陷的路面宽度最大达到了 2.8m；路肩墙发生了倾斜，和路基发生了脱离，由于路基底下的土失去了支撑，路基有部分发生脱空现象，大约有 $50m^2$，发生沉陷的路基和正常的路基高差约有 8cm，该震害使该处的路基基本震害。

该段路基发生沉陷和开裂现象的主要原因是该地区处于高烈度区，属于高震动地带，“5 · 12”地震中的强烈震动持续了近 20s，在主震中该段路基失稳，发生了以上的严重震害。震后工程人员没有对该路段进行及时的修复，随着时间的推移，该震害继续扩展。具体震害如图 7–22 和图 7–23 所示。

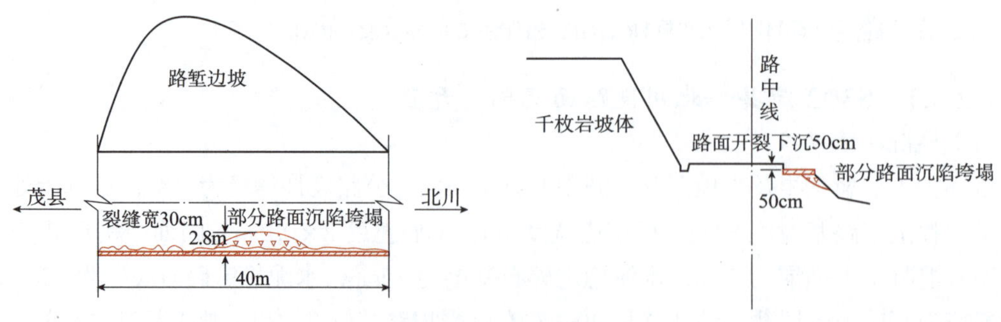

图 7–22 震害示意图

Figure 7–22 Schematic diagram of the damaged earth structure

7.2.3.2　S105 北川—桂溪段路基垮塌

（1）概况（表 7-10）

图 7-23　具体震害情况

Figure 7-23　Photos of the site investigated

经调查，该路基属于半挖半填路基，沥青混凝土路面，公路设计等级为二级，路基处于山腰上，路基宽度 8.5m，行车道宽度 7m，土肩宽度 2×0.75m。路面结构形式为：细粒式沥青混凝土上面层为 5cm，水泥稳定碎石基层为 15cm，水泥稳定碎石底层为 22cm。据调查资料，周围的环境为石质山土层薄。该线路长 46m 左右，距北川约为 20km，位于北川—映秀断裂的上盘，与北川—映秀主断裂走向间的夹角为 20°。震害工点位于线路的回头弯路段上。

表 7-10　K167+460 路基概况

Table 7-10　Overview of subgrade seismic hazards at K167+460

所在线路	S105 北川—桂溪			所在位置	山腰
类型	半挖半填路基			地质环境	石质山土层薄
断层关系	位于发震断裂上盘			与发震断裂夹角	20°
路基宽	8.5m	行车道宽	7m	土肩宽	0.75m
路基材料	面层	沥青混凝土面层采用 AC-13 或 AC-16 型密级配沥青混凝土混合料			
	基层	基层结构形式为水泥稳定碎石			
	底基层	底基层选用天然砂砾结构			

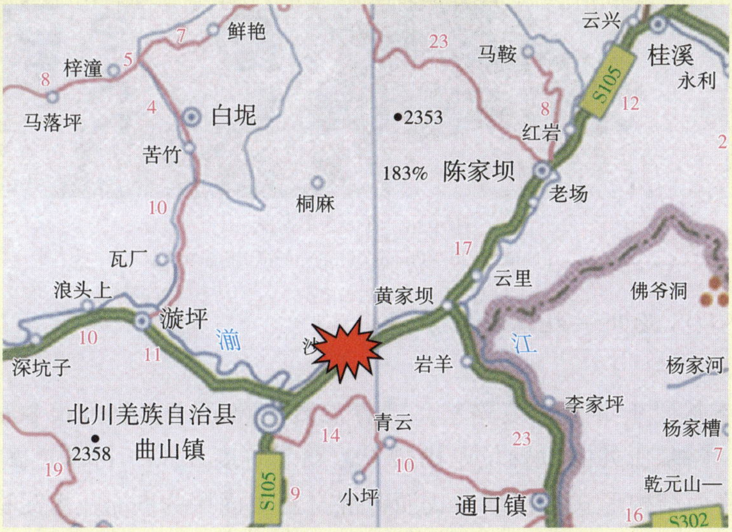

图 7-24　震害方位

Figure 7-24　Position of the seismic hazard site

（2）震害简述

该路基本体位于X度区附近，故所受的地震动强烈，地震力较大，造成外侧路基滑塌脱空，产生受损的路基长约为46m，滑塌的方量约为50m³，宽度约为2m。路基本体脱空对交通形式造成了一定程度影响，导致该路段只能半幅通行。同时在线路中央也产生了多条微小裂缝，该路基震害属于中级震害，有通车能力（图7-25和图7-26）。

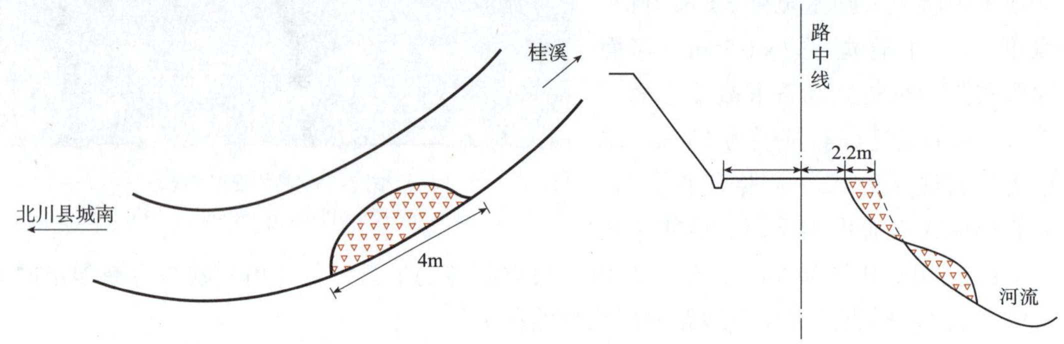

图7-25 震害示意图

Figure 7-25 Schematic diagram of the damaged earth structure

图7-26 具体震害情况

Figure 7-26 Photos of the site investigated

7.2.3.3 S105 北川—桂溪段路基滑塌

（1）概况（表7-11）

经调查该路基属于半挖半填路基，沥青混凝土路面，该路段长80m。公路设计等级为二级公路，路基所处的位置位于山腰上，路基宽度8.5m，行车道宽度7m，土肩宽度2×0.75m。路面结构形式为：细粒式沥青混凝土上面层为5cm，水泥稳定碎石基层为15cm，水泥稳定碎石底为22cm。调查显示，周围的环境为石质山土层薄。受损路基距北川约为20km，位于北川—映秀断裂的上盘，与断层间的夹角为78°，垂直距离约为1km。

表 7-11 K168+900 路基概况

Table 7-11 Overview of subgrade seismic hazards at K168+900

所在线路	S105 北川—桂溪			所在位置	山腰
类型	半挖半填路基			地质环境	石质山土层薄
断层关系	位于发震断裂上盘，与其垂直距离约为 1km			与发震断裂夹角	78°
路基宽	8.5m	行车道宽	7m	土肩宽	0.75m
路基材料	面层	沥青混凝土面层采用 AC-13 或 AC-16 型密级配沥青混凝土混合料			
	基层	基层结构形式为水泥稳定碎石			
	底基层	底基层选用天然砂砾结构			

图 7-27 震害方位

Figure 7-27 Position of the seismic hazard site

（2）震害简述

由于该地区地震的烈度较大，在强震动中边坡失稳，发生大面积滑塌，从而造成了路基垮塌震害，震害的路面宽度约为 2m，面积约为 80m²，路堤边坡高度约 20m。该处路基属于严重震害，半幅路面失去交通能力，对路段交通有较大的影响（图 7-28 和图 7-29）。

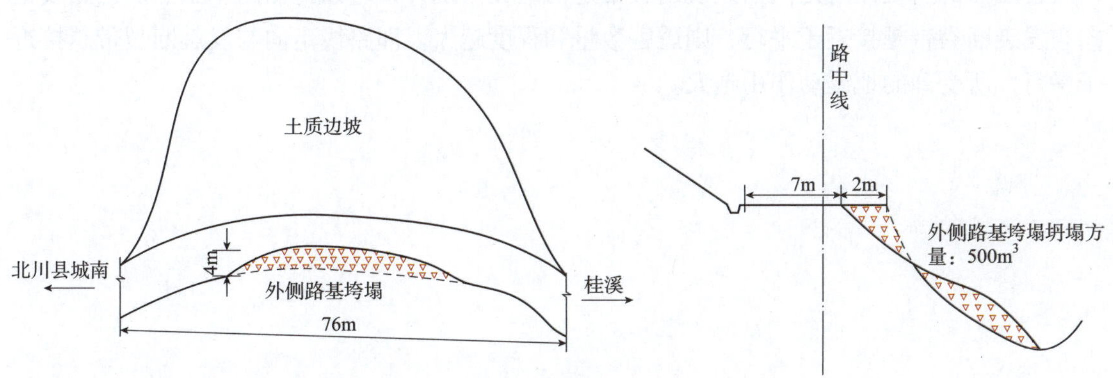

图 7-28 震害示意图

Figure 7-28 Schematic diagram of the damaged earth structure

图 7-29 具体震害情况

Figure 7-29 Detailed description of seismic hazards

7.3 小结 Summary

汶川地震公路路基震害主要集中在Ⅸ～Ⅺ度高烈度区内，约占路基震害总量的 80% 以上。Ⅸ～Ⅺ度高烈度区公路路基震害特点如下：

（1）与发震断裂越近，路基震害越严重，高烈度区路基震害以路基本体和路基边坡震害居多，且多数边坡崩塌、垮塌、滑坡等对路基本体造成掩埋震害。在高烈度区，公路路基严重震害主要表现为边坡次生灾害造成的路基掩埋、砸坏等。

（2）路基边坡震害数量和震害程度一般随边坡高度和坡度的增加而增加。

（3）区内支挡结构震害数量相对路基本体和边坡震害数量较少，但震害程度却最为严重。

（4）区内路基工点震害与发震断裂带方向关系明显，从路基本体、路基边坡、支挡结构震害工点的所处路线走向与发震断裂带走向的夹角统计，可以得出路基工点所处路线走向与发震断裂带越接近于平行，则震害数量和程度越大。即路线走向与发震断裂带越接近于平行，所受到的地震动作用越大。

第 8 章　Ⅶ ~ Ⅷ度区公路路基震害
Chapter 8　Subgrade seismic hazards in areas with Ⅶ ~ Ⅷ seismic intensity

8.1　概述 Overview

8.1.1　线路概述 Outline of route

位于 VII~VIII 度区的受损线路共有 23 条（表 8–1 和图 8–1），其中Ⅶ度区线路有 13 条，Ⅷ度区线路有 10 条，分别为国道 G108 线路 3 条，国道 G212 线路 4 条，国道 G213 线路 2 条，国道 G317 线路 2 条；四川境内省道 S105 线路 1 条，省道 S106 公路 1 条，省道 S205 线路 1 条，省道 210 线路 2 条，省道 301 线路 1 条，省道 302 线路 1 条，省道 303 线路 1 条，县乡公路 1 条以及陕西省境内省道 S211 线路 1 条，省道 S309 线路 1 条和县道 X102 1 条。

表 8–1　VII~VIII 度区 23 条线路信息表
Table 8–1　Overview of 23 routes in intensity areas of VII ~ VIII degree

公路名称	路　段	道路等级	省　份	路线长度（km）	震害数量（处）
国道 G108	宝轮—广元	三级	四川	19.04	1
国道 G108	宁强段	二级	陕西		4
国道 G108	勉县段	二级	陕西		2
国道 G212	七里场—白龙湖大桥	二级	四川	30.1	18
国道 G212	沙洲—宝轮	三级	四川	257.45	10
国道 G212	沙洲—广元	三级	四川	271.51	5
国道 G212	宕昌—罐子沟	二、三级	甘肃	316	24
国道 G213	茂县—两河口	二级	四川	118.16	24
国道 G213	两河口—松潘	二级	四川	214.8	2
国道 G317	卓克基—理县	二级	四川	76.88	18
国道 G317	理县—汶川	三级	四川	40.44	12
省道 S105	什邡—绵竹	二级	四川	39.57	1
省道 S106	什邡—彭州—都江堰—怀远镇—大邑	三级	四川	74.56	4
省道 S205	双河乡—两河堡	三级	四川	37.56	17

续上表

公路名称	路段	道路等级	省份	路线长度（km）	震害数量（处）
省道 S210	飞仙关—达维乡	三级	四川	107.55	14
省道 S210	小金—卓克基	三级	四川	93.6	8
省道 S301	川主寺—九寨沟	高速	四川	72.61	6
省道 S302	两河口—黑水	四级	四川	155.47	36
省道 S303	卧龙—达维乡	四级	四川	117	25
乡县道	川主寺—平武	三级	四川	94.92	14
省道 S211	汉南线	二级	陕西		4
县道 X102	汉朱段	三级	陕西		3
省道 S309	略阳段	二级	陕西	46.7	3

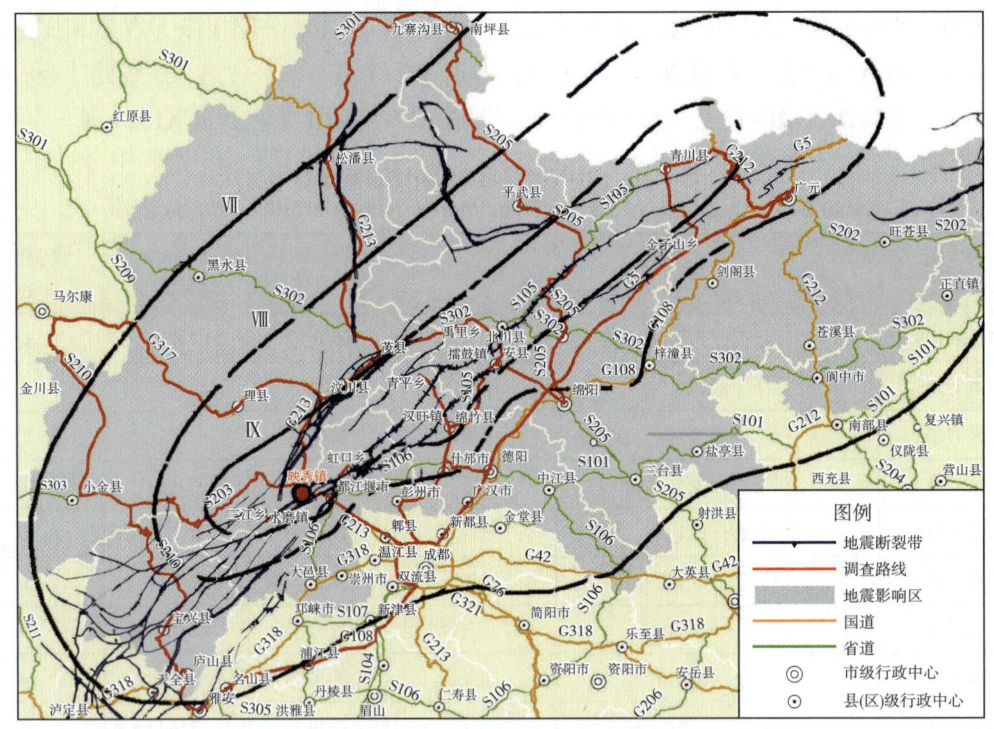

图 8-1 Ⅶ ~ Ⅷ度区路线图

Figure 8-1 Map of route in intensity areas of Ⅶ ~ Ⅷ degree

卧龙—达维乡是四川省道 S303 的一部分，道路技术标准为四级，设计速度 30km/h，路基宽度 7.5m，沥青混凝土路面宽 7.0m，该段路长 117km。

七里场—白龙湖大桥是国道 G212 重要的组成路段，该段路全长 30.10km，道路等级为二级，设计速度 60km/h，路基宽度 8.5m，行车道宽度 7.0m，桥涵与路基同宽，路侧部分设置波形梁护栏，边坡多自然裸露。

双河乡—两河堡是四川省道 S205 重要的组成路段，该段路全长 37.56km，技术标准为三级，路基宽度 7.5m，沥青混凝土路面宽 7.0m，桥涵与路基同宽。路侧部分设置波形梁护栏，多数边坡较陡且自然裸露。

理县—汶川是国道 G317 重要的组成路段，是促进阿坝州经济发展的重要通道，该段路长 40.44km，道路等级为三级，设计速度 40km/h，路基宽度 7.5m，沥青混凝土路面 7.0m，桥涵与路基同宽，路侧部分设置波形梁护栏，边坡多自然裸露。

沙洲—宝轮是国道 G212 重要的组成路段，该段路长 257.45km，道路等级为三级，设计速度 40km/h，路基宽度 7.5m，沥青混凝土路面 7.0m，桥涵与路基同宽，路侧部分设置波形梁护栏，边坡多自然裸露。

沙洲—广元是国道 G212 重要的组成路段，该段路长 271.51km，道路等级为三级，设计速度 40km/h，路基宽度 7.5m，沥青混凝土路面 7.0m，桥涵与路基同宽。

什邡—彭州—都江堰—怀远镇—大邑是四川省道 S106 中重要的一段，该段路长 74.56km，道路等级为三级，设计速度 40km/h，路基宽度 7.5m，沥青混凝土路面 7.0m，桥涵与路基同宽。路侧部分设置波形梁护栏，边坡多自然裸露。

两河口—松潘是国道 G213 重要的组成路段，该段路全长 214.8km，道路等级为二级，设计速度 60km/h，路基宽度 8.5m，行车道宽度 7.0m，桥涵与路基同宽，路侧部分设置波形梁护栏，边坡多自然裸露。

什邡—绵竹是四川省道 S105 的重要组成路段，该段路长 39.57km，技术标准为二级，路基宽度 8.5m，行车道宽度 7.0m，桥涵与路基同宽。

宝轮—广元是国道 G108 重要的组成路段，该段路长 19.04km，道路等级为三级，设计速度 40km/h，路基宽度 7.5m，沥青混凝土路面 7.0m，桥涵与路基同宽。

两河口—黑水是四川省道 S302 的一部分，道路技术标准为四级，设计速度 30km/h，路基宽度 7.5m，沥青混凝土路面宽 7.0m，该段路长 155.47km。

茂县—两河口是国道 G213 重要的组成路段，该段路全长 118.16km，道路等级为二级，设计速度 60km/h，路基宽度 8.5m，行车道宽度 7.0m，桥涵与路基同宽，路侧部分设置波形梁护栏，边坡多自然裸露。

卓克基—理县是国道 G317 重要的组成路段，是促进阿坝州经济发展的重要通道，该段路长 76.88km，道路等级为三级，设计速度 40km/h，路基宽度 7.5m，沥青混凝土路面 7.0m，桥涵与路基同宽，路侧部分设置波形梁护栏，边坡多自然裸露。

飞仙关—达维乡是四川省道 S210 的重要组成路段，该段路长 107.55km，技术标准为三级，路基宽度 7.5m，沥青混凝土路面宽 7.0m，桥涵与路基同宽。

川主寺—平武是乡县道路，道路技术标准是山岭重丘区三级，路基宽度 7.5m，桥涵与路基同宽。路侧设置波形梁护栏，边坡自然裸露。该路段长 94.92km。

小金—卓克基是四川省道 S210 的重要组成路段，该段路长 93.6km，技术标准为三级，路基宽度 7.5m，沥青混凝土路面宽 7.0m，桥涵与路基同宽。

川主寺—九寨沟（双河乡）是四川省道 S301 线九寨沟至川主寺段，全长 72.61km，是世界级风景名胜区九寨沟连接甘、陕两省的重要通道。道路技术标准是山岭重丘区二级，路基宽度 7.5m，沥青混凝土路面宽 7.0m，桥涵与路基同宽。路侧部分设置波形梁护栏，边坡较缓且大多有植被覆盖。

陕西境内国道 G108 线宁强段是国道 G108 重要的组成路段，该路段为二级公路，水泥路面，公路走向大致沿西南方向，U 形地貌，两侧山体陡峻，结构面为次生结构，节理发育，岩层为泥质砂岩。

陕西境内国道 G108 线勉县段是国道 G108 重要的组成路段，该路段为二级公路，水泥路面，公路走向大致沿西南方向，U 形地貌，两侧山体陡峻，结构面为次生结构，节理发育。

陕西境内省道 S211 汉南路为东西走向，属于丘陵段二级公路，地质多为沙石地质层，上有黄土层，半填半挖路段，路基填料主要是沙石、水泥稳定碎石，路左有水渠，该路为水泥混凝土路面。

陕西境内县道 X102 汉朱路为北南走向，属于山区丘陵段三级公路，地质多为沙石地质层，上有黄土层，半填半挖路段，路基填料主要是沙石、泥结碎石，该路段为沥青混凝土路面。

陕西境内省道 S309 线略阳段 K000+000~K46+700 是省道 S309 重要的组成路段，以勉县为起点，以略阳为终点，通过村庄主要有三家店村—长岭村—王家营村—小寨子村—观音堂村—七里店村，全长 46.7km，是陕西省境内是一条重要的干线公路。

国道 G212 在甘肃境内共 704km（宕昌—罐子沟），是甘肃南部通往四川的重要通道，公路等级为山岭区二、三级结合。

8.1.2 调查震害概况 Outline of investigated seismic hazards

四川省路段调查震害概况见表 8-2，陕西、甘肃省路段调查震害概况见表 8-3。

表 8-2 四川省路段震害调查

Table 8-2 Investigation of route seismic hazards in intensity areas of Ⅶ ~ Ⅷ degree of sichuan province

线路名称：S303				区段：卧龙—达维乡（四川）
编号	长度（m）	受损部位	震害情况	震害结构类型
1	100	路堑墙	挡墙外移 70cm，倾斜变形	重力式挡土墙
2	20	路堑墙	上边坡垮塌冲毁	重力式挡土墙
3	73.1	路堑墙	边坡垮塌掩埋挡墙	重力式挡土墙
4	42	路堑边坡中上部	块石土，滑坡，掩埋，已清除	坡面，无防护
5	66.8	路堑边坡	岩质，大型崩塌，掩埋，已清除	坡面，无防护
6	215.7	路堑边坡	块石土，崩塌，掩埋，已清除	坡面，无防护
7	50	路堑边坡	块石土，溜坍，掩埋，已清除	坡面，无防护
8	58	路堑边坡	块石土，溜坍，掩埋，已清除	坡面，无防护
9	134.3	路堑边坡	岩质，崩塌，掩埋，已清除	坡面，无防护

续上表

编号	长度（m）	受损部位	震害情况	震害结构类型
10	220.3	路堑边坡	土质，溜坍，掩埋，已清除	坡面，无防护
11	123	路堑边坡	土质，溜坍，掩埋，已清除	坡面，无防护
12	162	路堑边坡	边坡大塌方，路肩墙垮塌，外移 30cm，路基沉降 50cm，路面裂缝宽度为 30cm	路基本体损坏
13	152	路基路面	路基沉降 60cm，路面开裂，裂缝最大宽度为 40cm	路基本体损坏
14	45.2	路基路面	路基沉降 50cm，路面开裂，裂缝最大宽度为 60cm	路基本体损坏
15	30.4	路基路面	路基沉降 20cm，路肩外移 30cm，路面开裂，裂缝最大宽度为 40cm	路基本体损坏
16	24.2	路基路面	路基沉降 2.2m，路肩外移 1m，路面开裂，裂缝最大宽度为 70cm	路基本体损坏
17	66.8	路基路面	路肩外移 20cm，路面开裂，裂缝最大宽度为 24cm	路基本体损坏
18	102	路基路面	路基塌方	路基本体损坏
19	97.6	路基路面	路基沉降 30cm，路肩外移 50cm，路面开裂，裂缝最大宽度为 16cm	路基本体损坏
20	170	路基路面	路基沉降 50cm，路肩外移 40cm，路面开裂，裂缝最大宽度为 70cm	路基本体损坏
21	100	路基路面	路基沉降 30cm，路肩外移 25cm，路面开裂，裂缝最大宽度为 25cm	路基本体损坏
22	56.7	路基路面	路基沉降 2.5m，路肩外移 1.6m	路基本体损坏
23	34.6	路基路面	路基最大沉降 250cm，路肩外移 55cm，路面开裂，裂缝最大宽度为 30cm	路基本体损坏
24	202.2	路基路面	路基沉降 15cm，路面开裂，裂缝最大宽度为 12cm	路基本体损坏
25	220	路堑边坡及路面	块石土，崩塌，掩埋，已清除；路面开裂	坡面，无防护

线路名称：G212　　　　区段：七里场—白龙湖大桥（四川）

编号	长度（m）	受损部位	震害情况	震害结构类型
1	17	路堑边坡中上部	垮塌	无防护的路堑边坡
2	50	路堑边坡中上部	零星崩塌	无防护的路堑边坡
3	36	路堑边坡中上部	垮塌	无防护的路堑边坡
4	28	上边坡中下部	垮塌	无防护的上边坡
5	8	上边坡中上部	垮塌	无防护的上边坡
6	106	上边坡下部	垮塌	坡脚矮护面墙，以上边坡无防护

续上表

编号	长度（m）	受损部位	震害情况	震害结构类型
7	160	上边坡中上部	垮塌	无防护的路堑边坡
8	75	路堑边坡中上部	垮塌	无防护的路堑边坡
9	83	路堑边坡中上部	垮塌	无防护的路堑边坡
10	133	路堑边坡中上部	垮塌	无防护的路堑边坡
11	7	路肩	路肩墙顶下沉	路基本体
12	152	路堑边坡中上部	垮塌	无防护的路堑边坡
13	53	路堑边坡中上部	垮塌、坍滑	无防护的路堑边坡
14	68	路堑边坡中上部	垮塌	无防护的路堑边坡
15	12	路肩	路肩墙下沉	路基本体
16	39	路基	路基下沉	路基本体
17	131	上边坡中上部	滑坡	原坡脚矮挡墙被埋，坡面无防护
18	42	路堑边坡中上部	垮塌	无防护的路堑边坡

线路名称：S205　　区段：双河乡—两河堡（四川）

编号	长度（m）	受损部位	震害情况	震害体结构类型
1	25	路堑边坡	边坡有石灰岩少量滑坡约 $20m^3$	坡面，无防护
2	37.4	路堑边坡	上边坡砾石土出现小坍塌	坡面，植物防护
3	60	路堑边坡	崩塌落石	坡面，植物防护
4	233	路堑边坡	边坡垮塌	坡面，植物防护
5	50	路堑边坡	边坡滑塌	坡面，植物防护
6	100	路堑边坡	边坡滑塌约 $500m^3$	坡面，植物防护
7	100	路堑边坡	边坡小滑塌 $100m^3$	坡面，无防护
8	100	路堑边坡	上边坡 25m 处出现滑塌约 $100 m^3$	坡面，无防护
9	190	路堑边坡	上边坡 26m 处出现滑塌约 $2\,500m^3$	坡面，无防护
10	37	路基路面	巨石崩塌砸坏路面	路基本体
11	37	路堑边坡	约 $500m^3$ 巨石崩塌砸坏路面	坡面，无防护
12	49.2	路堑边坡	石灰岩崩塌落石 $1\,000m^3$	坡面，无防护
13	130.5	路堑边坡	边坡滑塌约 $6\,400m^3$	坡面，无防护
14	41	路基路面	巨石崩塌砸坏路面	路基本体
15	100	路堑边坡	岩石崩塌 $400m^3$，砸坏挡墙	坡面，无防护
16	40	路堑边坡	崩塌落石砸坏路面护栏	坡面，无防护
17	40	路基路面	崩塌落石砸坏路面	路基本体

续上表

线路名称：G317				区段：理县—汶川（四川）
编号	长度（m）	受损部位	震害情况	震害结构类型
1	173.5	路堑边坡中上部	土质边坡坍塌掩埋路基	坡面，无防护
2	150	路堑边坡中上部	土质，崩塌，掩埋，已清除	坡面，无防护
3	160	路堑边坡中上部	土质，崩塌，掩埋，已清除	坡面，无防护
4	40	路堑边坡中上部	块石土，崩塌，掩埋，已清除	坡面，无防护
5	124.1	路堑边坡中上部	土质，溜坍，掩埋，已清除	坡面，无防护
6	500	路堑边坡	坍塌掩埋路基及路堑墙	重力式挡墙
7	114	路堑边坡	土质，大崩塌，挡墙冲毁，开裂	重力式挡墙
8	200	路堑边坡	土质，溜坍，掩埋，已清除	坡面，无防护
9	100	路堑边坡	块石土，崩塌，掩埋，已清除	坡面，无防护
10	30	路堑墙	挡墙外移，倾倒	重力式挡墙
11	87.5	路堑边坡	块石土，崩塌，掩埋，已清除，浆砌块石挡墙局部被砸坏	路堑墙，坡面无防护
12	47.1	上部	块石土，崩塌，掩埋，已清除	坡面，无防护
线路名称：G212				区段：沙洲—宝轮（四川）
编号	长度（m）	受损部位	震害情况	震害结构类型
1	39.4	路堑边坡中上部	垮塌	矮护面墙被埋，以上为无防护的路堑边坡
2	38	路堑边坡中上部	垮塌	路堑坡面，无防护
3	33.4	路堑边坡中上部	垮塌	坡面，无防护
4	91.4	路堑边坡中上部	垮塌	矮护面墙被埋，以上无防护
5	10.1	路堑挡墙	挡墙倒塌	重力式挡墙
6	54.3	路堑边坡中上部	垮塌	坡脚矮护面墙，以上无防护
7	48	路堑边坡中上部	垮塌	坡面，无防护
8	56.5	路堑边坡中上部	垮塌	坡面，无防护
9	24.3	路堑边坡中上部	垮塌	坡面，无防护
10	47	路堑边坡中上部	垮塌	坡面，无防护
线路名称：G212				区段：沙洲—广元（四川）
编号	长度（m）	受损部位	震害情况	震害结构类型
1	12.8	路堑边坡中上部	垮塌	坡脚矮挡墙，以上坡面无防护
2	45	路堑边坡中上部	崩塌、垮塌	坡面，无防护
3	13.5	路堑边坡中上部	垮塌	坡面，无防护
4	35	路肩	路肩墙滑移 12cm	路基本体
5	37	路肩	路肩墙错台 7cm	路基本体

续上表

线路名称：S106			区段：什邡—彭州—都江堰—怀远镇—大邑（四川）	
编号	长度（m）	受损部位	震害情况	震害结构类型
1	25	挡土墙墙身	挡土墙错台 7cm	重力式挡土墙
2	45	路肩路面	路面开裂 7cm 路肩墙外移 4cm	路基本体
3	11	挡土墙墙身	墙顶位移 20cm	重力式挡土墙
4	77	挡土墙墙身	挡土墙外鼓 1cm	重力式挡土墙
线路名称：G213			区段：两河口—松潘（四川）	
编号	长度（m）	受损部位	震害情况	震害结构类型
1	25	路堑墙	边坡垮塌掩埋挡墙	重力式挡土墙
2	60	路堑墙	边坡垮塌、挡墙垮塌	重力式挡土墙
线路名称：S105			区段：什邡—绵竹（四川）	
编号	长度（m）	受损部位	震害情况	震害结构类型
1	300	路肩墙	路肩墙外移 7cm，路面开裂，最大裂缝宽度为 9cm，上下错动为 5cm	重力式挡土墙
线路名称：G108			区段：宝轮—广元（四川）	
编号	长度（m）	受损部位	震害情况	震害结构类型
1	60	路堑边坡中上部	挖方边坡滑坍	无防护的路堑边坡
线路名称：S302			区段：两河口—黑水（四川）	
编号	长度（m）	受损部位	震害情况	震害结构类型
1	134	路堑边坡	岩质，反倾层状，倾倒变形	路基本体
2	155	路堑边坡	岩质，崩塌，掩埋，改道	路基本体
3	50	路堑边坡	土质，溜坍，掩埋，已清除	路基本体
4	125	路堑边坡	土质，溜坍，掩埋，已清除	路基本体
5	93.6	路堑边坡	块石土，溜坍，掩埋，已清除	路基本体
6	203	路堑边坡	块石土，溜坍，掩埋，已清除	路基本体
7	314	路堑边坡	块石土，溜坍，掩埋，已清除	路基本体
8	411.6	路堑边坡	块石土，溜坍，掩埋，已清除	路基本体
9	9	路堑边坡及路基	上边坡溜坍，路基塌陷	路基本体
10	65	路堑边坡及挡墙	边坡垮塌掩埋挡墙及路基	重力式挡墙
11	167	路堑边坡及挡墙	边坡垮塌掩埋挡墙及路基	重力式挡墙
12	430	路堑边坡	岩质，崩塌	坡面，无防护
13	262	路堑边坡	边坡垮塌掩埋挡墙及路基	重力式挡墙

续上表

编号	长度（m）	受损部位	震害情况	震害体结构类型
14	262	路肩墙	浆砌块石路肩墙外移 15cm，垮塌，长度 25.6m	重力式挡墙
15	63.9	路堑墙	边坡坍塌掩埋挡墙及路基	重力式挡墙
16	110	路堑边坡中上部	岩质，崩塌，掩埋，已清除	坡面，无防护
17	100	路堑边坡中上部	土质，溜坍，掩埋，已清除	坡面，无防护
18	138	路堑边坡	边坡坍塌掩埋路堑墙及路基	重力式挡墙
19	90	路堑边坡	边坡坍塌掩埋路堑墙及路基	重力式挡墙
20	81	路堑边坡中上部	块石土，崩塌，掩埋，已清除	坡面，无防护
21	505	路堑边坡及挡墙	边坡坍塌掩埋路堑墙及路基	重力式挡墙
22	114	路堑边坡及挡墙	边坡坍塌掩埋路堑墙及路基	重力式挡墙
23	127	路堑边坡及挡墙	边坡坍塌掩埋路堑墙及路基	重力式挡墙
24	120	路堑边坡	块石土，崩塌，掩埋，已清除，路面震害	坡面，无防护
25	62.9	路堑边坡	大块石土，崩塌，掩埋，已清除	坡面，无防护
26	70	路堑边坡	边坡坍塌掩埋路堑墙及路基	重力式挡墙
27	45	路堑边坡	喷浆剥落，并有裂缝	坡面，喷浆支护
28	300	路堑边坡	框架有两榀震害，并且框架的锚杆出现震害	坡面，喷锚支护
29	60	路堑边坡	边坡坍塌掩埋路堑墙及路基	重力式挡墙
30	66.8	路堑边坡	块石土，崩塌，掩埋，已清除	坡面，无防护
31	178	路堑边坡	块石土，崩塌，掩埋，已清除	坡面，无防护
32	302	路堑边坡	坡体垮塌，喷浆剥落	坡面，喷浆防护
33	49.5	路堑边坡及挡墙	挡墙变形开裂，掩埋	重力式挡墙
34	138.3	路堑边坡及挡墙	边坡坍塌掩埋路堑墙及路基	重力式挡墙
35	150	路堑边坡	块石土，崩塌，掩埋，改道	坡面，无防护
36	81	路堑边坡	块石土，崩塌，掩埋，已清除	坡面，无防护

线路名称：G213				区段：茂县—两河口（四川）
编号	长度（m）	受损部位	震害情况	震害体结构类型
1	400	路基	山体崩塌坍塌掩埋路基	路基本体
2	510	路基	山体崩塌坍塌掩埋路基	路基本体
3	248	路基	山体崩塌坍塌掩埋路基，路堑局部被砸坏	路基本体
4	242	路基	山体崩塌坍塌掩埋路基	路基本体
5	175	路基	山体崩塌坍塌掩埋路基，部分挡墙被砸毁	路基本体
6	470	路基	山体崩塌坍塌掩埋路基，部分挡墙被砸毁	路基本体
7	419	路基	山体崩塌坍塌掩埋路基	路基本体
8	70	路基	山体崩塌坍塌掩埋路基	路基本体

续上表

编号	长度（m）	受损部位	震害情况	震害体特征
9	660	路基	山体崩塌坍塌掩埋路基	路基本体
10	500	路基	山体崩塌坍塌掩埋路基	路基本体
11	100	路基	山体崩塌坍塌掩埋路基	路基本体
12	50	路基	山体崩塌坍塌掩埋路基	路基本体
13	515	路基	山体崩塌坍塌掩埋路基，部分挡墙被砸毁	路基本体
14	700	路基	山体崩塌坍塌掩埋路基，部分段落挡墙顶部被砸坏	路基本体
15	227	路基	山体崩塌坍塌掩埋路基，部分挡墙被砸毁	路基本体
16	254	路基	山体崩塌坍塌掩埋路基	路基本体
17	269	路基	山体崩塌坍塌掩埋路基及矮路堑墙	路基本体
18	191	路基	山体崩塌坍塌掩埋路基，部分路堑墙被砸毁	路基本体
19	254	路肩墙	路肩墙外移 25cm，下沉 14cm	重力式挡墙
20	125	路基	山体崩塌坍塌掩埋路基	路基本体
21	534	路基	山体崩塌坍塌掩埋路基及路堑墙	路基本体
22	80	路堑墙	挡墙下 1/3 处鼓胀	重力式挡墙
23	297	路基	山体崩塌坍塌掩埋路基	路基本体
24	196	路基	山体崩塌坍塌掩埋路基	路基本体

线路名称：S210　　区段：飞仙关—达维乡（四川）

编号	长度（m）	受损部位	震害情况	震害体特征
1	30	路堑边坡中上部	崩塌，落石路基坍塌	坡面，无防护路基本体
2	26.2	路堑边坡中上部	崩塌，落石路基坍塌	坡面，无防护路基本体
3	120	路堑边坡	落石	坡面，无防护
4	80	路堑边坡中上部	崩塌，落石	坡面，无防护
5	10	路堑边坡中上部、路面	落石砸坏路面	坡面，无防护路基本体
6	39	路堑边坡中上部	溜坍，掩埋挡墙	坡面，无防护
7	110	路堑边坡	滑坡，崩塌，掩埋道路	坡面，无防护
8	120	路堑边坡	滑坡，崩塌，掩埋道路	坡面，无防护
9	69	路堑边坡中上部	崩塌，落石	坡面，无防护
10	44.5	路堑边坡	溜坍，掩埋道路	坡面，无防护
11	20	路堑边坡中上部	崩塌，落石砸坏挡墙，掩埋道路	坡面，无防护挡墙
12	66	边坡	坡面溜坍，掩埋道路	坡面，无防护
13	500	路堑墙	挡墙局部开裂，垮塌	重力式挡土墙
14	52.5	路堑墙	路堑墙局部开裂，垮塌	重力式挡土墙

续上表

线路名称：乡县道				区段：川主寺—平武（四川）
编号	长度（m）	受损部位	震害情况	震害体特征
1	91.8	路堑边坡中上部	垮塌	坡面，无防护
2	984	路堑边坡中下部	垮塌	坡面，无防护
3	39.3	路堑边坡下部	垮塌	坡面，无防护
4	230.6	路堑边坡中下部	垮塌	坡面，无防护
5	48.2	路堑边坡中下部	垮塌	坡面，无防护
6	39.3	路堑边坡中上部	垮塌	坡面，无防护
7	34.2	路堑边坡中上部	垮塌，浆砌块石路肩被落石砸坏	坡面，无防护
8	124.9	路堑墙	墙顶位移，变形开裂	重力式挡土墙
9	118.4	路堑边坡中上部	垮塌	坡面，无防护
10	73	路堑边坡中上部	顺层滑塌	坡面，无防护
11	7.7	路堑边坡中下部	垮塌	坡面，无防护
12	32.5	路面	路基下沉，沉陷量 2.9m；开裂宽度 6.5m，裂缝长度 32.5m；路基外移 8cm	路基本体
13	24	路堑墙	边坡垮塌，挡墙坍塌	重力式挡土墙
14	32.3	路堑边坡中上部	垮塌	坡面，无防护
线路名称：S210				**区段：小金—卓克基（四川）**
编号	长度（m）	受损部位	震害情况	震害体特征
1	85	路堑边坡中上部	崩塌，落石	坡面，无防护
2	60	路堑边坡	滑坡，掩埋路面	坡面，无防护
3	175	路堑边坡中上部	溜坍，掩埋路面	坡面，无防护
4	216	路堑边坡	崩塌，溜坍，掩埋路面	坡面，无防护
5	41	路堑边坡	坡面局部垮塌	坡面，无防护
6	90	路堑边坡及挡墙	溜坍，掩埋挡墙	坡面，无防护 重力式挡土墙
7	40	路堑边坡中上部	溜坍，掩埋路面	坡面，无防护
8	62	路堑挡墙	挡墙局部垮塌，侧移	重力式挡土墙
线路名称：S301				**区段：川主寺—九寨沟双河乡（四川）**
编号	长度（m）	受损部位	震害情况	震害结构类型
1	111	路堑上边坡及挡墙	上边坡坍塌震害，近一半的挡墙垮塌	坡面，无防护
2	150	路堑上边坡	上边坡顺层崩塌（非地震原因），边坡上部挂有主动网	主动网防护
3	67	路堑上边坡	上边坡滑塌，5 000m^3	坡面，无防护
4	60	路堑上边坡	上边坡滑坡，砸坏路面	坡面，无防护
5	50	路堑上边坡	上边坡坍塌	坡面，无防护
6	310	路堑上边坡	上边坡崩塌	坡面，无防护

表 8-3　陕西甘肃省路段震害调查

Table 8-3　Investigation of route seismic hazards in intensity areas of Ⅶ ~ Ⅷ degree of shanxi and gansu province

线路名称：G108				区段：宁强段、勉县段（陕西）	
编号	受损段落	长度（m）	受损部位	震 害 情 况	震害结构类型
1	K1782+950 ~ K1783+000	50	挡土墙	挡土墙出现 4cm 宽的裂缝，墙顶 3cm 的位移，挡墙边坡上的浆砌片石凸出并掉落	重力式挡墙
线路名称：S211				区段：汉南路（陕西）	
编号	受损段落	长度（m）	受损部位	震 害 情 况	震害结构类型
1	K14+300 ~ K16+000	1 700	路基路面	路基沉陷、路面开裂、错台；边坡局部溜坍	路基本体
2	K17+300 ~ K21+000	3 700	路基路面	路基沉陷、路面开裂、错台，路面结构强度受损；边坡局部溜坍，开裂，鼓胀	路基本体
线路名称：X102				区段：汉朱段（陕西）	
编号	受损段落	长度（m）	受损部位	震 害 情 况	震害结构类型
1	K0+300 ~ K27+500	2 700	路基路面	路面开裂、错台，路面坑槽、碎裂，路面结构强度受损；边坡局部溜坍，边坡开裂、鼓胀	路基本体

线路名称：G212			区段：宕昌—罐子沟（甘肃）	
编号	长度（m）	受 损 部 位	震 害 情 况	震害结构类型
1	20	挡土墙	土质，垮塌	重力式挡土墙
2	27	挡土墙	土质，垮塌	重力式挡土墙
3	40	挡土墙	土质，垮塌	重力式挡土墙
4	30	挡土墙	石质，垮塌	重力式挡土墙
5	30	挡土墙	土质，垮塌	重力式挡土墙
6	186	挡土墙	石质，垮塌	重力式挡土墙
7	100	挡土墙	石质，垮塌	重力式挡土墙
8	10	挡土墙	土质，垮塌	重力式挡土墙
9	20	挡土墙	土质，垮塌	重力式挡土墙
10	12	挡土墙	石质，垮塌	重力式挡土墙
11	31	挡土墙	石质，垮塌	重力式挡土墙
12	15	挡土墙	石质，垮塌	重力式挡土墙
13	60	挡土墙	石质，垮塌	重力式挡土墙
14	30	挡土墙	土质，垮塌	重力式挡土墙
15	10	挡土墙	土质，垮塌	重力式挡土墙
16	25	挡土墙	石质，垮塌	重力式挡土墙
17	6	挡土墙	石质，垮塌	重力式挡土墙

续上表

编号	长度（m）	受 损 部 位	震 害 情 况	震害结构类型
18	10	挡土墙	石质，垮塌	重力式挡土墙
19	100	路基	土质，开裂，沉陷	路基本体
20	200	路基	石质，开裂，沉陷	路基本体
21	500	路基	石质，开裂	路基本体
22	100	路基	石质，开裂，沉陷	路基本体
23	400	路基	土质，开裂，沉陷	路基本体
24	700	路基	石质，开裂，沉陷	路基本体

8.2　震害典型工点 Typical construction sites of seismic hazards

8.2.1　支挡结构工点 Construction sites of retaining structure

8.2.1.1　S210 卓克基—小金段路堑挡墙垮塌

（1）概况（表 8-4）

表 8-4　路堑挡墙概况

Table 8-4　Overview of cutting retaining wall

所在路线	S210 卓克基—小金	挡墙高度	1.5m
类型	重力式路肩挡墙	地基土类型	上土下岩
砌筑参数	M7.5 砂浆砌片石，石料强度不小于 30MPa，M10 砂浆勾缝	与断层关系	位于北川—映秀断裂上盘

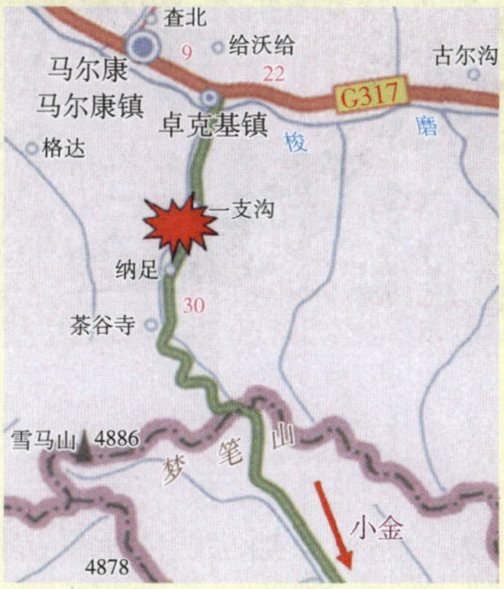

图 8-2　震害方位

Figure 8-2　Position of the seismic hazard site

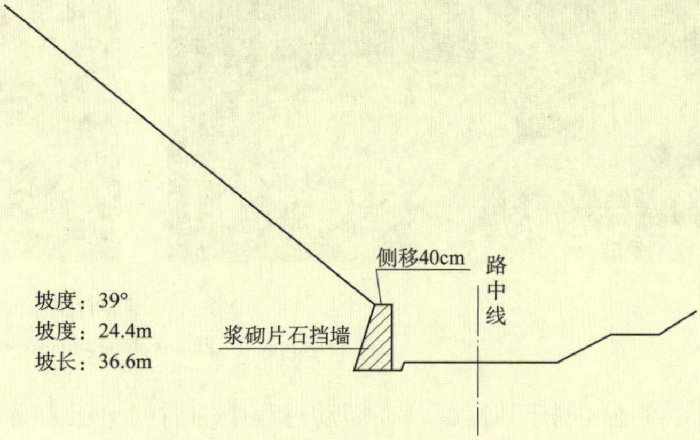

图 8-3　剖面图

Figure 8-3　Sectional drawing of the damaged earth structure

该处震害工点为衡重式挡墙，属于重力式挡墙类，浆砌片石砌筑。墙高 1.5m，墙胸坡度为 1∶0.25，墙背坡度为 1∶0.05。该挡墙采用 M7.5 浆砌片石砌筑，石料强度 30MPa。墙身每隔 10~15m 设置一道伸缩沉降缝，缝宽 2cm。墙后边坡属于单级的路堑边坡，坡高 24.4m，坡长为 36.6m，平均坡度 39°，该处路基为路堑路基，沥青混凝土路面，周围地质环境为上土下岩。

该处工点的线路走向为 NE345°，北川—映秀断裂走向 NE32°，之间夹角为 38°，位于发震断裂上盘，与其垂直距离约为 50km。

（2）震害简介

在地震中在长约为 62m 长的路肩挡墙上发生了垮塌震害，在高约 20m 的破体上发生了垮塌震害，对路基的稳定性产生了很大的影响。受损挡墙中长 15m 的范围垮塌严重，完全的失去了防护作用，垮塌的方量约为 22.5m³；同时，由于地震力的作用垮塌区域附近的挡墙也发生了倾斜震害，最大墙顶位移量达到的 40cm，挡身稳定性受到了较大影响（图 8–4 和图 8–5）。

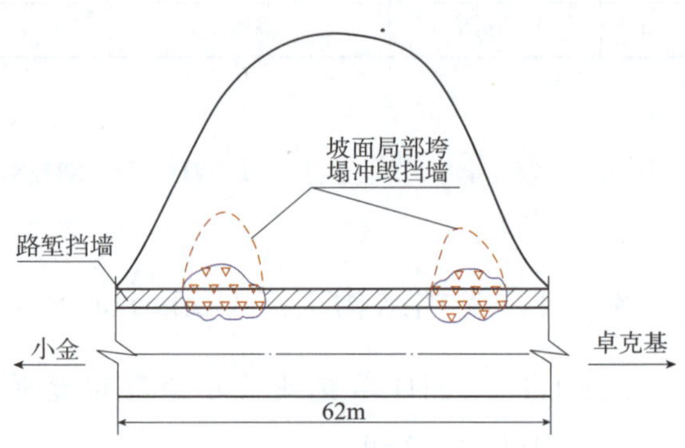

图 8–4 震害示意图

Figure 8–4 Schematic diagram of the damaged earth structure

图 8–5 现场调查图

Figure 8–5 Photos of the site investigated

该地区属于Ⅶ度区，在震动过程中墙后的土压力突然增大，超过了挡墙所能承受抗倾斜和抗剪切的极限，从而发生了垮塌的震害。震后工程人员未对该震害进行修复，倾斜的挡墙和局部垮塌的边坡处于极限平衡状态。

8.2.1.2　G212 沙洲—广元路肩挡墙错台

（1）概况（表 8–5）

该处震害工点为衡重式路肩挡墙，属于重力式挡墙类，浆砌卵石砌筑，墙高 5.6m，墙胸坡度为 1∶0.25，墙背坡度为 1∶0.05。该挡墙采用 M7.5 浆砌片石砌筑，石料强度为 30MPa。墙身每隔 10~15m 设置一道伸缩沉降缝，缝宽 2cm。该处路基为路堤路基，离河较远，沥青混凝土路面。

工点位于 G212 沙洲—广元路段上，受损路段（挡墙）长 37m。位于北川—映秀断裂下盘，与北川—映秀断裂走向间夹角为 92°，垂直距离约为 3km。

表 8–5　路堑挡墙概况

Table 8–5　Overview of shoulder retaining wall

所在路线	G212 沙洲至广元	挡墙高度	5.6m
类型	重力式路肩挡墙	地基土类型	土质
砌筑参数	M7.5 砂浆砌片石，石料强度不小于 30MPa，M10 砂浆勾缝	与断层关系	位于北川—映秀断裂下盘，垂直距离 3km

图 8–6　震害方位

Figure 8–6　Position of the seismic hazard site

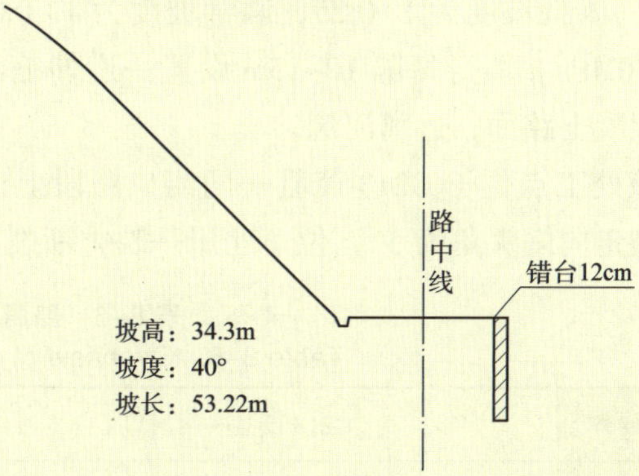

图 8–7　剖面图

Figure 8–7　Sectional drawing of the damaged earth structure

（2）震害简介

该工点处于Ⅷ烈度区，受地震影响较大，在地震力作用下该路肩挡墙在 37m 长的距离上发生了倾斜，路堤不同段的挡墙在伸缩缝处产生了 7cm 宽的墙顶位移；由于地震的作用使内侧的路堑边坡在高约 15m 的地方发生了崩塌震害，崩塌体方量大约 300m^3，崩塌体堆积在路面，掩埋了部分路基和路肩挡墙，使得震后交通受阻（图 8–8 和图 8–9）。

路肩挡墙发生墙顶位移震害的主要原因是在Ⅷ度区地震动强度相比高烈度区较小，地震动造成墙后土压力增大超过了挡墙的抗倾极限，但没有超过抗滑极限和墙体剪切强度。震后工程人员对该挡墙进行了调查，路肩挡墙还未完全失去防护作用，路基本体基本稳定，边坡垮塌的堆积体已经清理。

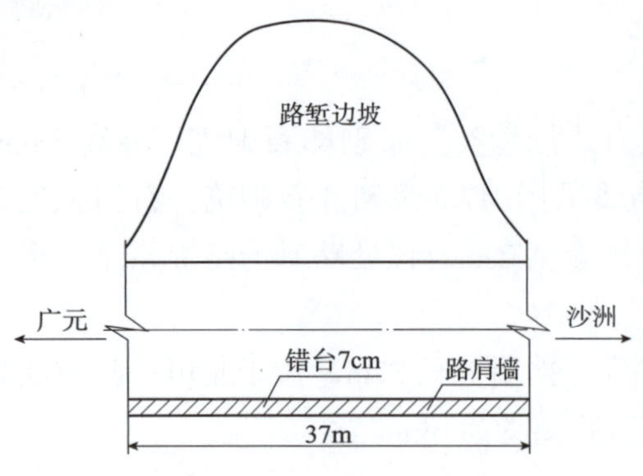

图 8-8 震害示意图

Figure 8-8 Schematic diagram of the damaged earth structure

图 8-9 现场调查图

Figure 8-9 Photos of the site investigated

8.2.1.3 G213 茂县—两河口路堑挡墙开裂、鼓胀、外移

（1）概况（表 8-6）

该处震害工点为衡重式路堑挡墙，属于重力式挡墙类，采用浆砌卵石砌筑，墙高 2.09m，墙胸坡度为 1∶0.25，墙背坡度为 1∶0.05。该挡墙采用 M7.5 浆砌片石砌筑，石料强度 30MPa。墙身每隔 10~15m 设置一道伸缩沉降缝，缝宽 2cm。该处路基为路堤路基，沥青混凝土路面，远离河流。

该处工点位于 G213 茂县—两河口路段上，受损挡墙长 80.3m。线路走向与北川—映秀断裂走向间夹角为 5°，位于北川—映秀断裂上盘，与其垂直距离约为 25km。

表 8-6 路肩挡墙概况

Table 8-6 Overview of cutting retaining wall

所在线路	G213 茂县—两河口	挡墙高度	2.09m
类型	重力式路堑挡墙	地基土类型	上土下岩
砌筑参数	M7.5 砂浆砌片石，石料强度不小于 30MPa，M10 砂浆勾缝	与断层关系	位于北川—映秀断裂上盘
图 8-10 震害方位 Figure 8-10 Position of the seismic hazard site		图 8-11 剖面图 Figure 8-11 Sectional drawing of the damaged earth structure	

（2）震害简介

在地震中长约 80.3m 的路肩挡墙上发生了开裂、鼓胀、外移震害，该挡墙产生的裂缝主要集中在挡墙的下部，距离地面约为 50cm 处。开裂和鼓胀产生的裂缝宽度约 5cm，长度约为 16.4m（图 8–12 和图 8–13）。由于墙后边坡土压力作用，致使挡墙外移约 40cm，现场调查没发现倾覆的震害，裂缝对挡墙的稳定性产生了很大的影响。

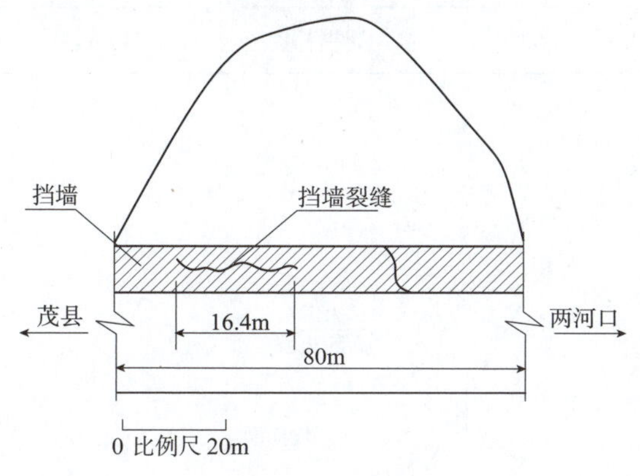

图 8–12 震害示意图

Figure 8–12 Schematic diagram of seismic hazard site

图 8–13 现场调查图

Figure 8–13 Photos of the site investigated

该处工点所在地区属于Ⅷ度区，从横向的长裂缝位于挡墙中下部位置判断，该处是挡墙受作用力集中的位置，地震动作用下的土压力突然增大，超过了墙体的抗剪切强度导致在挡墙中下部发生了剪切开裂，鼓胀震害。土压力的增大超过了抗滑极限，是挡墙外移的主要原因。调查发现震后挡墙整体稳定，未对该震害进行修复。

8.2.2 边坡工点 Construction sites of slope

8.2.2.1 S210 卓克基—小金段高陡路堑边坡垮塌

（1）概况（表 8–7）

该处震害工点在 S210 卓克基—小金路段上，位于小金附近，为路堑高边坡。现场测量数据显示该边坡属于单级边坡，高 63.6m，平均坡度 60°。坡面上没有采取防护措施，在坡脚处有高约 1.5m 的实体式护面墙防护。路面为沥青混凝土路面，周围环境为土质山。该路段长 175m，走向为 NE0°，与北川—映秀断裂夹角为 32°，位于发震断裂上盘，与其的垂直距离约为 45km。

（2）震害简述

汶川地震产生的强震动持续大约 20s，边坡高 63.6m，坡面无任何的防护措施，在竖向与水平地震波共同影响作用下，陡坡高处的加速度产生放大效应，加之坡面上松散物质较多，故其坡面稳定性相较差，在强震长时间作用下发生边坡垮塌现象，垮塌的高度 55m 左右，崩塌方量约为 3 000m^3，垮塌后大量的垮塌块石和碎屑掩埋了路基，震后交通暂时受阻，在坡脚处的实体式护面墙由于地震作用产生了裂缝，局部发生了垮塌震害（图 8–16 和图 8–17）。

表 8-7 路堑高边坡概况

Table 8-7 Overview of high cutting slope

所在线路	S210 卓克基—小金			防护措施	无防护类型
与发震断裂夹角	32°			地质环境	土质山
断层关系	位于北川—映秀断裂上盘距离汶川—茂县断裂约 45km			类型	高陡路堑边坡
坡高	63.6m	坡度	60°	受损长度	175m

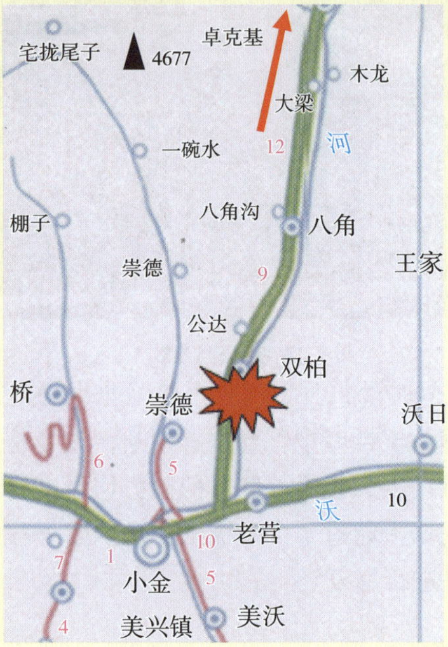

图 8-14 震害方位

Figure 8-14 Position of the seismic hazard site

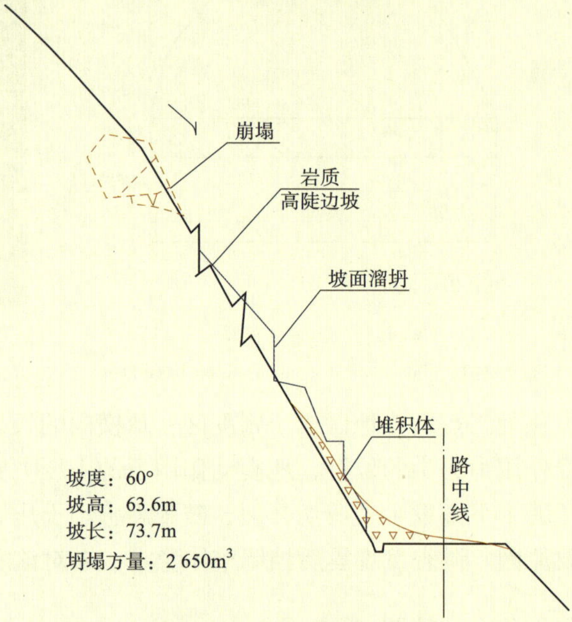

图 8-15 剖面图

Figure 8-15 Sectional drawing of the damaged earth structure

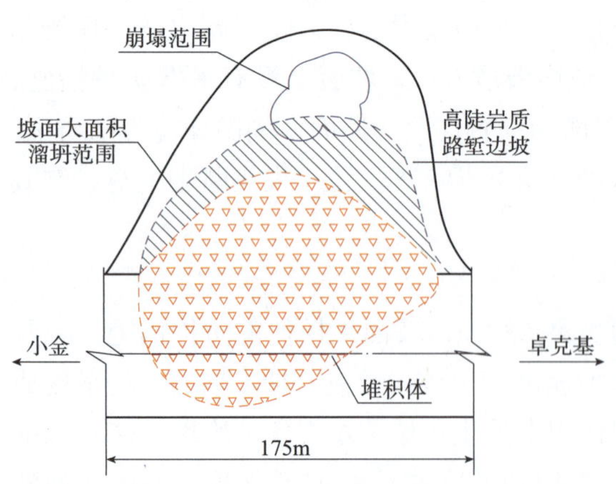

图 8-16 震害示意图

Figure 8-16 Schematic diagram of the damaged earth structure

图 8-17 现场调查图

Figure 8-17 Photos of the site investigated

8.2.2.2　S303 卧龙—达维乡高陡路堑边坡垮塌

（1）概况（表 8-8）

该处震害工点为路堑高边坡。根据现场测量数据该边坡属于单级边坡，高 194.3m，平均坡度 39°，坡面上没有采取任何防护措施。受损边坡位于卧龙附近，距离卧龙约为 16km，该路段长 50m，路面为沥青混凝土路面，周围环境为石质山土层薄。位于北川—映秀断裂上盘，与其的垂直距离约为 3.5km，走向与发震断裂夹角为 47°。

表 8-8　路堑高边坡概况

Table 8-8　Overview of high cutting slope

<table>
<tr><td>所在线路</td><td colspan="3">S303 卧龙—达维乡</td><td>防护措施</td><td>无防护类型</td></tr>
<tr><td>与发震断裂夹角</td><td colspan="3">47°</td><td>地质环境</td><td>石质山土层薄</td></tr>
<tr><td>断层关系</td><td colspan="3">位于北川—映秀断裂上盘，距离主断裂约 3.5km</td><td>类型</td><td>高陡路堑边坡</td></tr>
<tr><td>坡高</td><td>194.3m</td><td>坡度</td><td>39°</td><td>受损长度</td><td>50m</td></tr>
<tr><td colspan="6">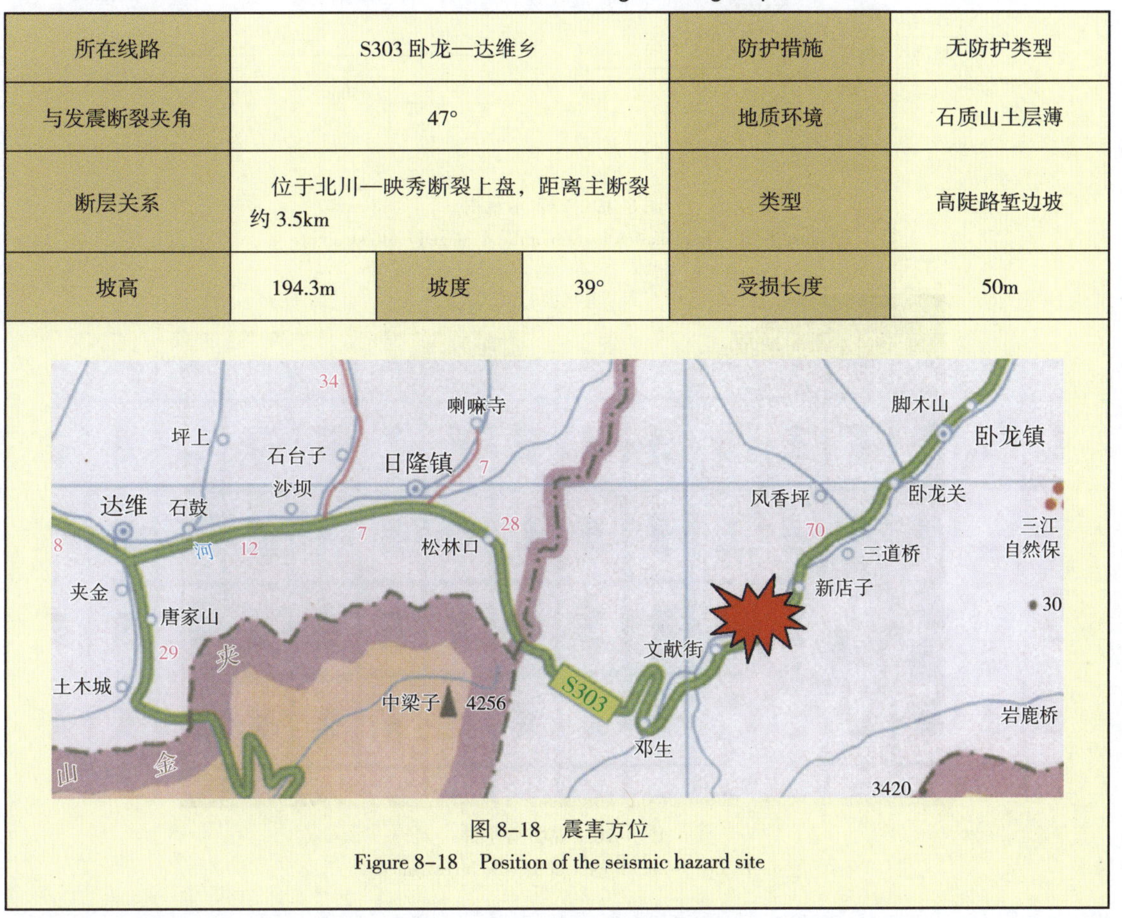

图 8-18　震害方位
Figure 8-18　Position of the seismic hazard site</td></tr>
</table>

（2）震害简述

该区域处于Ⅶ度区，边坡没有设置防护措施，在地震动作用下边坡发生了溜坍现象，垮塌方量约为 4 000m³，垮塌高度在 120m 左右，属于高边坡垮塌类。在边坡坡脚处堆积了大量的溜坍体，掩埋了局部路面，对交通行驶造成了影响（图 8-19 和图 8-20）。震后堆积体得到了清理，调查显示，清理后路基路面没有受到严重的震害，发生垮塌震害的边坡基本稳定，边坡上不稳定的块石均已大部分清理。

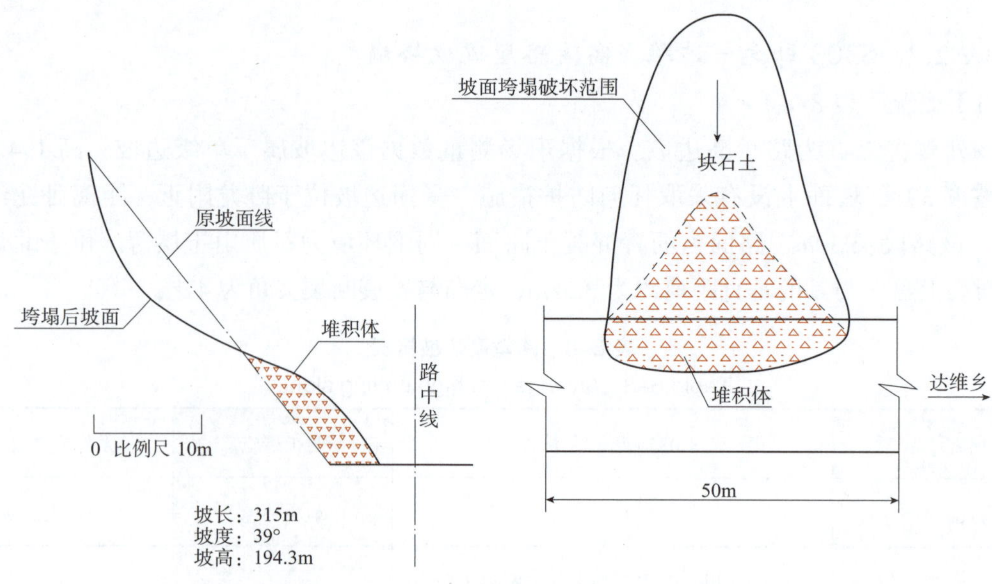

图 8-19 震害示意图

Figure 8-19 Schematic diagram of the damaged earth structure

图 8-20 现场调查图

Figure 8-20 Photos of the site investigated

8.2.2.3 G317 卓克基—理县高陡路堑边坡垮塌

（1）概况（表 8-9）

该处震害工点为路堑高边坡。根据现场测量数据该边坡属于单级边坡，高 173.3m，平均坡度 56°，坡面上没有采取任何防护措施。该处路基属于路堑路基，路面为沥青混凝土路面，周围环境为上土下岩。受损边坡位于小金附近，位于北川—映秀断裂上盘，与其的垂直距离约为 45km。该路段走向为 NE130°，北川—映秀断裂走向 NE32°，与发震断裂夹角为 32°。

表 8–9 路堑高边坡概况

Table 8–9 Overview of high cutting slope

所在线路	G317 卓克基—理县			防护措施	无防护类型
与发震断裂夹角	32°			地质环境	土质山
断层关系	位于北川—映秀断裂上盘，距离汶川—茂县断裂约 45km			类型	高陡路堑边坡
坡高	173.3m	坡度	56°	受损长度	600m

图 8–21 震害方位

Figure 8–21 Position of the seismic hazard site

（2）震害简述

该坡面无任何的防护措施，在竖向与水平地震波共同影响作用下，陡坡高处的加速度放大效应相当明显，坡面上松散物质较多，故其坡面稳定性较差，在长时间地震动作用下从而边坡发生了垮塌现象，垮塌的高度 150m 左右，崩塌方量约为 1 300m^3，垮塌后大量的垮塌块石和碎屑掩埋了全部路基，该处的交通暂时受阻（图 8–22 和图 8 –23）。震后工程人员对边坡的垮塌体进行了清理，对边坡上有滑动可能的块石进行了处理，同时对掩埋的路基进行了清理。

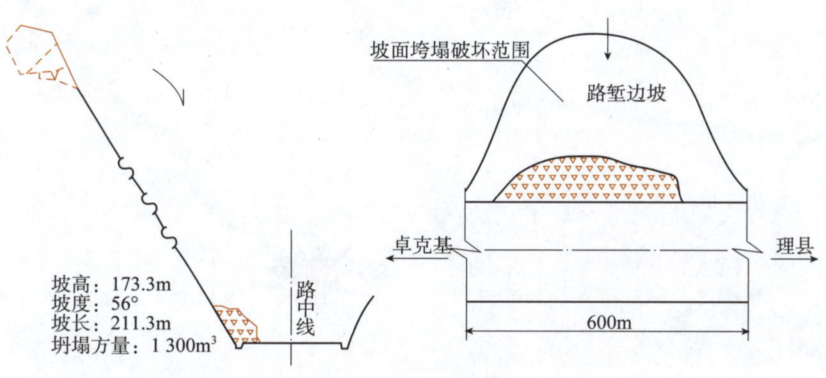

图 8–22 震害示意图

Figure 8–22 Schematic diagram of the damaged earth structure

8.2.3 路基本体 Construction sites of subgrade

8.2.3.1 S303 卧龙—达维乡路段路基开裂、下沉

（1）概况（表 8-10）

经调查，该路基属于半挖半填路基，位于S303 卧龙—达维乡路段。该处为沥青混凝土路面。公路设计等级为二级，路基所处的位置位于山腰上，路基宽度 8.5m，行车道宽度 7m，土肩宽度 2×0.75m。路面结构形式为：细粒式沥青混凝土上面层为 5cm，水泥稳定碎石基层为 15cm，水泥稳定碎石底为 22cm。调查显示，周围环境为石质山土层薄，受损该线路长 152m 左右，走向 NE30°，主断层北川—映秀走向 NE 32°，之间的夹角为 2°，受损路基位于北川—映秀断裂的上盘，与其的垂直距离约为 7km。

图 8-23 现场调查图

Figure 8-23 Photos of the site investigated

表 8-10 路基工点概况

Table 8-10 Overview of seismic hazards of typical subgrade

所在线路	S303 卧龙—达维乡			所在位置	山腰
类型	半挖半填路基			地质环境	石质山土层薄
断层关系	位于北川—映秀断裂上盘			与发震断裂夹角	2°
路基宽	8.5m	行车道宽	7m	土肩宽	0.75m
路基材料	面层	沥青混凝土面层采用 AC-13 或 AC-16 型密级配沥青混泥土混合料			
	基层	基层结构形式为水泥稳定碎石			
	底基层	底基层选用天然砂砾结构			

图 8-24 震害方位

Figure 8-24 Position of the seismic hazard site

（2）震害简述

该路基本体处于Ⅷ度区，所受的地震动较强烈，地震动作用较大，由于地震的长时间作用，路基土失稳下沉导致路面开裂下沉，裂缝长度约为 150m，宽度约为 30cm，路肩外移了 30cm，下沉的高度约为 50cm（图 8-25 和图 8-26）。在震后对该路基进行了全面的调查，该路基处于严重震害等级，公路交通受到较大影响。

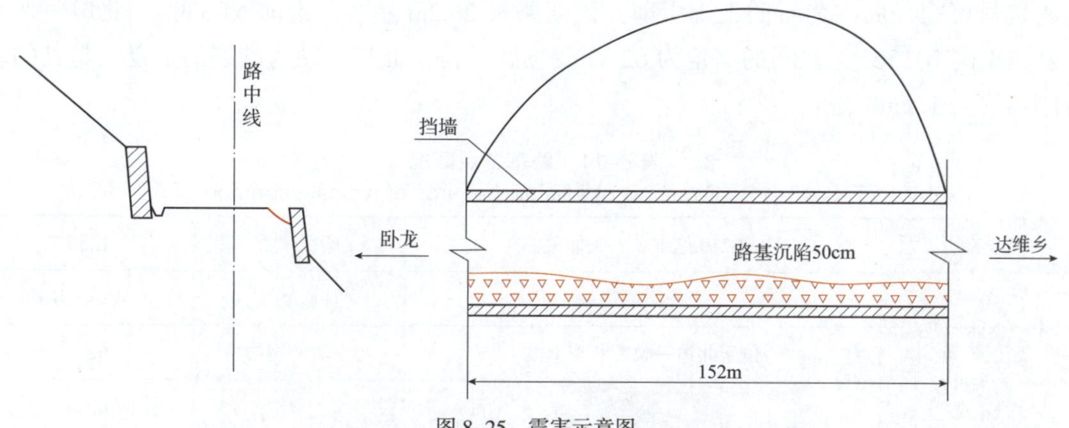

图 8-25　震害示意图

Figure 8-25　Schematic diagram of the damaged earth structure

图 8-26　震害调查照片

Figure 8-26　Photos of the site investigated

8.2.3.2 S210 达维乡—飞仙关路段路基本体被砸坏

（1）概况（表 8–11）

经调查该路基属于路堤路基，沥青混凝土路面，位于 S210 飞仙关—达维乡路段。路基处于山脚处，路基宽度 8m，行车道宽度 7m，土肩宽度 2 × 0. 5m。路面结构形式为：细粒式沥青混凝土上面层为 5cm，水泥稳定碎石基层为 15cm，水泥稳定碎石底为 22cm。由调查资料可得，周围为石质山土层薄。该线路长 26.2m 左右，走向 NE330°，北川—映秀主断裂走向 NE 32°，之间的夹角为 62°。受损路基位于北川—映秀断裂的上盘，与其的垂直距离约为 15km。

表 8–11 路基工点概况

Table 8–11 Overview of seismic hazards of typical subgrade

<table>
<tr><td>所在路线</td><td colspan="3">S210 达维乡—飞仙关</td><td>所在位置</td><td>山脚</td></tr>
<tr><td>类型</td><td colspan="3">半挖半填路基</td><td>地质环境</td><td>石质山土层薄</td></tr>
<tr><td>断层关系</td><td colspan="3">位于北川—映秀断裂上盘</td><td>与发震断裂夹角</td><td>62°</td></tr>
<tr><td>路基宽</td><td>8m</td><td>行车道宽</td><td>7m</td><td>土肩宽</td><td>0.5m</td></tr>
<tr><td rowspan="3">路基材料</td><td>面层</td><td colspan="4">沥青混凝土面层采用 AC–13 或 AC–16 型密级配沥青混凝土混合料</td></tr>
<tr><td>基层</td><td colspan="4">基层结构形式为水泥稳定碎石</td></tr>
<tr><td>底基层</td><td colspan="4">底基层选用天然砂砾结构</td></tr>
<tr><td colspan="6">

图 8–27 震害方位
Figure 8–27 Position of the seismic hazard site</td></tr>
</table>

（2）震害简述

该路基本体处于Ⅶ度区，路基本体内侧边坡在地震动作用下，岩质边坡发生崩塌，落石剥落并且砸坏路面及路肩（图 8-28 和图 8-29）。在震后对该路基进行了全面调查，由勘察资料可得该路基处于严重震害等级。

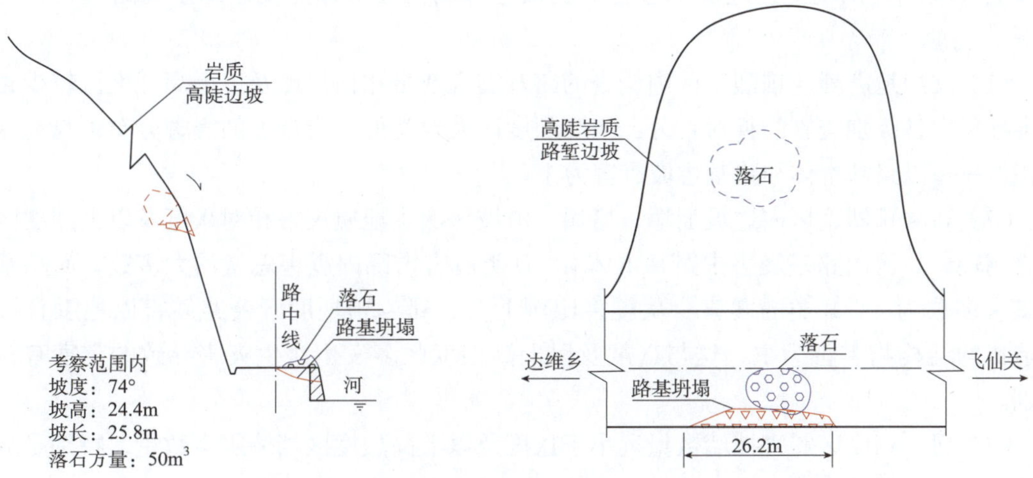

图 8-28　震害示意图

Figure 8-28　Schematic diagram of the damaged earth structure

图 8-29　现场调查图

Figure 8-29　Photos of the site investigated

8.3 小结 Summary

与Ⅸ度及以上高烈度区相比，Ⅶ～Ⅷ度区地震加速度明显减小，相应地震动作用以及在高陡边坡和高挡墙上的地震加速度放大效应减弱。Ⅶ～Ⅷ烈度区的主要路基震害特点如下：

（1）汶川地震Ⅶ～Ⅷ烈度区内调查的路基震害数量相比Ⅸ度及以上高烈度区较少，但震害程度中各级别震害的相对百分比与高烈度区大致类似，宏观上的震害分布也与高烈度区相似——以路基本体和路基边坡震害为主。

（2）Ⅶ～Ⅷ烈度区内边坡崩塌、垮塌、滑坡等次生地质灾害相对Ⅸ度及以上烈度区所占比例较少。区内路基震害中路基本体 C、D 类震害占区内震害总量的大多数，而路基边坡震害多数为 A、B 类的震害。从震害比例上看，Ⅶ～Ⅷ烈度区公路震害以地震直接作用造成的结构物震害为主，这与Ⅸ度及以上高烈度区多发生次生灾害导致的震害有较大区别。

（3）Ⅶ～Ⅷ度区震害挡墙数量远小于Ⅸ度及以上高烈度区挡墙震害数量，特别是混凝土挡墙破坏数量更少。

（4）地震烈度的差别是影响震害挡墙平均墙高的主要原因。烈度越高、地震加速度越大且高挡墙有加速度放大效果，使得地震惯性力增大，挡墙更易破坏。Ⅸ度及以上高烈度区震害挡墙平均墙高是Ⅶ～Ⅷ烈度区震害挡墙高度的 2 倍左右。

（5）Ⅶ～Ⅷ度区震害边坡坡度与震害数量的分布关系与Ⅸ度及以上高烈度区的分布相似，但Ⅶ～Ⅷ度区边坡在坡高 40m 以下的震害的数量分布并没有像Ⅸ度及以上高烈度区分布变化明显，但也遵循随坡度增大震害数量增大的趋势。烈度对震害边坡坡高的影响主要与地震加速度在高边坡上有放大效应有关。

第 9 章　Ⅵ度区线路路基震害
Chapter 9　Subgrade seismic hazards of routes in areas with a seismic intensity of Ⅵ

9.1　概述 Overview

9.1.1　线路概述 Outline of route

在Ⅵ度区的震害线路共有 8 条，主要位于陕西境内。分别有国道 G108 线路 1 条，国道 G210 线路 2 条，国道 G316 线路 1 条，陕西省道 S210 公路 1 条，陕西省道 S212 线路 1 条，陕西省道 306 线路 1 条，陕西县乡公路 1 条。

国道 G108 线佛坪段是国道 G108 重要的组成路段，该段路属三级山岭重丘区。

国道 G210 线西乡段是国道 G210 线重要的组成路段，该路段段内大部分属于山岭重丘区，地层多为变质岩、灰岩，地形连绵起伏，山体地形陡峻。

国道 G210 线镇巴段是国道 G210 线重要的组成路段，该路段为三级公路，路面等级为山岭重丘 3 级，路面为沥青混凝土铺筑。公路大致呈南北走向。路段路基形式为半填半挖，处于半山腰上。周围为土质或石质，即使是石质，其土层也较厚。路段远离河流，受流水冲刷影响较小。

国道 G316，起点为福建福州，终点为甘肃兰州，全程 2 915km。这条国道经过福建、江西、湖北、陕西和甘肃 5 个省份，通过的主要城市有福州、南昌、武汉、安康、汉中、天水、兰州。国道 316 陕西境内分为三段：安康段、汉中段、宝鸡段，路线全长约 560km。

省道 S210 线麟留线是陕西省境内是一条南北走向的公路，该公路为三级公路，起点为麟游白家西坡，止于留坝姜窝子，全长 238km，北接国道 G310，南接国道 G316，途经凤翔县、陈仓区、太白县、留坝县。

省道 S212 陇县—凤县段是陕西省境内是一条重要的干线公路，该公路为二级公路，全长约 180km。沿途经过千阳县、宝鸡市、凤县等地。该公路位于地震烈度Ⅴ度区，路基采用半填半挖式，路面类型为沥青混凝土。

省道 S306 西起宝鸡市麟游县两亭镇，与国道 G312 相交，东至咸阳市旬邑县马栏镇，全长约 212km，是陕西省关中地区交通大动脉。沿途经过麟游县、彬县、旬邑县等地。

眉太路是姜眉路的一条二级公路。姜眉路南起陕西汉中留坝姜窝子，与国道 G316（汉中—甘肃天水段）相接，北穿秦岭到眉县渭河大桥，与西宝高速相连，全长 165km，是西安通往陕南汉中、四川北部的一条捷径。姜眉公路也是省会西安通往陕南汉中，连接 G310、G316 和 G108 国道，沟通四川北部、甘肃东南部的一条重要边界通道。姜眉公路眉太段是从眉县途经天王镇—清溪乡—潘家弯村—七里川村到达太白县，此段为中山地貌。

Ⅵ度区公路路基震害以路面路基开裂、挡墙局部垮塌、零星落石为主，总体震害轻微，对震后通车的影响较小（表 9-1）。

表 9-1 VI 度区线路信息表

Table 9-1 Data Table of routes in Intensity Area of VI degree

公路名称	路段	道路等级	省份	路线长度（km）	震害数量（处）
国道 G108	佛坪段	三级	陕西		1
国道 G210	西乡段	三级	陕西		3
国道 G210	镇巴段	三级	陕西		3
国道 G316	福兰段	二级	陕西		1
省道 S210	麟留线	三级	陕西	238	6
省道 S212	陇凤段	二级	陕西	180	3
省道 S306	麟旬段	三级	陕西	212	1
姜眉公路	眉太段	二级	陕西	165	3

9.1.2 调查震害概况 Outline of investigated seismic hazards

Ⅵ度区震害调查概况见表 9-2。

表 9-2 VI 度区震害调查表

Table 9-2 Investigation of route seismic hazards in intensity area of VI degree

线路名称：G108				区段：佛坪段、洋县段（陕西）	
编号	受损段落	长度（m）	受损部位	震害情况	震害结构类型
1	K1513+650 ~ K1513+700	50	左幅路基	①路基出现沉陷，面积 70m²，沉陷量 0 ~ 12cm，变形体积 1 000m²；②左幅路基出现滑移，滑移路基长度 20m，滑距 30cm，滑面深度达 14m；③路中线出现开裂，裂缝一条，最大长度达 20m，宽度 1.5cm	路基本体
线路名称：G210				区段：西乡段（陕西）	
编号	受损段落	长度（m）	受损部位	震害情况	震害结构类型
1	K1233+924 ~ K1234+000	76	路面	路面右幅距中线 2.5m 处出现裂缝，右侧浆砌路肩墙局部地段变形	路基本体
2	K1243+540 ~ K1243+600	60	路面	路面中线处出现较大裂缝，左右幅路面已明显错台。右侧浆砌路肩墙发生整体位移，局部地段变形	路基本体
3	K1279+365 ~ K1279+412	47	路基	路基沉陷	路基本体

续上表

线路名称：G210　　区段：镇巴段（陕西）

编号	受损段落	长度（m）	受损部位	震害情况	震害结构类型
1	K1303+950 ~ K1303+991	41	路基路面	路基沉陷；路面左幅出现裂缝，最大长度 21m，宽度 1 ~ 2cm	路基本体
2	K1355+400 ~ K1355+442	42	路基路面	路基沉陷；路面左幅出现裂缝，最大长度 23m，宽度 2 ~ 5cm	路基本体
3	K1352+380 ~ K1352+425	40	内侧边坡	内侧边坡严重裂缝，长度 32m，宽度 10 ~ 20cm 不等；局部鼓胀变形毁坏，震害面积达 640m²	边坡 / 植树防护

线路名称：G316　　区段：福兰段（陕西）

编号	受损段落	长度（m）	受损部位	震害情况	震害结构类型
1	K2217+700	30	挡土墙	变形开裂，裂缝宽度 5cm	重力式挡土墙

线路名称：S210　　区段：麟留线（陕西）

编号	受损段落	长度（m）	受损部位	震害情况	震害结构类型
1	K106+510 ~ K106+530	20	挡土墙	挡墙垮塌	重力式挡土墙
2	K111+422 ~ K111+444	22	挡土墙	挡墙垮塌	重力式挡土墙
3	K112+198 ~ K112+422	224	挡土墙	挡墙垮塌	重力式挡土墙
4	K112+666 ~ K112+760	94	挡土墙	挡墙垮塌	重力式挡土墙
5	K113+038 ~ K113+086	48	挡土墙	挡墙垮塌	重力式挡土墙
6	K123+714 ~ K123+730	16	挡土墙	挡墙垮塌	重力式挡土墙

线路名称：S212　　区段：陇凤段（陕西）

编号	受损段落	长度（m）	受损部位	震害情况	震害结构类型
1	K120+700 ~ K120+730	30	路基	路基坍塌，路堤边坡开裂	路基本体
2	K131+120 ~ K131+300	180	路基	路基坍塌，路堤边坡开裂	路基本体
3	K138+450 ~ 138+ 478	28	路基	路基坍塌，路堤边坡开裂	路基本体

线路名称：S306　　区段：麟旬段（陕西）

编号	受损段落	长度（m）	受损部位	震害情况	震害结构类型
1	K161+200~K161+265	65	路基路面	路基沉陷，路面开裂	路基本体

线路名称：姜眉公路　　区段：眉太段（陕西）

编号	受损段落	长度（m）	受损部位	震害情况	震害结构类型
1	K19+38 ~ K19+420	40	路基	路基沉陷，路面开裂，路堤整体滑移；路堑边坡坍塌	路基本体
2	K19+38 ~ K19+420	40	挡土墙	墙顶位移，墙体变形开裂	重力式挡土墙
3	K16+560 ~ 16+600	80.3	挡土墙	墙顶位移，墙体变形开裂	重力式挡土墙

9.2 震害典型工点 Typical construction sites of seismic hazards

9.2.1 支挡结构工点 Construction sites of retaining structure

9.2.1.1 路肩挡墙墙顶位移、墙体变形开裂

（1）概况（表 9-3）

该处震害工点为衡重式挡墙，属于重力式挡墙类，浆砌片石砌筑，墙高 5m，墙胸坡度为 1∶0.25，墙背坡度为 1∶0.05。该挡墙采用 M7.5 浆砌片石砌筑，石料强度 30MPa。墙身每隔 10~15m 设置一道伸缩沉降缝，缝宽 2cm。调查可知，墙后边坡属于单级的路堤边坡，坡高 2.5m，平均坡度 65°，该处路基为半挖半填路基，沥青混凝土路面，周围地质环境为土质。工点线路走向为 180°。

表 9-3 路肩挡墙概况

Table 9-3 Overview of shoulder retaining wall

所在线路	眉太路	挡墙高度	5m
类型	重力式路肩挡墙	地基土类型	土质
砌筑参数	M7.5 砂浆砌片石，石料强度不小于 30MPa，M10 砂浆勾缝	与断层关系	与发震断裂走向的夹角为 32

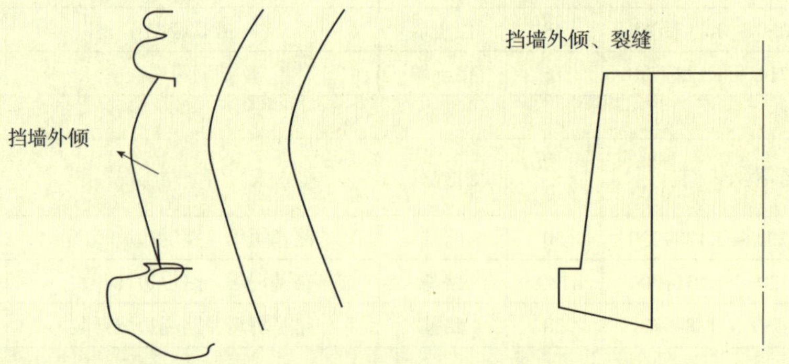

挡墙外倾

挡墙外倾、裂缝

图 9-1 震害示意图

Figure 9-1 Schematic diagram of the damaged earth structure

（2）震害简介

该工点处于Ⅵ度区，在地震力的作用下，该路肩挡墙在 224m 长的距离上发生了侧移轻微震害，挡墙与路基之间出现了宽约 7cm 的裂缝。

路肩挡墙发生墙顶位移震害的主要原因是地震动造成墙后土压力增大，大于挡墙的抗剪切和抗倾斜强度从而造成震害。其次，由于施工因素，挡墙局部没有达到应有的强度，地震持续时间长也是挡墙震害的一个原因。震后对该挡墙进行了调查，路肩挡墙还未完全失去防护作用，路基本体基本稳定。其具体的震害情况如图 9-2 所示。

图 9-2　现场调查照片

Figure 9-2　Photos of the site investigated

9.2.1.2　路肩挡墙垮塌

（1）概况（表 9-4）

该处震害工点为衡重式挡墙，属于重力式挡墙类，浆砌片石砌筑，墙高 4.5m，墙胸坡度为 1∶0.25，墙背坡度为 1∶0.05。该挡墙采用 M7.5 浆砌片石砌筑，石料强度 30MPa。墙身每隔 10~15m 设置一道伸缩沉降缝，缝宽 2cm。调查可知，墙后边坡属于单级的路堤边坡，坡高 5.0m，坡长 5.8m，平均坡度 39°，该处路基为路堤路基，沥青混凝土路面，周围地质环境为上土下岩。该处工点的线路走向为 180°。

表 9-4　路堑挡墙概况

Table 9-4　Overview of cutting retaining wall

所在路线	S210 西乡段	挡墙高度	4.5m
类型	重力式路肩挡墙	地基土类型	上土下岩
砌筑参数	M7.5 砂浆砌片石，石料强度不小于 30MPa，M10 砂浆勾缝	与断层关系	与发震断裂走向的夹角为 32°

图 9-3　震害示意图

Figure 9-3　Schematic diagram of the damaged earth structure

（2）震害简介

在地震中，长约 224m 长的路肩挡墙发生了垮塌震害，由于挡墙的垮塌使路堤边坡也随着挡墙的震害而坍塌，对路基的稳定性产生了很大的影响。

该处工点发生垮塌震害的原因为河流冲蚀后基础薄弱，且在地震动过程中墙后的土压力突然增大，超过了挡墙所能承受抗倾斜和抗剪切的极限，从而发生了局部垮塌的震害；震后未对该震害进行修复，该处的路基基本处于稳定的状态。具体的震害情况如图9-4所示。

图9-4 现场调查照片

Figure 9-4 Photos of the site investigated

9.2.2 路基本体 Construction sites of subgrade

9.2.2.1 路基沉陷、开裂

（1）概况（表9-5）

该路基属于路堤式，沥青混凝土路面。公路设计等级为二级，路基所处的位置位于山脊上，路基宽度8.5m，行车道宽度7m，土肩宽度2×0.75m。由调查资料可知，周围的环境为土质山。该线路长65m左右，路线走向180°。

表9-5 典型路基工点概况

Table 9-5 Overview of seismic hazards of typical subgrade

<table>
<tr><td>所在路线</td><td colspan="3">S306 麟甸段</td><td>所在位置</td><td>山脊</td></tr>
<tr><td>类型</td><td colspan="3">路堤式路基</td><td>地质环境</td><td>土质山</td></tr>
<tr><td>断层关系</td><td colspan="5">与发震断裂走向的夹角为32°</td></tr>
<tr><td>路基宽</td><td>8.5m</td><td>行车道宽</td><td>7m</td><td>土肩宽</td><td>0.75m</td></tr>
<tr><td rowspan="3">路基材料</td><td>面层</td><td colspan="4">沥青混凝土面层采用AC-13或AC-16型密级配沥青混凝土混合料</td></tr>
<tr><td>基层</td><td colspan="4">基层结构形式为水泥稳定碎石</td></tr>
<tr><td>底基层</td><td colspan="4">底基层选用天然砂砾结构</td></tr>
</table>

（2）震害简述

该路基本体处于Ⅵ度区，受地震动影响，从而导致了路面产生沉陷、裂缝，沉陷面积达36m²，裂缝长度约为39m，宽度约为22mm。

震后对该路基进行了全面调查，由勘察资料可知，该路基处于轻微震害等级。该段路在震后未进行处理，恢复了通车。其具体震害情况如图 9-5 所示。

图 9-5 现场调查照片

Figure 9-5 Photos of the site investigated

9.2.2.2 路面坑槽、碎裂、路基整体滑移

（1）概况（表 9-6）

该路基属于半填半挖路基，水泥路面。路基位于山脚处，路基宽度 8m，行车道宽度 7m，土肩宽度 2 × 0.5m。由调查资料可知，周围的环境为石质山，土层厚。该线路长 40m 左右，路线走向 180° 。

表 9-6 典型路基工点概况

Table 9-6 Overview of seismic hazards of typical subgrade

<table>
<tr><td>类型</td><td colspan="5">半填半挖路基</td></tr>
<tr><td>地质环境</td><td colspan="3">石质山土层厚</td><td>所在位置</td><td>山脚</td></tr>
<tr><td>路基宽</td><td>8m</td><td>行车道宽</td><td>7m</td><td>土肩宽</td><td>0.5m</td></tr>
<tr><td rowspan="3">路基材料</td><td>面层</td><td colspan="4">沥青混凝土面层采用 AC-13 或 AC-16 型密级配沥青混凝土混合料</td></tr>
<tr><td>基层</td><td colspan="4">基层结构形式为水泥稳定碎石</td></tr>
<tr><td>底基层</td><td colspan="4">底基层选用天然砂砾结构</td></tr>
<tr><td colspan="6">路基下沉滑移
图 9-6 震害示意图
Figure 9-6 Schematic diagram of the damaged earth structure</td></tr>
</table>

（2）震害简述

该路基本体处于Ⅵ度区，地震动导致了路面坑槽、碎裂、路基局部滑移，对路基的稳定性产生了较大的影响。

震后对该路基进行了全面的调查，由勘察资料可知，该路基处于轻微破坏，该段路在震后未进行处理，恢复了通车，其具体震害情况如图 9-7 所示。

图 9-7 现场调查照片

Figure 9-7 Photos of the site investigated

参考文献
Reference

[1] 中华人民共和国交通运输部，四川省交通厅，甘肃省交通运输厅，陕西省交通运输厅，等．汶川地震公路震害图集［M］．北京：人民交通出版社，2009.

[2] 唐永建，庄卫林，吉随旺，等．“5·12”汶川大地震四川灾区公路应急调查与抢通［M］．北京：人民交通出版社，2008.

[3] 中华人民共和国交通运输部．汶川地震灾后公路恢复重建技术指南［M］．北京：人民交通出版社，2008.

[4] 四川省交通运输厅．“5·12”汶川大地震四川灾区国省干线公路检测评估技术总结．2008，09.

[5] 四川省交通厅公路规划勘察设计研究院，等．“5·12”汶川地震四川灾区公路检测评估报告［R］.2008，06-09.

[6] 四川省交通厅公路规划勘察设计研究院．“5·12”汶川地震公路应急调查报告系列 .2008，06.

[7] 四川省交通厅公路局．四川省公路交通图 .2008.

[8] Duke M，Leeds D. Response of soils, foundations and earth structures to the Chilean earthquakes of 1960. Bulletin of the Seismological Society of America，1963，53(2)：309-357.

[9] 中国科学院工程力学研究所．海城地震震害［M］．北京：地震出版社 ,1979.

[10] 刘恢先：唐山大地震震害（第三分册）［M］．北京：地震出版社 ,1979.

[11] Hideki Sugita. Damage Investigation of Road Embankment Caused by the 2007 Noto Peninsula,Japan Earthquake. Soil Dynamics and Earthquake Engineering,2008,(27): 423-427.

[12] 马洪生，何恩怀，郭晓东．汶川地震灾区茂北公路禹里乡至擂鼓镇段应急调查与抢通．地质灾害与环境保护，2009（1）：5-9.

[13] 马洪生，李玉文，熊杰，等．汶川地震西线公路路基病害与地质灾害调查分析，“汶川大地震工程震害调查分析与研究”．科学出版社，2009，04：711-719.

[14] 马洪生，向波，廖燚，徐华，张建经．汶川地震支挡结构震害调查和机理分析，汶川地震公路抗震技术文集．四川人民出版社，2010，04：215-222.

[15] 吉随旺，唐永建，胡德贵，等．四川省汶川地震灾区干线公路典型震害特征分析［J］．岩石力学与工程学报，2009,(6):1250-1260.

后 记
Postscript

地震震害调查是人们认识地震、研究工程抗震技术最直接的方法，是恢复重建的必需工作，也是为防震减灾工作提供宝贵基础资料的有效手段。

“5·12”汶川地震发生后，交通运输部部长李盛霖、副部长翁孟勇、副部长冯正霖、总工程师周海涛等领导亲赴灾区指导抗震救灾和公路抢通工作，交通运输部公路局、规划司等部门分别牵头，立即组织了全国公路行业的专家赶赴灾区一线提供技术指导和开展资料收集工作。灾区各省交通运输厅在抗震救灾的同时，也迅速组织开展抢通、保通的调查与技术资料的收集工作。

2008 年 7 月 15 日，冯正霖副部长在北京主持召开交通系统灾区恢复重建技术研讨会，要求将公路震害详细客观地记录下来作为史料保存并加以深入研究。交通运输部科技司及西部交通建设科技项目管理中心相继启动公路抗震救灾系列科研项目，形成“汶川地震灾后重建公路抗震减灾关键技术研究”重大专项，作为重大专项的基础性项目——“汶川地震公路震害评估、机理分析及设防标准评价”随即全面展开。

2008 年 11 月 21 日，交通运输部周海涛总工程师在北京主持召开“汶川地震公路震害调查资料收集整理工作”会议，决定由四川省交通运输厅牵头，甘肃省交通运输厅和陕西省交通运输厅参与，开展汶川地震灾区公路震害调查资料收集整理工作，并作为西部交通建设科技项目“汶川地震公路震害评估、机理分析及设防标准评价”的最重要组成部分。

因公路震害调查范围包括四川、甘肃和陕西三省地震极重灾区和重灾区的国省干线及典型县乡道路，面积达 10 余万平方公里，具有空间跨度大、涉及专业面广、协调难度大、时间紧和任务重等特点。2008 年 11 月交通运输部成立了以周海涛总工程师为组长，部公路局、科技司、三省交通运输厅有关领导为成员的工作领导小组，同时成立了具体负责协调该项工作的协调小组，三省交通运输厅也各自成立了工作小组。

公路震害调查资料的收集整理工作得到了各级领导的高度重视。在交通运输部的统一领导下，四川、甘肃、陕西三省交通运输厅密切配合；交通运输部周海涛总工程师多次组织工作会并主持研究大纲的评审，三省交通运输厅领导多次听取工作汇报并及时解决有关问题；项目承担单位的领导亲临现场检查，积极督促，并在资料收集、整理和震害分析等方面均给予了大力支持与指导。

在该项目研究过程中，项目牵头单位——四川省交通运输厅公路规划勘察设计研究院，会同甘肃省公路管理局、陕西省公路局、西南交通大学、成都理工大学、交通运输部公路科学研究院、重庆交通科研设计院、同济大学等参研单位深入地震灾区，全面收集公路震害资料，确保资料丰富、翔实。

通过近三年的研究，该项目于2011年5月通过交通部西部交通建设科技项目管理中心组织的鉴定验收。

项目组得到了交通运输部、交通部西部交通建设科技项目管理中心、四川省交通运输厅、甘肃省交通运输厅、陕西省交通运输厅等单位的各级领导的关心、帮助和指导，尤其是四川、甘肃、陕西三省交通运输厅在震害调查和物力上给予了极大的帮助，四川省交通运输厅公路规划勘察设计研究院提供了大量的第一手珍贵资料，并在人力、物力上予以极大的支持；另外，许多兄弟单位和个人提供了珍贵图片资料。

在此一并致以衷心的感谢！